DEIN COACH ZUM ERFOLG!

W0466772

Dein ActiveBook auf My**STARK**:

Du kannst auf alle digitalen Inhalte zu diesem Band online zugreifen. Registriere dich dazu unter **www.stark-verlag.de/mystark** mit deinem **persönlichen Zugangscode:**

C05100-002303

Die Inhalte dieser Auflage stehen bis Schuljahresende zur Verfügung.

MySTARK

Das ActiveBook *bietet dir:*

- Viele zusätzliche interaktive Übungsaufgaben zu allen prüfungsrelevanten Kompetenzbereichen
- Sofortiges Feedback und Auswertung der Ergebnisse
- Interaktive Lösungen: in kleinen Schritten zum Ergebnis
- Vorgerechnete Beispiele als weitere Hilfe

DEIN COACH ZUM ERFOLG!

So kannst du interaktiv lernen:

Interaktive Aufgaben

Interaktive Lösung mit kleinschrittiger Anleitung zu jeder Aufgabe

Vorgerechnetes **Beispiel** zu jeder Aufgabe

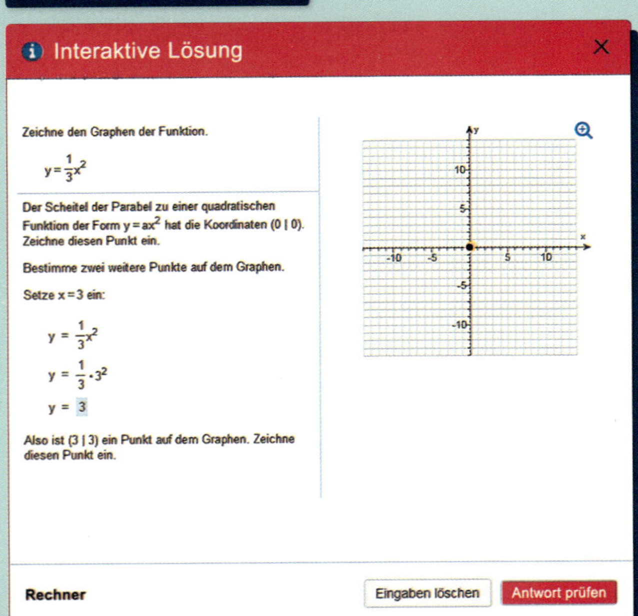

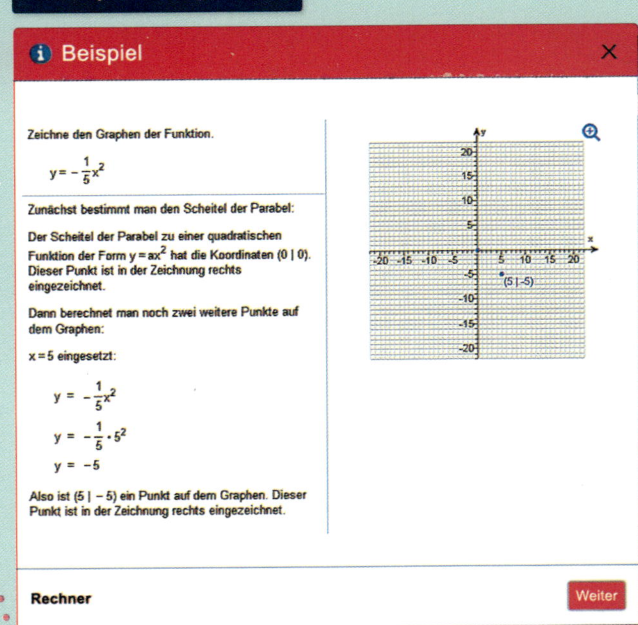

Systemvoraussetzungen:
- Mindestens 1024×768 Pixel Bildschirmauflösung
- Chrome, Firefox oder ähnlicher Webbrowser
- Internetzugang

2023

Mittlerer Schulabschluss

Original-Prüfungsaufgaben und Training

Realschule · Gesamtschule EK · Sekundarschule
Nordrhein-Westfalen

Mathematik 10. Klasse

STARK

Bildnachweis
S. X: © Wolfgang Matschke, Marc Möllers
S. 1: © Joe Gough/Dreamstime.com
S. 17: © Olga Vasilkova/Dreamstime.com
S. 18: © Raddiscount
S. 20: © MishAl.Shutterstock
S. 21: Bücher: © Andrzej Tokarski/Dreamstime.com; Sparschwein: © PhotoCase.com
S. 23: © Marie Jeanne Iliescu www.sxc.hu
S. 35: © Benis Arapovic/Fotolia.com
S. 39: © Redaktion
S. 48: © PhotoCase.com
S. 60: © Carmen Rother/www.carminaro.de
S. 74: © Weihenstephan
S. 76: © zamollxis.123rf.com
S. 80: © PixelQuelle
S. 99: © Redaktion
S. 118: © Redaktion
S. 120: © Wolfgang Matschke, Marc Möllers
S. 140: © Wolfgang Matschke, Marc Möllers
S. 142: © Wolfgang Matschke, Marc Möllers
S. 147: Pyramide: © Fabrizio Turco/www.sxc.hu; Lkw: © Lars Christensen/Dreamstime.com
S. 154: Erde: © NASA/Visipix.com; Aasee: © Wolfgang Matschke, Marc Möllers
S. 159: © Redaktion
S. 176: © Wolfgang Matschke, Marc Möllers
S. 178: © CASIO Computer Co.,Ltd.
S. 187: © Florea Marius Catalin/Fotolia.com
S. 195: © fotohansi/Fotolia.com
S. 196: Litfaßsäule: © Rainer Lesniewski/istockphoto.com; Tablet: © Ewa Studio. Shutterstock
S. 197: © Redaktion
S. 199: © MistikaS/iStockphoto.com

© 2022 Stark Verlag GmbH
19. neu bearbeitete und ergänzte Auflage
www.stark-verlag.de

Das Werk und alle seine Bestandteile sind urheberrechtlich geschützt. Jede vollständige oder teilweise Vervielfältigung, Verbreitung und Veröffentlichung bedarf der ausdrücklichen Genehmigung des Verlages. Dies gilt insbesondere für Vervielfältigungen, Mikroverfilmungen sowie die Speicherung und Verarbeitung in elektronischen Systemen.

Inhalt

Wegen des Corona-Virus wurden **2020** die Zentralen Prüfungen in Klasse 10 durch Prüfungsarbeiten ersetzt, die dezentral von den Lehrkräften erstellt wurden. Für 2020 können daher keine Original-Aufgaben abgedruckt werden.

Sobald die Original-Prüfungsaufgaben 2022 freigegeben sind, können sie als **PDF** auf der Plattform **MyStark** heruntergeladen werden (Zugangscode vgl. Farbseiten vorne im Buch).

ActiveBook Interaktives Training

Mit dem **Interaktiven Training** kannst du online mit vielen zusätzlichen interaktiven Aufgaben zu allen prüfungsrelevanten Kompetenzbereichen trainieren.
Die **interaktiven Aufgaben** sind im Buch mit diesem Button gekennzeichnet. Am besten gleich ausprobieren!
Ausführliche Infos inkl. Zugangscode findest du auf den **Farbseiten** vorne in diesem Buch.

Autorinnen und Autoren:
Christoph Borr, Doris Cremer, Olaf Klärner, Karl-Heinz Kuhlmann, Wolfgang Matschke, Marc Möllers, Heike Ohrt, Dietmar Steiner

Vorwort

Liebe Schülerin, lieber Schüler,

mit vorliegendem Buch kannst du dich **schon ab der 9. Klasse** auf die **Zentrale Prüfung** in Mathematik zum **mittleren Schulabschluss** vorbereiten.
Gerade bei einer zentral gestellten Prüfung ist das **Grundwissen** besonders wichtig. Denn es geht nicht um irgendwelche Spezialkenntnisse, die du vielleicht gut beherrschst, sondern die Aufgaben in der Prüfung werden auf einem möglichst breiten Grundwissen aufbauen. Es geht vor der Prüfung also um eine Gesamtwiederholung.

- Daher beginnt dieses Buch mit einem ausführlichen **Trainingsteil**. Im Kapitel 1 werden die wichtigsten Themen der 5. bis 9. Klasse wiederholt, die Kapitel 2 bis 11 behandeln intensiv sämtliche prüfungsrelevanten Bereiche der 9. und 10. Klasse. In den Kapiteln findest du insgesamt 210 Aufgaben, anhand derer du überprüfen kannst, ob du den Stoff sicher beherrschst. Wenn du dich bereits fit fühlst, kannst du direkt mit den **Anwendungsaufgaben** beginnen. Bereiten dir diese Aufgaben noch Schwierigkeiten, kannst du die erforderlichen Stoffgebiete im Trainingsteil selbstständig erarbeiten und dich dann über die Lösung der Aufgaben zum **Grundwissen** erneut an die Anwendungsaufgaben machen. Zu einigen Themen gibt es zusätzlich **Lernvideos**. An den entsprechenden Stellen im Buch findest du einen QR-Code, der mit einem Smartphone oder Tablet gescannt werden kann. Eine Zusammenstellung aller Videos ist über den QR-Code links abrufbar. Außerdem kannst du die Videos von der Plattform **MyStark** herunterladen.
- Wenn die einzelnen Themen „sitzen", du die Aufgaben also lösen kannst, geht es weiter mit der **Aufgabe im Stil der Zentralen Prüfung**. Hier sind die Aufgaben nicht mehr nach Themengebieten unterteilt, sondern – wie in der Prüfung – aus den verschiedensten Bereichen zusammengestellt. Es kommt also zunächst darauf an zu erkennen, *wie* die jeweilige Aufgabe gelöst werden könnte, welchem Themengebiet sie zuzuordnen ist. Ein wichtiger Gesichtspunkt in der Prüfung ist die **Bearbeitungszeit**. Daher solltest du *vor* der Prüfung schon unter echten Prüfungsbedingungen üben. In der Prüfung hast du **120 Minuten** Zeit, unterteilt in 30 Minuten für den 1. Teil und 90 Minuten für den 2. Teil. Da ab der Prüfung 2023 der 1. Teil ohne die Hilfsmittel Taschenrechner und Formelsammlung bearbeitet werden muss, findest du hier für diesen Prüfungsteil drei Varianten (A, B, C). Auch wenn du anfangs die Aufgaben nicht innerhalb der Zeit schaffst, solltest du die „Prüfung" in Abständen wiederholen, bis du sicher bist und die Aufgaben richtig und in der vorgesehenen Zeit löst. Wenn du merkst, dass du immer wieder über dasselbe Problem stolperst, solltest du das entsprechende Trainingskapitel wiederholen.
- Jetzt kannst du dich an die zuletzt gestellten **Zentralen Prüfungen** wagen. Schaffst du es, diese in der vorgegebenen Zeitspanne und nur mit den zulässigen Hilfsmitteln zu bearbeiten, bist du optimal vorbereitet.
- Zu allen Aufgaben gibt es in einem separaten Buch (Best.-Nr. C05100L) ausführliche **Lösungen**, in denen jeder Rechenschritt erklärt ist. Beachte: Du solltest immer versuchen, die Lösung selbst zu finden, und erst dann mit dem Lösungsbuch vergleichen.

Viel Erfolg in der Prüfung!

Wolfgang Matschke　　Marc Möllers

Hinweise und Tipps

1 Hinweise zur Zentralen Prüfung

Ablauf der Prüfung

In Nordrhein-Westfalen nehmen die Schülerinnen und Schüler aller Schularten am Ende der Klassenstufe 10 an der **Zentralen Prüfung** teil. Die Prüfung umfasst je eine schriftliche Arbeit in den Fächern Deutsch, Mathematik und Englisch. In Mathematik findet die Prüfung am **11. Mai 2023** statt.

Im Fach Mathematik besteht die schriftliche Prüfung aus den Prüfungsteilen 1 und 2. Beide Prüfungsteile sind innerhalb der **120-minütigen Arbeitszeit** zu bewältigen. In der Prüfung sind als Hilfsmittel zugelassen: Zirkel und Geodreieck sowie in Prüfungsteil 2 ein wissenschaftlicher Taschenrechner und eine Formelsammlung. (Die herausnehmbare Formelsammlung in diesem Buch ist auch zur Prüfung zugelassen.)

Prüfungsteil 1 enthält mehrere, voneinander unabhängige Aufgaben geringer Komplexität zu grundlegenden mathematischen Sachverhalten (Basiskompetenzen), darunter auch Aufgaben mit Auswahlcharakter (Multiple-Choice-Aufgaben). Zur Bearbeitung der Aufgaben von Prüfungsteil 1 sind **30 Minuten** vorgesehen. Hier werden die **Basiskompetenzen** abgefragt, die du in den Schuljahren 5 bis 10 erworben hast. Die Aufgabenformen kennst du schon aus der „Lernstandserhebung". Im Prüfungsteil 1 darfst du ab der Prüfung 2023 **keinen Taschenrechner** und **keine Formelsammlung** benutzen. Von daher ist es sinnvoll, wenn du dir im Vorfeld der Prüfung Sicherheit im Umgang mit den Grundrechenarten und Rechengesetzen (z. B. Klammern vor Punkt- vor Strichrechnung) und mit grundlegenden Formeln (z. B. Formeln für Umfang, Flächeninhalt und Volumen geometrischer Figuren) verschaffst.

Prüfungsteil 2 beinhaltet schwerpunktmäßig Aufgaben mit höherem Komplexitätsgrad zu grundlegenden mathematischen Sachverhalten aus allen vier Themenbereichen (Funktionen, Arithmetik/Algebra, Geometrie und Stochastik) und deren Anwendung. Diesen Aufgaben liegen die Unterrichtsinhalte der Jahrgangsstufen 9 und 10 zugrunde. Es werden in diesem Teil der Prüfung auch mathematische Kompetenzen geprüft, die in den vorangegangen Jahrgangsstufen erworben wurden (z. B. Prozent- und Zinsrechnung). Der Arbeitszeitanteil umfasst hier **90 Minuten**. Im Prüfungsteil 2 darfst du sowohl einen Taschenrechner als auch eine Formelsammlung benutzen.

Bei der Auswertung der Aufgaben wird sowohl der Umgang mit Maßeinheiten als auch die Nachvollziehbarkeit, formale Angemessenheit und Genauigkeit der Darstellung von Lösungen gesondert berücksichtigt und mit Extrapunkten bewertet. Qualitativ gleichwertige Lösungswege werden auch identisch bewertet.

Im letzten Teil dieses Buches findest du die **Original-Aufgaben der Zentralen Prüfungen aus den Jahren 2017 bis 2021**; die **Prüfungsaufgaben 2022** stehen dir auf der Plattform **MyStark** zum Download zur Verfügung. Diese Sammlung von Prüfungsaufgaben ist insbesondere für die **Vorbereitungsphase unmittelbar vor der Abschlussprüfung** gedacht und hilft dir dabei, noch mehr Sicherheit im Umgang mit Prüfungsaufgaben zu gewinnen. Den offiziellen Prüfungsaufgaben vorangestellt ist eine „Aufgabe im Stil der Zentralen Prüfung“. Die hier gewählten Aufgaben verweisen auf Themenfelder, die in dieser oder ähnlicher Form in den Prüfungen vorheriger Jahre immer wieder von Bedeutung waren.

Sollten nach Erscheinen dieses Bandes noch **wichtige Änderungen** für die Abschlussprüfung 2023 bekannt gegeben werden, erhältst du **aktuelle Informationen** dazu ebenfalls auf der **Plattform MyStark**. Den Zugangscode dafür findest du vorne im Buch.

Aktuelle Informationen zur Zentralen Prüfung und Antworten auf viele weitere Fragen, die du möglicherweise zur Zentralen Prüfung hast, findest du auch im Internet unter:
www.standardsicherung.schulministerium.nrw.de/zp10/

Kompetenzen

In der Zentralen Prüfung werden im **Prüfungsteil 1** sogenannte **Basiskompetenzen** geprüft. Nachfolgend sind Beispiele von Aufgaben aufgelistet, anhand derer diese Basiskompetenzen geübt werden können:

Basiskompetenzen	Beispiele
▶ Umgang mit Zahlen und Größen, Techniken des Überschlagens anwenden	▶ Prüfungsteil 1: Aufgabe im Stil: A1, B1, B2, C1; 2017: 2; 2018: 1; 2019: 1; 2021: 2
▶ Umgehen mit Variablen, Termen, Gleichungen und Gleichungssystemen (auch im Zusammenhang mit einer Tabellenkalkulation)	▶ Training Grundwissen: Aufgaben 27, 28, 73 ▶ Prüfungsteil 1: Aufgabe im Stil: A5; 2017: 4, 5; 2018: 4; 2019: 4a, 5; 2021: 4a (W2), 5
▶ Bestimmen von Längen, Flächen und Volumina sowie Winkeln bei Grundfiguren und -körpern (Dreieck, Viereck, Kreis, Quader, Prisma, Zylinder, Pyramide, Kegel, Kugel)	▶ Training Grundwissen: Aufgaben 52–57, 147, 159–162, 165, 166, 172, 177, 182 ▶ Prüfungsteil 1: Aufgabe im Stil: A3a, B3, C3, C4; 2017: 1; 2018: 3; 2019: 2; 2021: 3
▶ Entnehmen mathematischer Informationen aus einfachen Texten, Grafiken und Diagrammen	▶ Training Grundwissen: Aufgaben 37, 85, 118 ▶ Prüfungsteil 1: Aufgabe im Stil: A3; 2017: 3; 2018: 5a; 2019: 3a; 2021: 1
▶ Bestimmen von elementaren Wahrscheinlichkeiten	▶ Training Grundwissen: Aufgaben 199–202 ▶ Prüfungsteil 1: Aufgabe im Stil: A2, B4, C2; 2018: 2

▶ Erkennen einfacher proportionaler und antiproportionaler Zuordnungen	▶ Training Grundwissen: Aufgaben 31, 32
▶ Nutzen von Tabellenkalkulationen und dynamischer Geometriesoftware zur Erkundung mathematischer Probleme	▶ Training Grundwissen: Aufgaben 43, 70, 92, 197 ▶ Prüfungsteil 1: Aufgabe im Stil: A4, C5; 2018: 5; 2019: 3
▶ Wechseln der Darstellung (Situation, Tabelle, Graph, Term) bei funktionalen Zusammenhängen	▶ Training Grundwissen: Aufgaben 65, 115, 116, 117 ▶ Prüfungsteil 1: Aufgabe im Stil: A3b, B5, C5; 2021: 4 (W1)
▶ Erstellen und Vergleichen von Netzen zu vorgegebenen Körpern	▶ Training Grundwissen: Aufgaben 157, 163, 176, 178c
▶ Beurteilen mathematischer Aussagen und Angeben von Beispielen oder Gegenbeispielen	▶ Training Grundwissen: Aufgabe 124 ▶ Prüfungsteil 1: Aufgabe im Stil: A6; 2018: 1b; 2021: 4b (W2)

In der Zentralen Prüfung können im **Prüfungsteil 2** sämtliche erworbenen **Kompetenzen** geprüft werden.

Kompetenzen	**Beispiele**
Arithmetik/Algebra	
▶ Erläuterung mathematischer Zusammenhänge mit eigenen Worten und geeigneten Fachbegriffen beim Umgang mit linearen Gleichungen/Gleichungssystemen bzw. quadratischen Gleichungen	▶ Training Grundwissen: Aufgaben 70, 82, 92 ▶ Prüfungsteil 2: Aufgabe im Stil: 2i; 2018: 3b; 2019: 3c, 3f
▶ Vergleich, Überprüfung und ggf. Verbesserung von vorgegebenen Aufgabenlösungen	▶ Training Grundwissen: Aufgabe 99e, 104b ▶ Prüfungsteil 2: 2017: 2c–d, 2g; 2019: 1c
▶ Mathematische Zusammenhänge erkennen und durch Terme modellieren, Nutzen elementarer mathematischer Verfahren	▶ Prüfungsteil 2: Aufgabe im Stil: 2e–g; 2018: 1a, 2a–b; 2019: 1b, 3a–b, 3d–e; 2021: 1b–c, 2e
Funktionen	
▶ Interpretation von grafischen Darstellungen funktionaler Zusammenhänge, Deuten der Parameter in der Termdarstellung der Funktionen	▶ Training Grundwissen: Aufgaben 71, 82, 88 ▶ Prüfungsteil 2: Aufgabe im Stil: 1a–c; 2017: 3a–b; 2018: 1e–f, 2f; 2021: 2c–d

▶ Erstellung, Nutzung und Interpretation von Modellen aus den Bereichen: – Weg-Zeit-Zusammenhänge – Wachstumsprozesse (linear, quadratisch und exponentiell) – Prozent-, Zins- und Zinseszinsrechnung (z. B. Preisreduktion, Spar- und Kreditmodelle)	▶ Training Grundwissen: Aufgaben 72, 78, 104, 110, 111, 113, 114 ▶ Prüfungsteil 2: 2017: 2a–b, 2f–g; 2018: 1b–c, 1e–f, 2f, 3f; 2019: 2d–f; 2021: 2a, 2c–d, 2f–g
▶ Erkunden funktionaler Zusammenhänge (z. B. mithilfe eines Taschenrechners, eines Funktionenplotters oder einer Tabellenkalkulation)	▶ Training Grundwissen: Aufgaben 43, 70, 92 ▶ Prüfungsteil 2: 2017: 2e; 2018: 3d–e; 2021: 2b
Geometrie	
▶ Bestimmung unbekannter Größen wie z. B. Umfang und Flächeninhalt von Figuren oder Oberfläche und Volumen von Körpern	▶ Training Grundwissen: Aufgaben 149, 153, 169, 170, 174, 180, 188–191 ▶ Prüfungsteil 2: Aufgabe im Stil: 2a–d; 2017: 1a, 1c, 3d; 2018: 2c–e, 3a; 2019: 1a, 2a–c; 2021: 1a, 3d–f
▶ Bestimmung unbekannter Größen mithilfe von Sinus, Kosinus und Tangens oder mit dem Satz des Pythagoras	▶ Training Grundwissen: Aufgaben 130–132, 141–146 ▶ Prüfungsteil 2: Aufgabe im Stil: 2h; 2018: 1d, 3a; 2021: 3a
▶ Erstellung, Nutzung und Interpretation von Modellen aus den Bereichen Architektur (z. B. Formen von Gebäuden) und Verpackungen	▶ Training Grundwissen: Aufgaben 164, 168, 181 ▶ Prüfungsteil 2: 2017: 1c; 2019: 1b–c
▶ Nutzung verfügbarer Werkzeuge zur Bearbeitung geometrischer Situationen (z. B. Nutzung von Zirkel und Geodreieck oder Geometriesoftware)	▶ Training Grundwissen: Aufgaben 157, 158 ▶ Prüfungsteil 2: 2018: 1c; 2021: 3b–c
Stochastik	
▶ Auswerten, Beurteilen und Analysieren von grafischen Darstellungen statistischer Daten und deren Manipulation (z. B. aus Zeitungsartikeln)	▶ Training Grundwissen: Aufgaben 118, 194
▶ Simulation von Zufallsexperimenten sowie Auswertung und Darstellung von Daten (z. B. mithilfe einer Tabellenkalkulation)	▶ Training Grundwissen: Aufgabe 192, 193, 197, 198, 203, 205, 210d–f ▶ Prüfungsteil 2: Aufgabe im Stil: 3a–b; 2019: 1d
▶ Darstellung von Zufallsexperimenten (z. B. durch Baumdiagramme) und Bestimmung von Wahrscheinlichkeiten	▶ Training Grundwissen: Aufgaben 207, 208, 210a–c ▶ Prüfungsteil 2: Aufgabe im Stil: 3c–g; 2017: 1d–f; 2019: 1e–f; 2021: 1d–f

2 Wie man für die Prüfung lernen kann

Mit Tricks und Kniffen mag man vielleicht einmal einen Test oder gar eine Klassenarbeit hinbekommen, bei einer Zentralen Prüfung dürfte dieses „Verfahren“ aber wohl versagen. Gut: Ganz ohne Arbeit wird die Vorbereitung auf die Prüfung wohl keinem gelingen. Beherzigt man aber einige Grundregeln, dann fällt das Lernen leichter und es stellen sich rasch Erfolge ein – und Erfolg bringt meistens auch Spaß bei der Sache.

Vorbereitung auf die Zentrale Prüfung

Wichtig ist die innere Einstellung: Betrachte die Mathematik nicht als deinen Gegner. Wer sich selbst etwas zutraut und mit gesundem Selbstvertrauen an eine Sache herangeht, wer sich positiv einer Aufgabe nähert, wer bereit ist zu lernen und sich anzustrengen, lernt leichter und erfolgreicher. Wer immer an sich selbst zweifelt, lernt verunsichert, tut sich schwer und hat meistens weniger Erfolg.

Regeln zur Vorbereitung auf die Zentrale Prüfung

- Rechtzeitig mit den Prüfungsvorbereitungen beginnen (ca. 12 Wochen vor der Prüfung)
  - Sichtung der Themengebiete
  - Eigene Schwierigkeiten mit bestimmten Themengebieten selbstkritisch erkennen
  - Persönliches Zeitraster entwickeln – wann lerne ich was?

Da ab der Prüfung 2023 der Prüfungsteil 1 ohne die Hilfsmittel Taschenrechner und Formelsammlung bearbeitet werden muss, solltest du dir einen Überblick über die Themengebiete verschaffen und dir ehrlich die Frage stellen, ob du elementare Aufgabenstellungen der einzelnen Themenfelder ohne Hilfsmittel lösen kannst.
Mache dir anhand der folgenden Checkliste klar, ob du die erwähnten Grundlagen ohne Taschenrechner und Formelsammlung beherrscht (Lösungen findest du im Lösungsband):

Du solltest …	**Beispiele**
▸ einfache Grundrechenarten ohne Taschenrechner beherrschen.	$23\,956 - 12\,723 - 5\,827$; $1{,}4 \cdot 15$; $\frac{6}{10} + 2{,}3$; $\frac{12}{15} : \frac{6}{25}$
▸ einfache Rechengesetze kennen (z. B. Klammer vor Punkt- vor Strichrechnung).	$12 + 8 \cdot 5$; $1{,}5 \cdot (4 + 6) - 17$
▸ mit Größen- und Maßangaben umgehen können (z. B. Länge, Fläche, Volumen, Gewicht, Zeit, …).	$2\text{ m} =$ ______ mm; $2{,}3\text{ m}^2 =$ ______ cm^2; $4\text{ m}^3 =$ ______ ℓ; $4{,}5\text{ t} =$ ______ kg; $4\text{ d} =$ ______ h
▸ unterschiedliche Schreibweisen von Zahlen miteinander vergleichen können (z. B. Bruch, Dezimalbruch, Potenz, Wurzel, …).	Ordne der Größe nach: $\frac{3}{5}$; 2; $\sqrt{2}$; $1{,}5^2$; 10^{-1}; $20\,\%$
▸ einfache Prozent- und Zinsaufgaben lösen können.	20 % von 30 € sind … 3 kg von 12 kg sind … %
▸ Umfang und Flächeninhalt einfacher ebener Figuren berechnen können (Quadrat, Rechteck, Dreieck, …).	Ein Quadrat mit Seitenlänge $a = 4{,}5$ cm hat einen Umfang von … Welche Seitenlängen könnte ein Rechteck mit $A = 48\text{ cm}^2$ haben?

<table>
<tr><td>▶ Oberfläche und Volumen einfacher Körper berechnen können (Würfel, Quader, Zylinder, …).</td><td>Ein Aquarium mit den Maßen a = 3 dm, b = 4 dm und c = 5 dm hat ein Volumen von … ℓ.</td></tr>
<tr><td>▶ einfache funktionale Zusammenhänge (proportional, antiproportional, quadratisch, …) erkennen und bearbeiten können.</td><td>Vervollständige die Tabelle für eine umgekehrt proportionale Zuordnung:
<table>
<tr><td>x</td><td>2</td><td>4</td><td>5</td><td>6</td><td>10</td></tr>
<tr><td>y</td><td></td><td>30</td><td></td><td></td><td>12</td></tr>
</table></td></tr>
<tr><td>▶ den Satz des Pythagoras in einfachen Figuren erkennen und berechnen können.</td><td>Wie lang ist die Seite a?
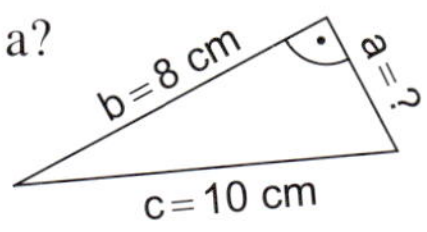
</td></tr>
<tr><td>▶ elementare Grundlagen der Stochastik anwenden können (z. B. relative und absolute Häufigkeit, Wahrscheinlichkeit, einfache Baumdiagramme, …).</td><td>Wie hoch ist die Wahrscheinlichkeit,
• eine schwarze Kugel aus dem Beutel zu ziehen?
• nacheinander zwei weiße Kugeln zu ziehen mit bzw. ohne Zurücklegen?
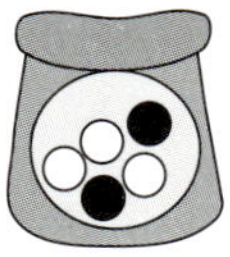</td></tr>
</table>

Strategien beim Lösen von Aufgaben – Vorbereitung auf die Prüfung

▶ Lerne nach dem „ICH-DU-WIR“-Prinzip
- ICH: Beim Lösen von Aufgaben musst du dich zuerst selbst auf den Weg machen. Es gehört zu einer sicheren Prüfungsvorbereitung, Aufgaben und Problemstellungen alleine zu lösen. Versuche also immer zuerst selbst, ohne Hilfen, das Problem bzw. die Aufgabe zu lösen, das stärkt mit der Zeit dein Selbstvertrauen. Hilfen – wie vorgegebene Lösungen und Lösungswege – sind sparsam einzusetzen.
  Also: Nur dann in der Lösung nachschauen, wenn du nicht mehr weiterkommst.
- DU: Um Fortschritte in den Themengebieten zu machen, ist es oft auch sinnvoll, mit einem Partner oder einer Partnerin zu arbeiten. Ihr lernt dabei, über Aufgaben und Lösungswege zu diskutieren. Du kannst deine Lösungsideen mit den Ideen anderer vergleichen und merkst dabei, was man anders machen könnte.
- WIR: Erst wenn du ein Themengebiet richtig erkundet und deine persönlichen Lern- und Lösungswege gefunden hast, ist es sinnvoll, in Gruppen – nicht mehr als vier oder fünf Personen – noch einmal spezielle Fragen zu besprechen.

▶ Lege dir einen eigenen Ordner für die Prüfungsvorbereitung an.

▶ Ständiges Wiederholen ist notwendig.
- Beim Üben und Vertiefen von Themengebieten musst du die bereits gelernten Themengebiete zwischendurch immer wiederholen. Hier helfen dir die Aufgaben zum Grundlagenwissen und die Anwendungsaufgaben.
- Sinnvoll ist auch immer wieder das Üben über einzelne Themengebiete hinaus – vernetztes Üben. Hier helfen dir die Aufgabe im Stil der Zentralen Prüfung und die Original-Prüfungsaufgaben.

▶ Auswendig lernen?
- Wichtige Definitionen, Regeln und Formeln zu den einzelnen Themengebieten solltest du auswendig lernen – auch hier gilt: in kleinen „Portionen“ speichern und immer wieder wiederholen.

3 Das Lösen einer mathematischen Aufgabe

Das Lösen einer mathematischen Aufgabe lässt sich in der Regel in vier Phasen unterteilen:

1. Phase

Lesen und Verstehen der Aufgabe

Habe ich alle Wörter verstanden?
- Ist die Aufgabe klar und deutlich?
- Finde ich in der Aufgabe eine Fragestellung?
- Was ist gegeben?
- Was ist gesucht?
- Sind bestimmte Informationen unwichtig?

2. Phase

Suchen eines Lösungsweges und Entwerfen eines Lösungsplanes

Für das Lösen von Aufgaben gibt es zwei Strategien, die auch miteinander kombiniert werden können:

- **Das Vorwärtslösen:** Der Lösungsweg geht davon aus, was **gegeben** ist.
- **Das Rückwärtslösen:** Der Lösungsweg geht davon aus, was **gesucht** ist.

Zwei Fragen können dir behilflich sein:

1. Welches **Themengebiet** wird angesprochen?
   (Welche Regeln, Sätze, Formeln kannst du bei der Lösung der Aufgabe verwenden?)
2. Wie kommst du vom Gegebenen zum Gesuchten?
   - Arbeite mit Skizzen, Figuren etc.
   - Markiere Größen/Stücke, die du berechnen willst, farbig.
   - Entwickle einen **Lösungsplan** und halte die einzelnen Schritte zur Lösung in der zu bearbeitenden Reihenfolge fest.

3. Phase

Das Lösen der Aufgabe

1. Bearbeite die Aufgabe nach deinem Lösungsplan.
2. Löse die Aufgabe sauber und klar strukturiert – lieber einen Zwischenschritt mehr machen.

4. Phase

Kontrolle – Überprüfung der gefundenen Lösung

Überprüfe, ob deine Lösung mit der Aufgabenstellung übereinstimmen kann. Führe, falls möglich, eine Probe durch. Schreibe zu Fehlern, die du gemacht hast, eine Korrektur und markiere sie deutlich.

Der Umgang mit Formeln

Alle vier Phasen zum Lösen einer Aufgabe sind ganz wichtig. Die meisten Schwierigkeiten und Probleme hast du vermutlich mit der 2. Phase (Suchen eines Lösungsweges und Entwerfen eines Lösungsplanes) und der 3. Phase (Lösen der Aufgabe), in der du häufig mit Formeln umgehen musst.

Damit du gezielt üben kannst, wollen wir an einem Beispiel zeigen, wie du mit **wenigen Schritten** zum Erfolg kommen kannst.

Schritt 1

Welcher Themenbereich?

Überlege zunächst, zu welchem Themenbereich diese Aufgabe gehört. Nimm dir dann deine Formelsammlung vor (sie sollte Formeln und Beziehungen zwischen einzelnen Größen aller im Unterricht behandelten Themenbereiche umfassen) und suche die Formeln heraus, die zu diesem Themenbereich passen könnten. Als Hilfestellung bieten wir dir auf den letzten Seiten des Vorspanns eine Auswahl von wichtigen und nützlichen Formeln an.

Schritt 2

Welche Formel passt?

Du musst aus der Formelsammlung eine geeignete Formel heraussuchen, die einen Zusammenhang zwischen den gegebenen und gesuchten Größen beschreibt.

Schritt 3

Muss ich die Formel anpassen?

Häufig stimmen die Bezeichnungen in der Aufgabe und in der Formel nicht überein. Das liegt meistens daran, dass denselben Angaben unterschiedliche Namen gegeben werden können. Der eine sagt „Pyramidenhöhe", ein anderer spricht von „Höhe h des Körpers"; beide meinen das Gleiche.
Dann müssen die Bezeichnungen oder die Formel angepasst werden. Tipp: Benutze die Bezeichnungen, die du im Unterricht kennen gelernt hast. Manchmal muss die Formel zusätzlich nach einer anderen Variablen umgestellt werden.

Diese drei Schritte sollen an einer Beispielaufgabe verdeutlicht werden.

Beispiel

Berechne die Körperhöhe einer quadratischen Pyramide, deren Grundseiten je 6,0 cm und deren Seitenhöhen je 5,0 cm lang sind.

Schritt 1

Welcher Themenbereich?

Klar, diese Aufgabe kommt aus dem Themenbereich Körperberechnung → Pyramiden → quadratische Pyramiden. Die Formelsammlung bietet uns allerdings keinen Zusammenhang zwischen a, h_S und h_K.
Beim farbigen Markieren der gegebenen und gesuchten Stücke stellst du fest, dass h_S, h_K und ein Teil von a ein rechtwinkliges Dreieck bilden. Jetzt sind wir im Themenbereich Flächen → Dreieck → rechtwinkliges Dreieck.

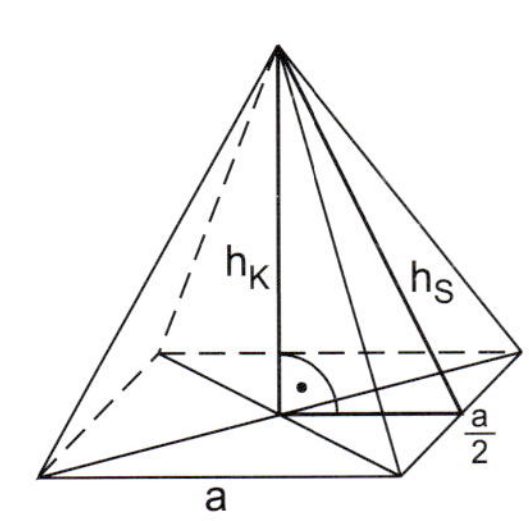

gegeben: $a = 6{,}0$ cm
$h_S = 5{,}0$ cm
gesucht: $h_K = ?$

Schritt 2

Welche Formel passt?
In rechtwinkligen Dreiecken besteht zwischen den drei Seitenlängen ein besonderer Zusammenhang. Du kennst ihn unter dem Begriff „Satz des Pythagoras":
$a^2 + b^2 = c^2$

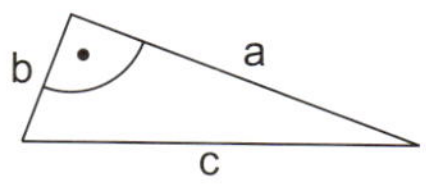

Schritt 3

Muss ich die Formel anpassen?
Die Bezeichnungen in der Formel stimmen nicht mit denen in der Aufgabe überein. Du musst die Formel also anpassen. Die Hypotenuse ist in diesem Fall nicht c, sondern h_S, die Katheten heißen in dieser Aufgabe dann h_K und $\frac{a}{2}$.

Deine Formel lautet also:

$$h_K{}^2 + \left(\frac{a}{2}\right)^2 = h_S{}^2$$

Jetzt musst du die Formel noch nach h_K umstellen.

$$h_K{}^2 + \left(\frac{a}{2}\right)^2 = h_S{}^2 \quad \left| -\left(\frac{a}{2}\right)^2\right.$$

$$h_K{}^2 = h_S{}^2 - \left(\frac{a}{2}\right)^2 \quad |\sqrt{}$$

$$h_K = \sqrt{h_S{}^2 - \left(\frac{a}{2}\right)^2}$$

Jetzt kannst du die Zahlen einsetzen:

$$h_K = \sqrt{(5{,}0\text{ cm})^2 - \left(\frac{6{,}0\text{ cm}}{2}\right)^2}$$

$$h_K = 4{,}0\text{ cm}$$

Die Pyramide hat eine Körperhöhe von 4,0 cm.

Der wichtigste – aber auch schwierigste – Teil der Lösung war die **Einordnung in den richtigen Themenbereich**, also der 1. Schritt.
Je mehr Aufgaben du bearbeitest, umso leichter wird dir die vollständige Lösung fallen.

In der Prüfung wirst du die Aufgaben jedoch in der Regel in Themengebieten gestellt bekommen, sodass du innerhalb einer Aufgabe die Einordnung in den richtigen Themenbereich gleich mehrfach vornehmen musst.

Bei der folgenden Aufgabe, die wie ein Aufgabenblock in der Zentralen Prüfung aussieht, sollst du dich ganz besonders mit diesen drei Lösungsschritten befassen. Löse die Teilaufgaben und beschreibe jeden Schritt wie in der obigen Beispielaufgabe.

Getreidemühle

Die beiden Bilder zeigen eine Getreidemühle. Der Trichter hat die Form einer auf dem Kopf stehenden quadratischen Pyramide mit einer 15 cm langen Grundseite und einer Körperhöhe von 15 cm.

a) Zeichne ein maßstabsgetreues Schrägbild des Trichters.

b) Die Mühle mahlt das Getreide gleichmäßig. Zeichne einen Graphen, der den Zusammenhang von Füllhöhe des Trichters und Zeit während des Mahlvorgangs beschreibt.

c) Paul überlegt: „Wie hoch ist die Mühle gefüllt, wenn noch die Hälfte der Getreidemenge des ursprünglich vollen Trichters gemahlen werden muss?“
Kennst du die Antwort?
Berechne zunächst die Getreidefüllmenge – der Trichter ist zu Beginn gestrichen voll (glatte Oberfläche).

d) Die Seitenteile des Trichters werden aus Rechteckplatten mit dem Maß 16 cm × 18 cm hergestellt.
Begründe, warum eine quadratische Platte von 15 cm × 15 cm dafür zu klein wäre.

Bedenke: Erst selbst lösen, dann mit der Musterlösung vergleichen.

Lösung:

a) Du solltest das Schrägbild einer auf den Kopf gestellten Pyramide zeichnen – beachte dabei, dass das Erscheinungsbild deiner Pyramide vom gewählten Maßstab abhängt. Hier ein Beispiel im Maßstab 1 : 3.

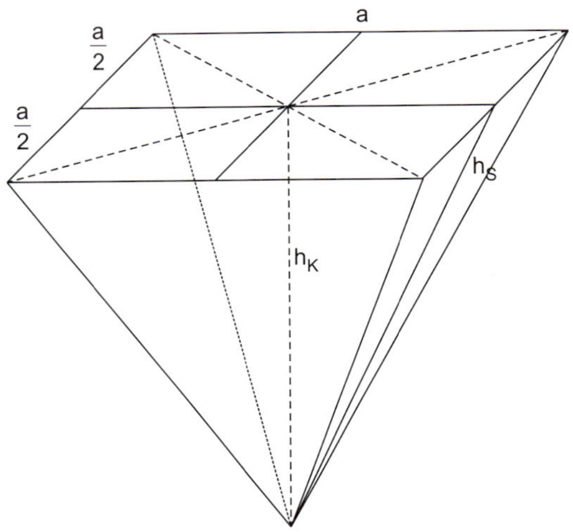

b) Diese Teilaufgabe kommt aus dem Themenbereich Zuordnung. Du solltest beachten: Der Trichter leert sich für das Auge zunächst sehr langsam, dann immer schneller (wobei man annimmt, dass in gleichen Zeitintervallen immer die gleiche Kornmenge gemahlen wird). Deshalb könnte der Graph wie nebenstehend aussehen.

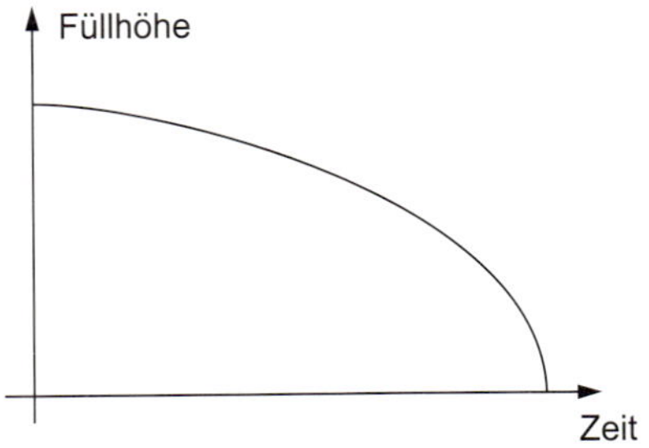

c) Berechne zunächst die Getreidefüllmenge bzw. das Volumen des vollen Trichters.

Schritt 1

Welcher Themenbereich?
Diese Teilaufgabe kommt aus dem Themenbereich Körperberechnung → Volumen einer Pyramide.

Aus der Aufgabenstellung ist bekannt:
Grundseite a der Pyramide: Innenseitenlänge $a = 15$ cm
Körperhöhe h_K der Pyramide: Innenhöhe $h_K = 15$ cm

Schritt 2

Welche Formel passt?
Die Formel für das Volumen einer Pyramide lautet: $V = \frac{1}{3} \cdot G \cdot h$

Schritt 3

Muss ich die Formel anpassen?
Da die Pyramide eine quadratische Grundfläche hat, forme um zu:

$V = \frac{1}{3} \cdot a^2 \cdot h_K$

Durch Einsetzen der Werte erhältst du:

$V = \frac{1}{3} \cdot (15\text{ cm})^2 \cdot 15\text{ cm}$

$V = 1\,125\text{ cm}^3$

Der Trichter fasst bei gestrichener Füllhöhe also 1 125 cm^3 Getreide.

Eigentlich ist gesucht:
Die Füllhöhe, wenn noch die Hälfte Getreide gemahlen werden muss.

Schritt 1

Welcher Themenbereich?
Diese Teilaufgabe kommt aus dem Themenbereich Ähnlichkeit → Verkleinern und Vergrößern von Figuren und wieder aus Körperberechnung → Volumen einer Pyramide.

Zeichne zunächst den Querschnitt durch den Trichter und beschrifte die notwendigen Abschnitte. Da es sich um eine zentrische Streckung mit der Pyramidenspitze als Zentrum handelt, werden $\frac{a}{2}$ und h_K um den gleichen Faktor k gestreckt:

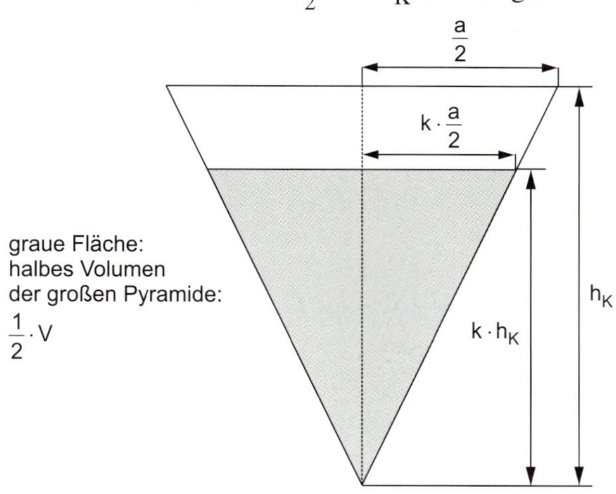

Schritt 2

Welche Formel passt?
Benötigt wird die Volumenformel für Pyramiden:

$V = \frac{1}{3} \cdot G \cdot h$

Schritt 3

Muss ich die Formel anpassen?
Für den noch halbvollen Trichter gilt folgende Volumenformel:

$$V_{\frac{1}{2}} = \frac{1}{3} \cdot G_{\frac{1}{2}} \cdot h_{K_{\frac{1}{2}}}$$ $V_{\frac{1}{2}}, G_{\frac{1}{2}}$ und $h_{K_{\frac{1}{2}}}$ stehen für die halbvolle Pyramide

$$\frac{1}{2} \cdot V = \frac{1}{3} \cdot (k \cdot a)^2 \cdot (k \cdot h_K)$$

$$\frac{1}{2} \cdot V = \frac{1}{3} \cdot a^2 \cdot h_K \cdot k^3$$ Umformen und 3. Wurzel ziehen

$$k = \sqrt[3]{\frac{3 \cdot \frac{1}{2} \cdot V}{a^2 \cdot h_K}}$$ Einsetzen der Zahlenwerte

$$k = \sqrt[3]{\frac{3 \cdot \frac{1}{2} \cdot 1125\ cm^3}{(15\ cm)^2 \cdot 15\ cm}} \approx 0,79$$

Damit beträgt die Füllhöhe noch $k \cdot h_K \approx 15\ cm \cdot 0,79 \approx 11,9\ cm$.

Der Trichter muss noch ca. 11,9 cm hoch gefüllt sein. Anders ausgedrückt: Ist die Hälfte des Getreides gemahlen, so beträgt die Füllhöhe des Trichter noch ca. 80 %.

d) Gehe zur Lösung wieder schrittweise vor:

Schritt 1

Welcher Themenbereich?
Diese Teilaufgabe gehört in den Themenbereich „Satz des Pythagoras“. Du kannst die Aufgabe aber auch durch eine schlüssige und nachvollziehbare Argumentation lösen:
→ Argumentieren / Begründen

Da die Innengrundseite $a = 15$ cm beträgt und die Innenhöhe $h_K = 15$ cm beträgt, lässt sich ein Teildreieck der Mantelfläche nicht aus einem Quadrat der Seitenlänge 15 cm schneiden, da die Flächenhöhe h_S des Dreiecks größer als 15 cm sein muss und das Außenmaß der Holzplatte (Brettstärke) ebenfalls größer als 15 cm sein muss.

Wenn du Schwierigkeiten beim Argumentieren/Begründen hast, kannst du auch eine rechnerische Lösung erstellen:

Schritt 2

Welche Formel passt?
Anwendung findet hier der Satz des Pythagoras: $a^2 + b^2 = c^2$

Schritt 3

Muss ich die Formel anpassen?
Die Hypotenuse ist in diesem Fall nicht c, sondern h_S, die Katheten heißen h_K und $\frac{a}{2}$.

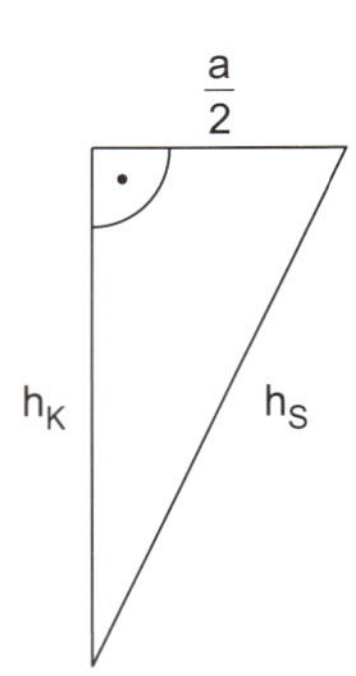

$$h_K^2 + \left(\frac{a}{2}\right)^2 = h_S^2$$

Jetzt kannst du die Zahlen einsetzen:

$$h_S^2 = (15\ cm)^2 + (7,5\ cm)^2 \qquad |\sqrt{\ }$$

$$h_S = \sqrt{225\ cm^2 + 56,25\ cm^2}$$

$$h_S \approx 16,77\ cm$$

Man muss eine Rechteckplatte von 16 cm × 18 cm nehmen, da aus einer quadratischen Grundfläche von 15 cm × 15 cm nach obiger Berechnung keine genügend große Platte geschnitten werden kann. Außerdem sind die 15 cm nur das Innenmaß des Trichters, es kommt noch die Wandstärke des Holzes dazu.
Alternative Formulierung: Aus einer quadratischen Platte von 15 cm × 15 cm lässt sich kein Seitenteil schneiden, da die Dreieckshöhe h_S bereits ca. 16,8 cm lang ist.

Training Grundwissen

1 Wiederholung 5.–9. Klasse

1.1 Terme

Merke

Term
Jede sinnvolle Zusammenstellung aus Zahlen und Variablen mithilfe von Rechenzeichen nennt man **Term.**

Beispiele

Beispiele für Terme sind:
1. 15
2. $x+1$
3. $18:3-(2:5)\cdot 1\frac{1}{3}$
4. $\frac{2+b}{2\cdot c}$

Keine Terme sind:
1. Auto
2. 3+
3. $7x+3y)$
4. $\frac{2+-b}{2\cdot c}$

Terme bezeichnen wir abkürzend mit einem T.
Treten in einem Term Variablen auf, geben wir diese nach dem T in runden Klammern an.

Beispiele

1. $T(x)=x+1$
2. $T(a)=a^2-1$
3. $T(a;b)=a-b$

Werden für die Variablen eines Terms Zahlen eingesetzt, kann man den **Wert des Terms** berechnen. Dabei müssen gleiche Variablen durch gleiche Zahlen ersetzt werden.

Beispiele

1. Berechne den Wert des Terms $T(x)=3x+11$ für $x=2$.
   Lösung:
   $T(\mathbf{x})=3\mathbf{x}+11$
   $T(\mathbf{2})=3\cdot\mathbf{2}+11$
   $T(2)=6+11$
   $T(2)=17$

2. Berechne den Wert des Terms $T(x)=3x^2-x+7$ für die Werte
   a) $x=-1$
   b) $x=\frac{1}{3}$
   Lösung:
   $T(\mathbf{x})=3\mathbf{x}^2-\mathbf{x}+7$

   a) $T(\mathbf{-1})=3\cdot(\mathbf{-1})^2-(\mathbf{-1})+7$
   $T(-1)=3\cdot 1+1+7$
   $T(-1)=11$

   b) $T\left(\frac{1}{3}\right)=3\cdot\left(\frac{1}{3}\right)^2-\left(\frac{1}{3}\right)+7$
   $T\left(\frac{1}{3}\right)=3\cdot\frac{1}{9}-\frac{1}{3}+7$
   $T\left(\frac{1}{3}\right)=\frac{1}{3}-\frac{1}{3}+7$
   $T\left(\frac{1}{3}\right)=7$

Aufgaben

1 Gib einen Term an, mit dem man zu jeder möglichen Länge eines Rechtecks mit 30 cm Umfang die zugehörige Breite dieses Rechtecks ermitteln kann.

2 Stelle zu folgenden Vorschriften die Terme auf:
a) Zu 1,5x ist 2y zu addieren.
b) Vom Produkt aus x und y ist die Differenz aus x und y zu subtrahieren.
c) Der Quotient aus 0,5x und (x – y) ist von der Differenz aus 2y und x zu subtrahieren.

3 Berechne für folgende Terme T(2), T(–1) und $T\left(\frac{1}{2}\right)$:
a) $T(x) = 3x^2 - 2x + 5$ b) $T(x) = x^3 + 2x^2 - 7$ c) $T(x) = -2x^2 + 3x - 1$

4 Berechne für folgende Terme jeweils den Wert T(1; –1):
a) $T(x;\,y) = 3 \cdot x + \frac{y}{4} - 5 \cdot (x - 2{,}5)$
b) $T(x;\,y) = 2{,}7 \cdot x - (x + 1) : y - 1$

Interaktive Aufgaben
1. Satz wählen
2. Term aufstellen
3. Termtabelle

Termumformungen

Merke

Termumformungen
- In einem Summenterm dürfen die einzelnen Glieder des Terms **unter Mitnahme ihres Vorzeichens** beliebig umgestellt werden.
- In einem Summenterm dürfen gleichartige Glieder zusammengefasst werden. Der Wert des Terms bleibt dabei **unverändert.**

Beispiele

1. $\mathbf{2x} - 6 \mathbf{+ 12x} + 17 \mathbf{- 5x} = \mathbf{2x + 12x - 5x} - 6 + 17 = 9x + 11$ — Umstellung gleichartiger Glieder unter Mitnahme des Vorzeichens, dann Zusammenfassen
2. $\mathbf{10ab} - 7a + 3a \mathbf{- 7ab} = \mathbf{3ab} - 4a$ — Zusammenfassen gleichartiger Glieder

Merke

Plusklammern
Plusklammern dürfen weggelassen werden.

Beispiele

1. $3x + (7a + 2x) = 3x + 7a + 2x = 5x + 7a$ — Klammern weglassen
2. $5b + (9a - 3b) = 5b + 9a - 3b = 2b + 9a$ — Klammern weglassen

Merke

Minusklammern

Minusklammern dürfen weggelassen werden, wenn man **alle Rechenzeichen in der Klammer ändert**.

Beispiele

1. $3x-(7a+2x)=3x-7a-2x$
$=x-7a$

Klammer weglassen und **alle Rechenzeichen in der Klammer ändern:**
Aus 7a wird −7a, aus +2x wird −2x

2. $6b-(4a-b)=6b-4a+b$
$=7b-4a$

Klammer weglassen und **alle Rechenzeichen in der Klammer ändern**

Aufgaben

5 Fasse zusammen:

a) $2x+\frac{1}{2}-4$ b) $0,5-3a-4,7-\frac{1}{8}$

c) $-x+1\frac{1}{2}-3\frac{1}{3}-\frac{1}{6}$ d) $6a-14,08-7,4a+8,02-5,12-a$

6 Vereinfache:

a) $-3x+4,8x-6,8x$ b) $-\frac{2}{3}a-\frac{1}{6}a-3\frac{1}{3}a$

c) $x^2+\frac{6}{5}x^2-\frac{3}{5}x^2-3x^2$ d) $2ab-1-3ab+a-4$

7 Vereinfache:

a) $(-2x+4,5y)+(6x-4y)$ b) $-2x+(4,6y-3,4x)-4y$

8 Fasse zusammen:

a) $5a-(3a+b)$ b) $5a-(-3a-2b)$

Interaktive Aufgabe

4. Term zusammenfassen

Merke

Distributivgesetz

Wird eine Zahl mit einer Summe multipliziert, so muss die Zahl **mit jedem Glied der Summe** multipliziert werden (Distributivgesetz).

$\mathbf{c\cdot(a+b)=c\cdot a+c\cdot b}$

Beispiele

1. $z(a+b)=za+zb$
2. $y(a+b+c)=ya+yb+yc$
3. $2x(y-5a-3b)=2x\cdot y-2x\cdot 5a-2x\cdot 3b=2xy-10ax-6bx$
4. $-2b(3a-4x)=(-2b)\cdot 3a+(-2b)(-4x)=-6ab+8bx$
5. $(x+y)\cdot(a+b)=(x+y)\cdot a+(x+y)\cdot b=a\cdot(x+y)+b\cdot(x+y)=ax+ay+bx+by$

Merke

Multiplikation zweier Summen

Zwei Summen werden multipliziert, indem **jeder Summand** der ersten Klammer mit **jedem Summanden** der zweiten Klammer multipliziert wird und die Produkte addiert werden.

$$(\mathbf{a}+\mathbf{b})\cdot(c+d)=\mathbf{a}\cdot c+\mathbf{a}\cdot d+\mathbf{b}\cdot c+\mathbf{b}\cdot d$$

Beispiele

1. $(3x+2b)(5b+2x) = 3x\cdot 5b+3x\cdot 2x+2b\cdot 5b+2b\cdot 2x$
   $= 15bx+6x^2+10b^2+4bx$
   $= 19bx+6x^2+10b^2$

2. $(x-1)(x-2) = x\cdot x-2\cdot x-1\cdot x-1\cdot(-2)$
   $= x^2-2x-x+2$
   $= x^2-3x+2$

3. $(2-x-y)(x+y-3) = 2\cdot x+2\cdot y-2\cdot 3-x\cdot x-x\cdot y-x\cdot(-3)-y\cdot x-y\cdot y-y\cdot(-3)$
   $= 2x+2y-6-x^2-xy+3x-yx-y^2+3y$
   $= 5x+5y-6-x^2-2xy-y^2$

Aufgaben

9 Multipliziere und fasse zusammen:

a) $2(3x-5y)+3(8y-7x)$

b) $27a-6\cdot(2a-b-2c)+3\cdot(b-c)$

c) $2\cdot(1{,}5x-7{,}5y)-6\cdot(0{,}5x-y-2{,}5)$

d) $133a-7\cdot(32a-18b)+105b$

10 Schreibe als Summe und fasse zusammen:

a) $x\cdot(1+x)$

b) $\frac{1}{2}x^2+x\cdot(1+x)$

c) $x^2+(1{,}2x+0{,}4)\cdot x$

d) $x^2+(1+x)\cdot 0{,}1x$

11 Multipliziere:

a) $3\cdot\left(5x-2-\frac{1}{3}y\right)$

b) $3a\cdot(17a-4{,}7b)-1{,}5b\cdot(0{,}6a+1{,}5b)$

c) $-(2x-y)\cdot(-2y)$

d) $7u\cdot(3u+4v-6)-4v\cdot(7u-3v+14)+14\cdot(3u+4v)$

Interaktive Aufgaben

- 5. Term vereinfachen
- 6. Term vereinfachen
- 7. Multiplikation zweier Summen

Merke

Binomische Formeln

1. $(a+b)^2 = a^2 + 2ab + b^2$
2. $(a-b)^2 = a^2 - 2ab + b^2$
3. $(a+b)\cdot(a-b) = a^2 - b^2$

Beispiele

1. $(u+v)^2$

1. binomische Formel	$(a+b)^2$	$a^2+2\cdot a\cdot b+b^2$
Aufgabe	$(u+v)^2$	$u^2+2\cdot u\cdot v+v^2$

$\downarrow \ \downarrow$
$a = u;\ b = v$

$= u^2 + 2uv + v^2$

2. $(x+3y)^2$

1. binomische Formel	$(a+b)^2$	$a^2+2\cdot a\cdot b+b^2$
Aufgabe	$(x+3y)^2$	$x^2+2\cdot x\cdot 3y+(3y)^2$

$\downarrow \ \downarrow$
$a = x;\ b = 3y$

$= x^2 + 2\cdot x\cdot 3y + (3y)^2 = x^2 + 6xy + 9y^2$

3. $(x^2-3y^2)^2$

2. binomische Formel	$(a-b)^2$	$a^2-2\cdot a\cdot b+b^2$
Aufgabe	$(x^2-3y^2)^2$	$(x^2)^2-2\cdot x^2\cdot 3y^2+(3y^2)^2$

$\downarrow \ \downarrow$
$a = x^2;\ b = 3y^2$

$= x^4 - 6x^2y^2 + 9y^4$

4. $(2x+y^2)\cdot(2x-y^2)$

3. binomische Formel	$(a+b)\cdot(a-b)$	a^2-b^2
Aufgabe	$(2x+y^2)\cdot(2x-y^2)$	$(2x)^2-(y^2)^2$

$\downarrow \ \downarrow$
$a = 2x;\ b = y^2$

$= 4x^2 - y^4$

Aufgaben

12 Berechne:

a) $(x-3y)^2$ b) $(4x+3y)^2$ c) $(2{,}5x-y)\cdot(2{,}5x+y)$

d) $(0{,}5a-5b)^2$ e) $\left(\frac{1}{3}r+\frac{1}{5}s\right)^2$ f) $\left(2\frac{2}{3}u-\frac{3}{4}v\right)\cdot\left(2\frac{2}{3}u+\frac{3}{4}v\right)$

13 Forme in Summen um:

a) $(4a+3b)\cdot(4a-3b)$ b) $(7{,}5a+2b)\cdot(7{,}5a-2b)$

c) $\left(\frac{1}{4}-x\right)\cdot\left(\frac{1}{4}+x\right)$ d) $(2x-1)^2$

e) $\left(\frac{2}{3}a+b\right)^2$ f) $\left(\frac{ab}{3}+\frac{3a}{7}\right)^2$

14 Berechne unter Benutzung binomischer Formeln:

a) $(x-1)^2-(1-x)^2$

b) $(5a+3b)\cdot(3b-5a)-(7a-4b)^2+(7b-56a)\cdot b$

c) $[a+(3+2b)]\cdot[a-(3+2b)]+(3+b)\cdot 4b$

d) $(x^2+1)^2\cdot(x^2-1)^2$

Interaktive Aufgaben

8. Binomische Formel anwenden
9. Binomische Formel anwenden

Merke

Vorfahrtsregeln für das Vereinfachen von Termen

1. Potenzen haben Vorfahrt.
2. Klammern zuerst berechnen!
   Bei verschachtelten Klammern [( )] wird die innere Klammer ( ) zuerst berechnet.
3. Wo keine Klammer steht, geht Punktrechnung (·, :) vor Strichrechnung (–, +).

Beispiele

1. $10-3\cdot(6-3^2)-(18-17\cdot 2)$ — Potenzen haben Vorfahrt; Punkt vor Strich
$=10-3\cdot(6-9)-(18-34)$ — Klammern zuerst
$=10-3\cdot(-3)-(-16)$ — Punkt vor Strich
$=10+9+16$
$=35$

2. $4x(a+b)^2+7x-3x(a^2-b^2)$ — Potenzen haben Vorfahrt; Punkt vor Strich
$=4x(a^2+2ab+b^2)+7x-3a^2x+3b^2x$
$=4a^2x+8abx+4b^2x+7x-3a^2x+3b^2x$ — Gleichartige Glieder zusammenfassen
$=a^2x+7b^2x+8abx+7x$

Aufgaben

15 Berechne:

a) $\frac{7}{2}:3{,}5$ b) $0{,}7\cdot\frac{7}{10}$ c) $3{,}2\cdot 1{,}3+6{,}8\cdot 1{,}3$

16 Berechne:

a) $1{,}3\cdot 10+\frac{27}{9}$ b) $23\cdot 0+17{,}4\cdot 1$ c) $7:7+14:7$

17 Forme in kürzere Terme um:

a) $-4\cdot 2ab+b\cdot 16a$ b) $a^2:2a-(-a)\cdot\left(-\frac{1}{2}\right)-\frac{1}{2}\cdot a$

18 Fasse zusammen:

a) $2a\cdot 3b+6ab$ b) $-5c+2c:c+c-c^2:4c-\frac{1}{2}c^2:\left(c:\frac{1}{c}\right)$

c) $7b-7ab:a+b^2:2b$ d) $4a-4b:4+16b+\left[\left(4a:\frac{1}{a^2}\right):(-a^2)\right]b\cdot 15$

Interaktive Aufgabe

10. Term vereinfachen

Zerlegung von Termen in Produkte – Faktorisieren

Merke

Ausklammern
Enthält in einer Summe jeder der Summanden den gleichen Faktor, so kann dieser als gemeinsamer Faktor ausgeklammert werden.

$$\mathbf{ax + ay - az = a \cdot (x + y - z)}$$

Eine Summe wurde in ein Produkt zerlegt.
Der Wert des Terms ändert sich dabei nicht.
(Umkehrung des Distributivgesetzes)

Beispiele

1. $ax + ay = a(x + y)$ gemeinsamer Faktor **a**
2. $3ax - 3ay + 3az = 3a(x - y + z)$ gemeinsamer Faktor **3a**
3. $2a^2 + 2ab = 2a \cdot a + 2a \cdot b = 2a(a + b)$ gemeinsamer Faktor **2a**
4. $3x^2y - 2xy^2 = 3x \cdot xy - 2y \cdot xy = xy(3x - 2y)$ gemeinsamer Faktor **xy**
5. $3a^3 - 3a^2 = 3a^2 \cdot a - 3a^2 \cdot 1 = 3a^2(a - 1)$ gemeinsamer Faktor $\mathbf{3a^2}$

Merke

Zerlegen einer Summe in ein Produkt
Auch die binomischen Formeln können zur **Zerlegung einer Summe** in ein **Produkt** verwendet werden.

1. $\mathbf{a^2 + 2ab + b^2 = (a + b)^2}$
2. $\mathbf{a^2 - 2ab + b^2 = (a - b)^2}$
3. $\mathbf{a^2 - b^2 = (a + b)\,(a - b)}$

Der Wert des Terms bleibt dabei unverändert.

Beispiele

1. Faktorisiere $x^2 + 8x + 16$.

Lösung:
Versuche mithilfe der Formel $(a + b)^2 = a^2 + 2ab + b^2$ zu faktorisieren.
Bestimme dazu zunächst a und b.

Binomische Formel	$a^2 + 2ab + b^2$
Term, der faktorisiert werden soll	$x^2 + 8x + 16$ ↓ ↓ $a = x$ $b = 4$

Jetzt muss noch geprüft werden, ob das doppelte Produkt, also 2ab, mit dem entsprechenden Glied des gegebenen Terms übereinstimmt.
Mit $a = x$ und $b = 4$ ergibt sich für $2ab = 2 \cdot x \cdot 4 = 2 \cdot 4 \cdot x = 8x$.
Damit lässt sich der Term $x^2 + 8x + 16$ faktorisieren in:

Binomische Formel	$a^2 + 2ab + b^2 = (a + b)\,(a + b)$
Term, der faktorisiert werden soll	$x^2 + 8x + 16 = (x + 4)\,(x + 4)$

Ergebnis: $x^2 + 8x + 16 = (x + 4)^2$

2. Faktorisiere $81x^2 - 18xy + y^2$:

Lösung:

Binomische Formel	$a^2 - 2ab + b^2$
Term, der faktorisiert werden soll	$81x^2 - 18xy + y^2$ ↓ ↓ $a = 9x$ $b = y$

Überprüfung Mittelglied:
Mit $a=9x$ und $b=y$ ergibt sich für das Mittelglied $2ab=2\cdot 9x\cdot y=18xy$
Deshalb gilt: $81x^2-18xy+y^2=(9x-y)(9x-y)=(9x-y)^2$

3. Faktorisiere $16x^2-12xy+9y^2$:

Lösung:

Binomische Formel	$a^2-2ab+b^2$
Term, der faktorisiert werden soll	$16x^2-12xy+9y^2$ ↓ ↓ $a=4x$ $b=3y$

Überprüfung Mittelglied:
$2ab=2\cdot 4x\cdot 3y=24xy$. Das Mittelglied im Term ist jedoch nur $12xy$.
Der Term kann also mit der binomischen Formel **nicht faktorisiert** werden.

Aufgaben

19 Klammere aus:

a) $27x-18y-54z$
b) $26ax^2-39a^2x+169a^3$
c) $x^3y^4z^2+5x^2yz^3-7x^4y^3z^4$
d) $-21r^5t^6-35r^2t^4-28r^3t^3$

20 Faktorisiere mithilfe der binomischen Formeln:

a) $u^2+6uw+9w^2$
b) $x^2-8x+16$
c) $4x^2+4xy+y^2$
d) $36x^2-60xy+25y^2$

21 Klammere aus und faktorisiere weiter mithilfe der binomischen Formeln:

a) $20x^2-45y^2$
b) $3{,}6x^2-4{,}9y^2$
c) $6a^2+12ab+6b^2$
d) $7x^2+1\frac{3}{4}-7x$

Interaktive Aufgaben

11. Term faktorisieren
12. Term faktorisieren

Bruchterme

Bei Bruchtermen ist darauf zu achten, dass der Nenner von null verschieden ist. Es müssen also die Belegungen ausgeschlossen werden, für die der Nennerterm den Wert 0 annimmt. Für diese Werte ist der Bruchterm nicht definiert.

Beispiele

1. $\frac{a+b}{a-b}$ $a\neq b$ (Für $a=b$ ist der Bruchterm nicht definiert)
2. $\frac{3a}{x}$ $x\neq 0$ (Für $x=0$ ist der Bruchterm nicht definiert)
3. $\frac{a^2+2ab+b^2}{a^2-b^2}$ $a\neq b;\ a\neq -b$ (Für $a=b$ und $a=-b$ ist der Bruchterm nicht definiert)

Merke

Vereinfachen von Bruchtermen durch Kürzen

1. **Zerlegung** des Zählers und Nenners **in jeweils ein Produkt**.
2. **Gemeinsame Faktoren** des Zählers und des Nenners können **gekürzt** werden (sofern sie nicht den Wert null annehmen).

Beispiele

1. $\frac{3a+3b}{3x+3y} = \frac{\mathbf{3}(a+b)}{\mathbf{3}(x+y)}$ — Nicht definiert für $x = -y$. In Zähler und Nenner wird jeweils der gemeinsame Faktor 3 ausgeklammert.

$= \frac{\cancel{3}(a+b)}{\cancel{3}(x+y)}$ — Da $3 \neq 0$ ist, darf gekürzt werden.

$= \frac{a+b}{x+y}$

2. $\frac{3a+3b}{7a+7b} = \frac{3\mathbf{(a+b)}}{7\mathbf{(a+b)}}$ — Nicht definiert für $a = -b$. Ausklammern der gemeinsamen Faktoren 3 im Zähler und 7 im Nenner

$= \frac{3}{7}$ — Nur für $a \neq -b$. Für $a = -b$ darf nicht gekürzt werden.

3. $\frac{2x^2y - xy}{2xy - y} = \frac{x\mathbf{y(2x-1)}}{\mathbf{y(2x-1)}}$ — Nicht definiert für $y = 0$ und $x = \frac{1}{2}$. Ausklammern der gemeinsamen Faktoren xy im Zähler und y im Nenner

$= x$ — Nur für $y \neq 0$ und $x \neq \frac{1}{2}$. Für $y = 0$ und für $x = \frac{1}{2}$ ist der Bruchterm nicht definiert und es darf nicht gekürzt werden.

Das Zerlegen des Bruchterms in Faktoren und das anschließende Kürzen (wenn möglich) bringt oft eine erhebliche Vereinfachung des Terms. Der Wert des Terms bleibt dabei unverändert, wenn die äquivalenten Umformungen zulässig sind.

4. $T_4 = \frac{x^2 + 2xy + y^2}{x^2 - y^2}$ — T_4 ist für $x = -y$ oder $x = y$ nicht definiert.

$T_4 = \frac{(x+y)^2}{(x+y)(x-y)}$ — Zerlegung in Faktoren durch: 1. binomische Formel, 3. binomische Formel

$T_4 = \frac{(x+y)(x+y)}{(x+y)(x-y)}$ — gemeinsamer Faktor: $\mathbf{(x+y)}$

$T_4 = \frac{(x+y)}{(x-y)}$ — Kürzen nur für $x \neq -y$ erlaubt.

$T_4 = \frac{x+y}{x-y}$ — Nur für $x \neq y$ definiert.

Aufgaben

22 Zerlege Zähler und Nenner in Faktoren. Nenne alle gemeinsamen Faktoren des Zählers und des Nenners! Kürze, soweit dies möglich ist! Für welche Belegungen ist der Bruchterm jeweils nicht definiert?

a) $\frac{18a+3b}{15a+3b}$ b) $\frac{15x-25y}{5x-9y}$ c) $\frac{a^2-ab}{a^2}$ d) $\frac{2a^3+a^2}{3a^3-4a^4}$

23 Zerlege zuerst Zähler und Nenner in Faktoren. Kürze vollständig.

a) $\frac{4a+4b}{3a+3b}$ b) $\frac{22a+11b}{14a+7b}$ c) $\frac{2a+4b-6c}{3a+6b-9c}$ d) $\frac{2a^2+5ab+ac}{2ab+5b^2+bc}$

Interaktive Aufgabe

13. Bruchterm kürzen

Merke

Addition und Subtraktion von Bruchtermen

1. **Suche nach dem Hauptnenner (HN)**
   Alle Nenner werden in Faktoren zerlegt. Der HN ist das Produkt der jeweils höchsten Potenzen aller vorkommenden Faktoren.
2. **Erweitern auf HN**
   Jeder Bruch wird so geschrieben, dass der Nenner bereits in seine Faktoren zerlegt ist. Jeder Bruch wird mit den zum HN fehlenden Faktoren erweitert.
3. **Zusammenfassen und vereinfachen**
   Alle Zähler werden auf einen Bruchstrich geschrieben (im Nenner steht der HN). Zähler ausmultiplizieren und zusammenfassen. Anschließend kürzen, wenn möglich.

Beispiel

$$\frac{4a+b}{4ab}+\frac{a-b}{b^2}-\frac{1}{4a}$$

1. Suche nach HN: Als Faktoren kommen im Nenner 2, a und b vor.

$$4ab = 2^2\cdot a\cdot b$$
$$b^2 = b^2$$
$$4a = 2^2\cdot a$$

Der HN wird aus ihren höchsten Potenzen gebildet.

$$\text{HN}: 2^2\cdot a\cdot b^2$$

2. Erweitern mit HN
Jeder Nenner ist in seine Faktoren zerlegt. Mit den zum HN fehlenden Faktoren wird erweitert.

$$=\frac{(4a+b)\cdot \mathbf{b}}{2^2\cdot a\cdot b\cdot \mathbf{b}}+\frac{(a-b)\mathbf{2^2\cdot a}}{b^2\cdot \mathbf{2^2\cdot a}}-\frac{1\cdot \mathbf{b^2}}{2^2\cdot a\cdot \mathbf{b^2}}$$

3. Zusammenfassen und vereinfachen

$$=\frac{(4a+b)\cdot b+(a-b)\cdot 4a-1\cdot b^2}{\text{HN}}$$

4. Alle Zähler auf einem Bruchstrich ausmultiplizieren.

$$=\frac{4ab+b^2+4a^2-4ab-b^2}{\text{HN}}$$

5. Zusammenfassen und kürzen

$$=\frac{4a^2}{2^2\cdot ab^2}=\frac{\mathbf{2^2\cdot a}\cdot a}{\mathbf{2^2\cdot a}\cdot b^2}=\frac{a}{b^2}$$

Aufgabe

24 Fasse so weit wie möglich zusammen: („Nenner ungleich null“ sei stets erfüllt.)

a) $\frac{1-3x^2}{4x}-\frac{x^2-6}{2x^2}+\frac{7+6x}{8}-\frac{9}{3x^2}$

b) $\frac{(1-a^2)a}{4a^4}-\frac{9-2a}{36a}+\frac{3+a^2}{9a^2}-\frac{4a+3}{12a^3}$

c) $\frac{9a-7}{20a}+\frac{ab-5a}{10a^2b}-\frac{4a^2-3b}{4ab^2}-\frac{b^2-5a}{5b^2}$

Interaktive Aufgabe

14. Addition und Subtraktion von Bruchtermen

Merke

Multiplikation von Bruchtermen

Bruchterme werden multipliziert, indem jeweils die Zähler und die Nenner multipliziert werden.

Beispiele

1. $\frac{3a}{2b} \cdot \frac{x}{y} = \frac{3a \cdot x}{2b \cdot y} = \frac{3ax}{2by}$

2. $\frac{x+y}{x-y} \cdot \frac{2x}{x+y} = \frac{(x+y) \cdot 2x}{(x-y) \cdot (x+y)} = \frac{\cancel{(x+y)} \cdot 2x}{(x-y) \cdot \cancel{(x+y)}} = \frac{2x}{x-y}$

Die Bruchstriche haben hier die gleiche Funktion wie Klammern. Auf einen Bruchstrich geschrieben, **müssen Klammern gesetzt** werden.

gemeinsamer Faktor: **(x + y)**

Merke

Division von Bruchtermen

Ein **Bruchterm** wird durch einen **Bruchterm dividiert,** indem der erste Bruchterm mit dem **Kehrbruch** des zweiten **multipliziert** wird.

Beispiele

1. $\frac{a}{3x} : \frac{b}{y} = \frac{a}{3x} \cdot \frac{y}{b} = \frac{ay}{3bx}$

Kehrbruch zu $\frac{b}{y}$ ist $\frac{y}{b}$

2. $\frac{a+b}{a-b} : \frac{3}{a+b} = \frac{a+b}{a-b} \cdot \frac{a+b}{3} = \frac{(a+b)(a+b)}{(a-b) \cdot 3} = \frac{(a+b)^2}{3(a-b)}$

Kehrbruch zu $\frac{3}{a+b}$ ist $\frac{a+b}{3}$

Aufgabe

25 Gib die Bruchterme als einen einzigen gekürzten Bruchterm an. Zerlege dazu, soweit nötig, Zähler und Nenner in Faktoren:

a) $\frac{3x^2y}{2ab^2} \cdot \frac{4ab}{5xy}$

b) $\frac{18a^3b}{11c^2} \cdot \left(-\frac{121a}{54b}\right)$

c) $\left(-\frac{2x}{3y}\right)^2 \cdot \frac{-6y^3z}{5x^3}$

26 Gib als einen einzigen gekürzten Bruch an. Zerlege dazu, soweit nötig, Zähler und Nenner in Faktoren:

a) $\frac{15a}{8b} : \frac{9a^2}{10b}$

b) $\frac{18x^2}{5y} : \frac{27x}{20y^2}$

c) $\frac{0{,}3a^3b^2}{4c^2} : \frac{9a^2c^2}{0{,}8b^2}$

d) $\frac{\frac{11}{7}x^2y^4}{3z^3} : \frac{\frac{55}{6}y^2z}{x^2}$

e) $\frac{x+y}{x-y} : \frac{x}{x^2-y^2}$

f) $\frac{4x^2-9y^2}{3x+2y} : \frac{6y-4x}{6y+9x}$

Interaktive Aufgaben

15. Multiplikation von Bruchtermen
16. Division von Bruchtermen
17. Multiplikation von Bruchtermen
18. Division von Bruchtermen

1.2 Lösen von linearen Gleichungen und Ungleichungen

Merke

Lösung einer linearen Gleichung
Um eine lineare Gleichung zu lösen, muss diese umgeformt werden bis die gesuchte Variable (meistens x) alleine auf einer Seite der Gleichung steht.

Umformungsregeln:
- Auf beiden Seiten einer Gleichung darf man dieselbe Zahl oder denselben Term addieren oder subtrahieren.
- Auf beiden Seiten einer Gleichung darf man mit derselben Zahl oder demselben Term (ungleich 0) eine Multiplikation oder Division durchführen.

Diese Umformungen heißen **Äquivalenzumformungen** und verändern die Lösung einer Gleichung nicht. Die Lösung gibt man in der **Lösungsmenge** $\mathbb{L}$ an.

Beispiele

1. $x = 14$ Gleichung
   Nur das Element 14 macht die Gleichung $x = 14$ zu einer wahren Aussage, deshalb ist nur 14 ein Element der Lösungsmenge. Also: $\mathbb{L} = \{14\}$

2. $3x + 6 = 0$
   Durch Einsetzen verschiedener Werte für x ergeben sich wahre und falsche Aussagen:

	$3 \cdot x + 6 = 0$	
$x = 1$ eingesetzt:	$3 \cdot 1 + 6 = 0$	(f) falsche Aussage: $3 + 6 = 9$ ist nicht 0
$x = 2$ eingesetzt:	$3 \cdot 2 + 6 = 0$	(f) falsche Aussage
$x = 0$ eingesetzt:	$3 \cdot 0 + 6 = 0$	(f)

   Nur $x = -2$ macht diese Gleichung zu einer wahren Aussage:
   $x = -2$ eingesetzt: $3 \cdot (-2) + 6 = 0$ (w) wahre Aussage
   Also: $\mathbb{L} = \{-2\}$

3. $-27 - 28x = 37 - 29x$
   Zur Ermittlung der Lösungsmenge ist es zweckmäßig, die Gleichung so umzuformen, dass sich die Lösungsmenge wie im Beispiel 1 sofort ablesen lässt.

   $$-27 - 28x = 37 - 29x \quad | + 29x$$
   $$-27 - 28x + 29x = 37 - 29x + 29x$$
   $$-27 + x = 37 \quad | + 27$$
   $$-27 + x + 27 = 37 + 27$$
   $$x = 64$$
   $\mathbb{L} = \{64\}$

   Die Addition desselben Terms auf beiden Seiten der Gleichung ist eine Äquivalenzumformung.

4. Bestimme die Lösungsmenge der Gleichung $-3 - 11x = 30$.

   Lösung:

   $$-3 - 11x = 30 \quad | + 3$$ Zuerst die Strichumformung …
   $$\underbrace{+3 - 3}_{0} - 11x = 30 + 3$$ Zusammenfassen
   $$-11x = 33 \quad | : (-11)$$ … dann die Punktumformung.
   $$\frac{-11x}{-11} = \frac{33}{-11}$$ Kürzen
   $$x = -3$$
   $\mathbb{L} = \{-3\}$

Aufgaben

27 Bestimme die Lösungen der folgenden Gleichungen.

a) $3x - 17 = 19$ b) $\frac{9}{25} = \frac{x}{75}$

28 Bestimme die Lösungen der folgenden Gleichungen.

a) $2(x + 24) = 100$ b) $\frac{3}{2}(x + 4) = -12$

Interaktive Aufgabe

1. Gleichung lösen

Merke

Lösung einer linearen Ungleichung

Um eine lineare Ungleichung zu lösen, muss diese umgeformt werden bis die gesuchte Variable (meistens x) alleine auf einer Seite der Ungleichung steht.

Umformungsregeln:

- Auf beiden Seiten einer Ungleichung darf man dieselbe Zahl oder denselben Term addieren oder subtrahieren.
- Auf beiden Seiten einer Ungleichung darf man mit derselben **positiven** Zahl eine Multiplikation oder Division durchführen.
- Auf beiden Seiten einer Ungleichung darf man mit derselben **negativen** Zahl eine Multiplikation oder Division durchführen, wenn man das **Ungleichheitszeichen umkehrt**.

Diese Umformungen heißen **Äquivalenzumformungen** bei Ungleichungen und verändern die Lösung nicht. Die Lösungen gibt man in der **Lösungsmenge** $\mathbb{L}$ an.

Beispiele

1. $x > 1$ Ungleichung
Alle x-Werte größer als 1 ist die Ungleichung $x > 1$ erfüllt, d. h. $\mathbb{L} = \{x \mid x > 1\}$.
Grafische Darstellung der Lösungsmenge:

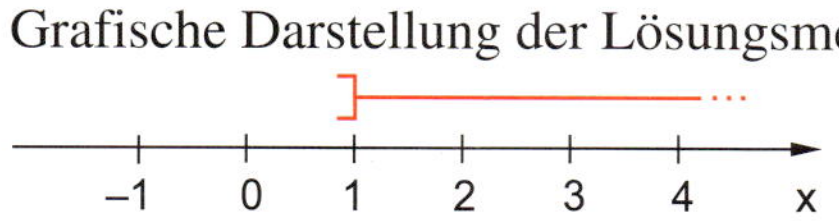

Der Wert 1 gehört **nicht** zur Lösungsmenge

Ungleichungen haben also in der Regel unendlich viele Lösungen.

2. Die Lösungsmenge der Ungleichung $-3 \leq x < 2$ ist $\mathbb{L} = \{x \mid -3 \leq x < 2\}$.
Grafische Darstellung der Lösungsmenge:

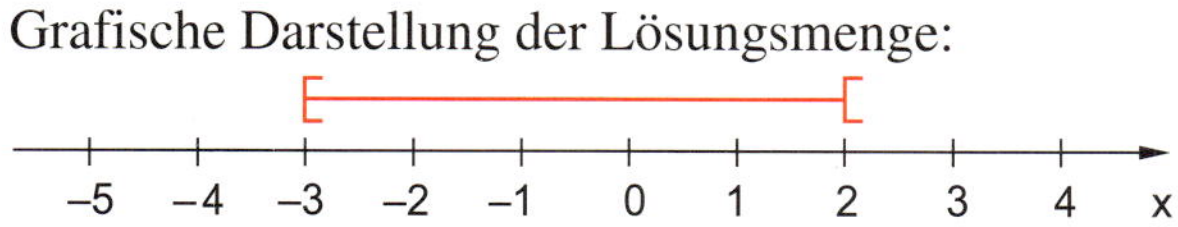

Der Wert –3 gehört zur Lösungsmenge, der Wert 2 gehört nicht dazu.

3. $-27 - 28x \leq 37 - 29x$
Zur Ermittlung der Lösungsmenge ist es zweckmäßig, die Gleichung so umzuformen, dass sich die Lösungsmenge wie im Beispiel 1 sofort ablesen lässt.

$$-27 - 28x \leq 37 - 29x \quad \mid +29x + 27$$
$$-27 - 28x + 29x + 27 \leq 37 - 29x + 29x + 27$$
$$x \leq 64$$

Statt die Strichumformungen $\mid +29x$ und $\mid +27$ hintereinander auszuführen, kann man sie auch gleichzeitig durchführen.

$\mathbb{L} = \{x \mid x \leq 64\}$

Grafische Darstellung der Lösungsmenge:

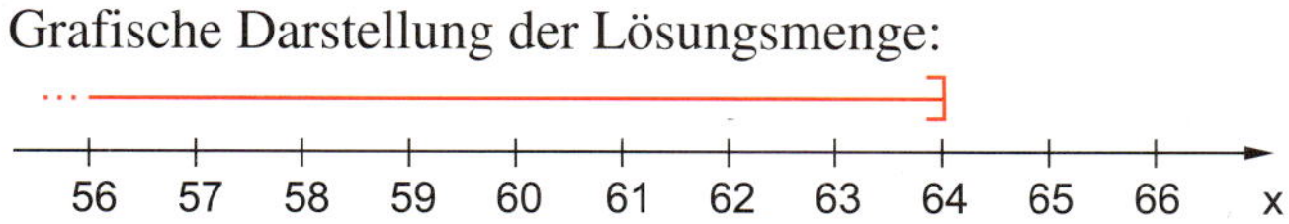

4. Gib die Lösungsmenge der Ungleichung an:

$$4x-4<7x+5$$
$$4x-4-7x<7x+5-7x \quad |-7x$$
$$-3x-4<5 \quad |+4$$
$$-3x-4+4<5+4$$
$$-3x<9 \quad |:(-3)$$

Division durch eine negative Zahl: Das Ungleichheitszeichen muss umgekehrt werden

$$\frac{-3x}{-3}>\frac{9}{-3}$$
$$x>-3$$
$$\mathbb{L}=\{x\,|\,x>-3\}$$

Grafische Darstellung der Lösungsmenge:

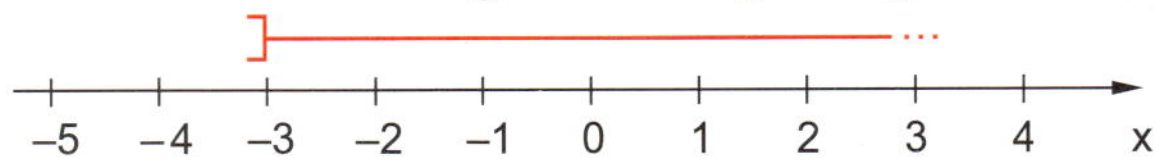

Aufgaben

29 Bestimme die Lösungsmenge.

a) $2x-8>12$
b) $1-x>-2$
c) $5-8x<x-7$
d) $5{,}4\cdot(2x-1{,}8)<2{,}7\cdot(3x-1{,}9)$
e) $\frac{2}{5}x-1<\frac{3}{5}$
f) $-11x+(17-3x)\cdot 3<7-\frac{2}{5}\left(50x-3\frac{4}{7}\right)$

30 Bestimme die Lösungsmenge.

a) $x+\frac{3}{4}\geq -2{,}75$
b) $1-x\geq 16-16x$
c) $0{,}1x-14{,}6\geq 5{,}4-0{,}1x$
d) $(x-2)\cdot x-(x+3)(x+2)\leq 0$

Interaktive Aufgabe 2. Ungleichung lösen

1.3 Proportionale und antiproportionale Zuordnungen

Proportionale Zuordnungen

Merke

Proportionale Zuordnung
Eine Zuordnung heißt direkt proportional, kurz **proportional**, wenn dem
2, 3, … k-Fachen einer Größe X
das 2, 3, … k-Fache einer anderen Größe Y entspricht.

Beispiele

1. Preis im Verhältnis zur Menge (z. B. beim Tanken)

Preis in €	Menge in Litern
1,50	1
3,00	2
7,50	5
15,00	10
30,00	20
75,00	50

Grafische Darstellung von proportionalen Verhältnissen:

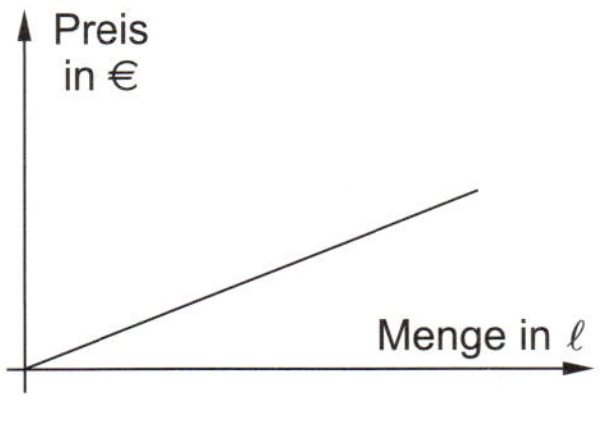

2. Das Volumen im Verhältnis zur Masse (z. B. beim Stapeln von identischen Paketen)
3. Platzbedarf beim Verlegen von gleich großen Fliesen

Nicht-proportionale Zuordnungen

Beispiele

1. Der Preis im Verhältnis zur Abnahmemenge, wenn Mengenrabatte gewährt werden

   Grafische Darstellung von nicht-proportionalen Zuordnungen:

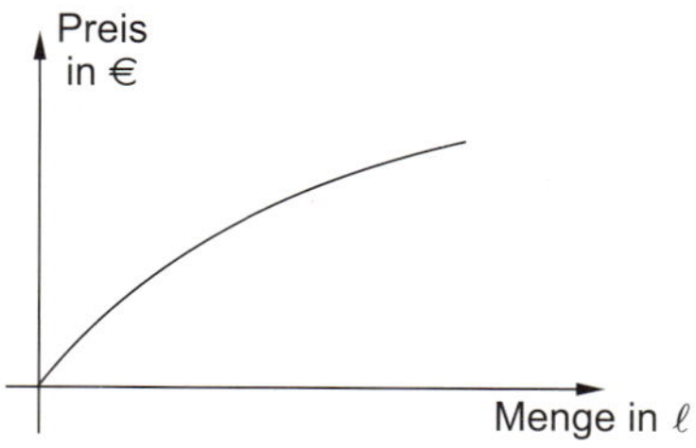

2. Die Länge des Bremswegs in Abhängigkeit von der Geschwindigkeit
3. Die Körpergröße in Abhängigkeit vom Alter

Antiproportionale Zuordnungen

Merke

Antiproportionale Zuordnung

Eine Zuordnung heißt **antiproportional** oder **indirekt proportional**, wenn dem
2, 3, … k-Fachen einer Größe X
der 2., 3., … k-te Teil einer anderen Größe Y entspricht.

Beispiele

1. Zahl der Arbeitskräfte im Verhältnis zur erforderlichen Zeit

Anzahl der Arbeitskräfte	benötigte Zeit
1	6 h
2	3 h
3	2 h
4	1 h 30 min
6	1 h

   Grafische Darstellung von anti-proportionalen Zuordnungen:

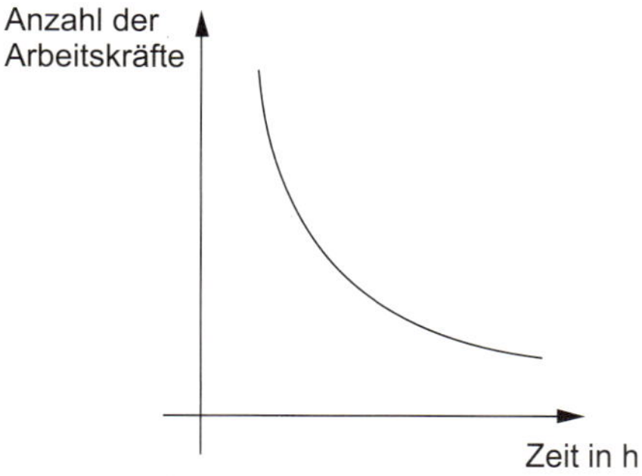

2. Geschwindigkeit eines Fahrzeugs und die für den Weg benötigte Zeit

Aufgaben

31 Wie viel kg Trauben erhält man für 16 €, wenn 25 kg dieser Trauben 40 € kosten?

32 Ein Auto fährt mit einer Durchschnittsgeschwindigkeit von 50 km/ h und braucht für eine bestimmte Strecke 5 Stunden. Wie lange braucht es für dieselbe Strecke, wenn es mit doppelter Durchschnittsgeschwindigkeit fährt?

33 In der Tabelle sind die Strompreise für eine Jahresabnahme von zwei Anbietern dargestellt. Das vom Kunden zu zahlende Entgelt setzt sich aus einem Grundpreis und dem Arbeitspreis zusammen.

		Arbeitspreis (brutto) Cent/kWh		**Grundpreis** (brutto) Euro/Jahr	
Tarifart	Verbrauch	Anbieter A	Anbieter B	Anbieter A	Anbieter B
H_0	bis 1 999 kWh/Jahr	29	33	94,00	79,00
H_1	ab 2 000 kWh/Jahr	26	24	129,00	145,00

a) Welcher Anbieter liegt bei einem Jahresverbrauch von 200 kWh günstiger, welcher bei einem Verbrauch von 1 500 kWh? Begründe.

b) Familie Küster rechnet mit einem Jahresverbrauch von 3 200 kWh. Für welchen Anbieter soll sie sich entscheiden? Begründe.

c) Wird ein gewisser Verbrauch im Tarif H_0 überschritten, ist einer der beiden Anbieter günstiger (siehe auch Frage a). Ermittle diesen Verbrauch (gerundet auf volle kWh).

Interaktive Aufgaben

1. Joghurt
2. Renovierung
3. Tabelle

1.4 Prozent- und Zinsrechnung

Merke

Prozentrechnung

Prozentwert P $P = \frac{G \cdot p}{100}$

Grundwert G (100 %) $G = \frac{P \cdot 100}{p}$

Prozentsatz p $p = \frac{P \cdot 100}{G}$

Beispiele

1. Sonja will sich ein neues Fahrrad für 857 € kaufen. Wegen eines kleinen Lackfehlers gewährt der Händler einen Preisnachlass von 18 %. Wie viel € spart Sonja?

Lösung:

Gegeben: G = 857 €; p % = 18 %
Gesucht: P

Lösen mit dem Dreisatz:

100 % ≙ 857 €
1 % ≙ 857 € : 100 = 8,57 €
18 % ≙ 8,57 € · 18 = 154,26 €

Lösen mit der Formel:

$$P = \frac{G \cdot p}{100} = \frac{857\,€ \cdot 18}{100} = 154{,}26\,€$$

2. Sven kauft bei einer Werbeaktion eines Elektronikanbieters einen True-Wireless-In-Ear-Kopfhörer für 100,80 €. Das sind 70 % des ursprünglichen Preises.
Wie viel € kostete der Kopfhörer vor der Werbeaktion?

Lösung:

Gegeben: P = 100,80 €; p % = 70 %

Gesucht: G

Lösen mit dem Dreisatz:

$70\,\% \mathrel{\hat{=}} 100{,}80\,€$

$1\,\% \mathrel{\hat{=}} 100{,}80\,€ : 70 = 1{,}44\,€$

$100\,\% \mathrel{\hat{=}} 1{,}44\,€ \cdot 100 = 144\,€$

Lösen mit der Formel:

$$G = \frac{P \cdot 100}{p} = \frac{100{,}80\,€ \cdot 100}{70} = 144\,€$$

Merke

Zinsrechnung

Die Zinsrechnung ist eine Anwendung der Prozentrechnung.

Der **Grundwert G** heißt **Kapital K.**

$$K = \frac{Z \cdot 100 \cdot 360}{p \cdot t}$$

Der **Prozentwert P** heißt **Zinsen Z.**

$$Z = \frac{K \cdot p \cdot t}{100 \cdot 360}$$

Der **Prozentsatz p** heißt **Zinssatz p.**

$$p = \frac{Z \cdot 100 \cdot 360}{K \cdot t}$$

(t = Anzahl der verzinsten Tage)

Wenn keine weiteren Angaben gemacht werden, beziehen sich die Zinsen auf 1 Jahr.
Bei der Berechnung der Monats- und Tageszinsen gilt folgende Vereinbarung:

1 Monat ≙ 30 Tage

1 Jahr ≙ 12 Monate ≙ 360 Tage

Werden die Zinsen am Ende eines Jahres dem Guthaben (Kapital) zugerechnet und in den Folgejahren mitverzinst, spricht man von **Zinseszinsen**. Dadurch wächst ein Guthaben stärker an, als wenn man die Zinsen am Ende eines jeden Jahres abheben würde.

Beispiel

1. Frau Schmidt nimmt einen Kredit in Höhe von 2 000 € auf, den sie nach einem Jahr zurückzahlen will. Dafür muss sie 115 € an Zinsen zahlen.
Welchen Zinssatz berechnet die Bank?

Lösung:

Lösen mit dem Dreisatz:

$2\,000\,€ \mathrel{\hat{=}} 100\,\%$

$1\,€ \mathrel{\hat{=}} 0{,}05\,\%$

$115\,€ \mathrel{\hat{=}} 5{,}75\,\%$

Lösen mit der Formel:

$$p = \frac{Z \cdot 100}{K} = \frac{115\,€ \cdot 100}{2\,000\,€} = 5{,}75$$

$p\,\% = 5{,}75\,\%$

Die Bank erhebt einen Zinssatz von 5,75 %.

2. Alex hat Geld für ein Jahr fest angelegt. Die Bank gewährte ihm einen Zinssatz von 2,75 %. Dafür erhielt er nach einem Jahr 99 € an Zinsen.
Wie viel Geld hat Alex fest angelegt?

Lösung:

Lösen mit dem Dreisatz:

$2{,}75\,\% \mathrel{\hat{=}} 99\,€$

$1\,\% \mathrel{\hat{=}} 36\,€$

$100\,\% \mathrel{\hat{=}} 3\,600\,€$

Lösen mit der Formel:

$$K = \frac{Z \cdot 100}{p} = \frac{99\,€ \cdot 100}{2{,}75\,\%} = 3\,600\,€$$

Alex hatte einen Betrag von 3 600 € fest angelegt.

3. Ein Kapital von 3 000 € wird für 60 Tage zu einem Zinssatz von 2 Prozent angelegt.
   Wie viel Euro Zinsen erhält man dafür? Auf welchen Betrag wächst das Kapital an?

   Lösung:
   Gegeben: K = 3 000 €
   p % = 2 %
   t = 60 Tage
   Gesucht: Z (in €)
   Lösen mit der Formel:

   $$Z = \frac{K \cdot p \cdot t}{100 \cdot 360} = \frac{3\,000\,€ \cdot 2 \cdot 60}{100 \cdot 360} = 10\,€$$

   Nach 60 Tagen werden 10 Euro Zinsen gutgeschrieben.
   Damit erhöht sich das Kapital auf 3010 €.

4. Herr Müller hat 7 500 € auf seinem Sparbuch. Er bekommt für eine feste Anlage von 2 Jahren 3,5 % Jahreszinsen. Wie viel Zinsen erhält er am Ende der Laufzeit?

   Lösung:

   1. Jahr:

	Prozent	Geld	
: 100	100 %	7 500 €	: 100
· 3,5	1 %	75 €	· 3,5
	3,5 %	262,50 €	

   2. Jahr: 7 500 € + 262,50 € = 7 762,50 €

	Prozent	Geld	
: 100	100 %	7 762,50 €	: 100
· 3,5	1 %	77,625 €	· 3,5
	3,5 %	≈ 271,69 €	

   262,50 € + 271,69 € = 534,19 €

   Am Ende der Laufzeit erhält er 534,19 € Zinsen.

Bei manchen Aufgabenstellungen verändert sich der Grundwert, z. B. der Preis einer Ware. Dabei kann es sich um eine **Vermehrung des Grundwertes** (z. B. Aufschlagen der Mehrwertsteuer, Preiserhöhung) oder um eine **Verminderung des Grundwertes** (z. B. Rabatt oder Skonto) handeln.

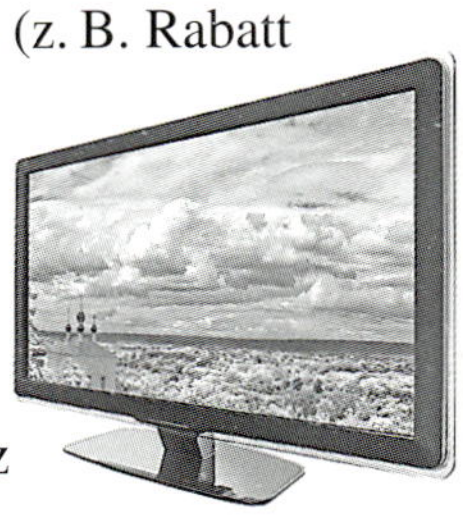

Beispiele

1. Ein Fernsehgerät kostet einschließlich Mehrwertsteuer 595 €.
   Wie hoch ist der Nettopreis (d. h. ohne Mehrwertsteuer von 19 %)?

   Lösung:
   Der Preis einschließlich Mehrwertsteuer entspricht einem Prozentsatz von 100 % + 19 % = 119 % (vermehrter Grundwert) des Nettopreises.

: 119	119 %	≙	595 €	**: 119**
· 100	1 %	≙	5 €	**· 100**
	100 %	≙	500 €	

   Der Nettopreis beträgt 500 €.

2. Auf einen Rechnungsbetrag wurden Herrn Maier 2 % Skonto gewährt. Er zahlt 245 €. Auf welchen Betrag lautete die Rechnung?

Lösung:

Der Betrag, den Herr Maier zahlt, entspricht 100 % – 2 % = 98 % des ursprünglichen Rechnungsbetrags (verminderter Grundwert).

$$\begin{aligned} &98\,\% \mathrel{\hat{=}} 245{,}00\,€ \\ :98 \quad &\quad\quad\quad\quad\quad :98 \\ &1\,\% \mathrel{\hat{=}} 2{,}50\,€ \\ \cdot 100 \quad &\quad\quad\quad\quad\quad \cdot 100 \\ &100\,\% \mathrel{\hat{=}} 250{,}00\,€ \end{aligned}$$

Der Rechnungsbetrag war 250 €.

Aufgaben

34 Die fehlenden Werte in der Tabelle sind zu berechnen.

Grundwert	320		240	300
Prozentwert	80	30		
Prozentsatz		20 %	5 %	120 %

35
a) 30 Bücher sind 25 % eines Buchbestandes. Wie viele Bücher sind insgesamt im Bestand?
b) 10 % sind 16 kg. Wie viel kg sind 25 %?
c) 102 % von 160 € sind?
d) Wie viel Prozent sind 20 m von 2 000 m?

36
a) Der Preis einer Ware ist von 600 € auf 750 € erhöht worden. Auf wie viel Prozent ist er gestiegen?
b) Der Preis einer Hose, die 60 € kostete, wird im Winterschlussverkauf um 20 % gesenkt. Welchen Preis hat die Hose nun?

37 $\alpha = 72°$
Wie viel % der Kreisfläche sind grau?

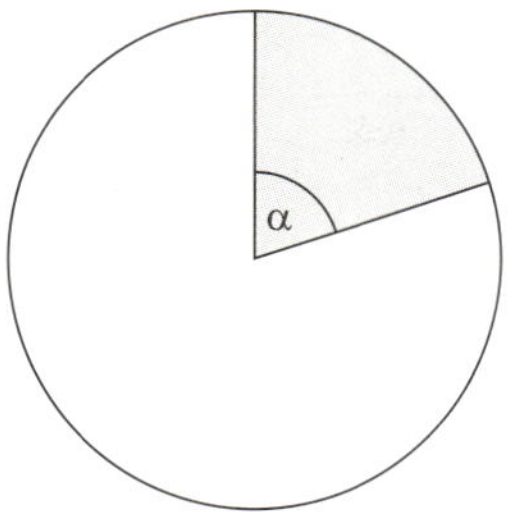

38 Monika hat 150 €. Davon gibt sie $\frac{1}{3}$ im Urlaub aus. Vom Rest, den Monika nicht ausgegeben hat, steckt sie 50 % in ihr Sparschwein. Wie viel Euro steckt Monika in das Sparschwein?

☐ 25 € ☐ 50 € ☐ 75 € ☐ 100 € ☐ 125 €

39 Bei Barzahlung werden 2 % Skonto gewährt. Wie viel Euro sind das, wenn die Ware 1 300 € kostet?

☐ 650 € ☐ 1 298 € ☐ 26 € ☐ 260 € ☐ 1 950 €

40 Ein Computerunternehmen hat 3 Teilhaber.
Der 1. Teilhaber ist mit 325 000 €, der 2. Teilhaber mit 275 000 €, der 3. Teilhaber mit 250 000 € beteiligt.
Es wird ein Jahresgewinn in Höhe von 212 000 € erzielt.
Die Verteilung erfolgt so, dass jeder zunächst 15 % davon erhält. Der Rest wird entsprechend den Einlagen verteilt.

a) Berechne die prozentualen Anteile der jeweiligen Einlagen und stelle diese in einem Diagramm dar!
b) Wie hoch ist der Gewinn für den 2. Teilhaber?

41

a) Tina zahlt einen Gewinn von 16 000 € auf ein Sparbuch ein. Der Zinssatz beträgt 3,75 %. Nach 147 Tagen löst sie das Sparbuch auf. Wie viel Geld bekommt sie ausbezahlt?
b) Frau Hutterly leiht sich bei der Bank 4 500 € zu einem Zinssatz von 8,5 %. Wie viel € an Zinsen muss sie nach 7 Monaten bezahlen?
c) Katrin freut sich nach 7 Monaten über 350 € Zinsen. Wie viel € hat sie bei 2 % angelegt?
d) Jessie leiht ihrem Bruder Leon 1 600 €. Nach 4 Monaten zahlt Leon 2 000 € zurück. Welchen Zinssatz verlangt Jessie?
e) In welcher Zeit bekommt Wendy für ein Guthaben von 5 580 € bei einem Zinssatz von 8,5 % Zinsen in Höhe von 289,85 €?

42

a) Wie viel € hat Susann geerbt, wenn sie nach 10 Monaten 6 000 € Zinsen bei einem Zinssatz von 5 % bekommt?
b) Angela und Joanna zahlen jeweils 6 000 € auf ein Sparbuch ein. Angela bekommt nach 4 Monaten 50 € Zinsen, Joanna erhält nach 100 Tagen 48 € Zinsen. Wer hat den besseren Zinssatz?
c) Tina leiht ihrer Schwester Katrin 5 € und verlangt nach einem Tag 5,20 € zurück. Welchen Zinssatz verlangt sie? Katrin ist sauer. Warum wohl?
d) Für einen Kleinkredit von 2 520 € muss Frau Brem bei einem Zinssatz von 8,5 % Zinsen in Höhe von 130,90 € bezahlen. Wie lange lief der Kredit?
e) Walter bekommt nach 7 Monaten 1,54 € Zinsen. Der Zinssatz beträgt 4 %. Wie hoch ist sein Guthaben?

43 Mithilfe einer Tabellenkalkulation wird untersucht, bei welcher Verzinsung ein Anfangskapital von 1 000 € innerhalb von 10 Jahren auf mehr als 1 500 € anwächst. In Zelle B2 (Zahlenformat: Prozent) werden dazu versuchsweise verschiedene Zinssätze (in der Abbildung 4,25 %) eingegeben. Die Zelle B6 enthält die Formel zur Berechnung des Kapitals nach 1 Jahr. Anschließend wurde diese Formel in die Zellen B7 bis B15 kopiert, sodass in diesen jeweils auf Grundlage des Vorjahreswertes die Höhe des verzinsten Kapitals zum gegebenen Zeitpunkt berechnet wird. Gib die so erhaltene Formel für den Stand nach 10 Jahren in der Zelle B15 an und erkläre sie.

	A	B
1	Kapital:	€ 1.000,00
2	Verzinsung:	4,25%
3		
4	Jahre	Kapital nach Verzinsung
5	0	€ 1.000,00
6	1	€ 1.042,50
7	2	€ 1.086,81
8	3	€ 1.133,00
9	4	€ 1.181,15
10	5	€ 1.231,35
11	6	€ 1.283,68
12	7	€ 1.338,24
13	8	€ 1.395,11
14	9	€ 1.454,40
15	10	**€ 1.516,21**

44 Tanja und Daniel haben im Lotto gewonnen. Jeder bekommt 50 000 €. Beide zahlen den Gewinn auf ein Sparkonto ein. Der Zinssatz beträgt für beide 6,75 %.

a) Tanja hebt ihre Zinsen jeweils am Ende des Jahres ab. Wie viel € Zinsen sind das nach 5 Jahren?

b) Daniel lässt das Geld auf dem Konto liegen. Auf welchen Betrag ist sein Guthaben nach diesen 5 Jahren angewachsen?
Wie viel € hat er damit an Zinsen „verdient“?

45 Eine Familie (Vater, Mutter, Sohn) spart auf eine größere Urlaubsreise und zahlt dazu 4 Jahre lang am Jahresbeginn 3 000 € auf ein Konto ein. Die Verzinsung beträgt 4 %.

a) Auf welchen Betrag sind die Einzahlungen bis zum Ende des vierten Jahres angewachsen, wenn die Zinsen nicht abgehoben wurden?

b) Die Reise kostet für jeden Erwachsenen 4 800,00 €, für das Kind werden 30 % Ermäßigung gewährt.
Wie viel Geld verbleibt noch in der Reisekasse?

46 André und Andrea haben jeweils 2 300,00 € gespart. Da die Zinsen zurzeit niedrig sind, wollen beide das Geld für 5 Jahre fest anlegen.
André legt sein Kapital für 5 Jahre mit einem festen Zinssatz von 4,25 % an.

Andrea erhält	im 1. Jahr 3,25 %	im 3. Jahr 4,25 %
	im 2. Jahr 3,70 %	im 4. Jahr 4,50 %
		im 5. Jahr 5,00 % Zinsen.

Wer hat sein Geld besser angelegt?
Nach wie vielen Jahren hat sich das Kapital von André verdoppelt?

Interaktive Aufgaben

1. Grundwert
2. Prozentwert
3. Prozentsatz
4. Verminderter Grundwert
5. Vermehrter Grundwert
6. Gehaltserhöhung

1.5 Umrechnungen von Größen

Merke

Längenmaße

dividieren →

mm		cm		dm		m		km
	10		10		10		1 000	

← multiplizieren

Die Umrechnungszahl von km in m ist **1 000**. Die Umrechnungszahl von m in dm ist **10** usw.

Beispiele

600 mm = (600 : 10) cm = 60 cm
15,8 m = 15,8 · 100 cm = 1 580 cm

Merke

Flächenmaße

dividieren →

mm^2		cm^2		dm^2		m^2		a		ha		km^2
	100		100		100		100		100		100	

← multiplizieren

1 ha = 1 Hektar; 1 a = 1 Ar

Die Umrechnungszahl von einer Einheit zur nächsten ist **100**.

Beispiele

$895\,410\ cm^2 = (895\,410 : 100)\ dm^2 = 8\,954{,}1\ dm^2$
$7{,}15\ m^2 = 7{,}15 \cdot 100\ dm^2 = 715\ dm^2$

Merke

Raummaße (Volumeneinheiten)

dividieren →

mm^3		cm^3		dm^3		m^3
	1 000		1 000		1 000	

← multiplizieren

$1\ \ell = 1\ dm^3$; $1\ m\ell = 1\ cm^3$
$1\ \ell = 1\,000\ m\ell$; $1\ h\ell = 100\ \ell$

Die Umrechnungszahl von einer Einheit zur nächsten ist **1 000**.

Beispiele

$4\,000\ \ell = 4\,000\ dm^3 = (4\,000 : 1\,000)\ m^3 = 4\ m^3$
$1{,}3\ m^3 = 1{,}3 \cdot 1\,000\ dm^3 = 1\,300\ dm^3 = 1\,300\ \ell$

Merke

Zeiteinheiten

dividieren →

s		min		h		d
	60		60		24	

← multiplizieren

1 d = 1 Tag; 1 h = 1 Stunde;
1 s = 1 Sekunde; 1 min = 1 Minute

Die Umrechnungszahl von h in min sowie von min in s ist **60**.

Die Umrechnungszahl von d in h ist **24**.

Beispiele

$2\,d = 2 \cdot 24\,h = 48\,h$
$7\,min\,13\,s = 7 \cdot 60\,s + 13\,s = 420\,s + 13\,s = 433\,s$
$290\,s = (240 : 60)\,s + 50\,s = 4\,min\,50\,s$

Merke

Masseeinheiten

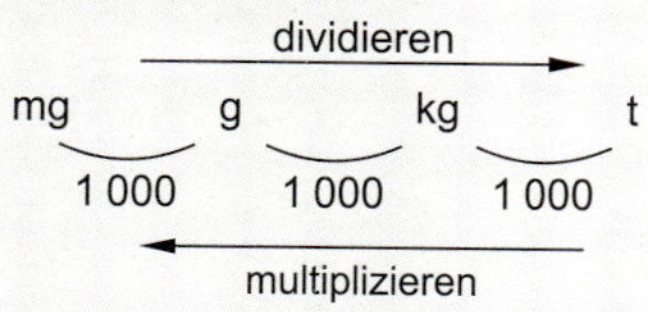

Die Umrechnungszahl von
t in kg,
kg in g,
g in mg
ist **1 000**.

Beispiele

$28\,125\,g = (28\,125 : 1\,000)\,kg = 28{,}125\,kg$
$3{,}45\,t = 3{,}45 \cdot 1\,000\,kg = 3\,450\,kg$

Für alle Größen gilt:
Einheit größer → Zahl kleiner, deshalb dividieren durch die Umrechnungszahl
Einheit kleiner → Zahl größer, deshalb multiplizieren mit der Umrechnungszahl

Aufgaben

47 Rechne in die in Klammern angegebene Einheit um.

a) 1,23 m (mm) b) 17 cm (mm) c) 0,3568 km (dm) d) 437,5 m (km)
e) 2,72 dm (cm) f) 0,0052 m (mm) g) 2 019 mm (m) h) 127,6 dm (m)

48 Rechne in die angegebene Einheit um.

a) 0,01 km^2 (m^2) b) 6,906 dm^2 (mm^2) c) 9,7 mm^2 (cm^2) d) 626 m^2 (ha)
e) 0,023 m^2 (mm^2) f) 0,0027 ha (m^2) g) 17 665 cm^2 (m^2) h) 3 027 a (m^2)

49 Rechne in die angegebene Einheit um.

a) 0,063 m^3 (ℓ) b) 3 $m\ell$ (dm^3) c) 12 829 cm^3 (m^3) d) 1,024 m^3 (dm^3)
e) 825,6 dm^3 (m^3) f) 3,2 cm^3 (dm^3)

50 Rechne in die angegebene Einheit um.

a) 3,25 h (min) b) 6 d 7h (h) c) 7,6 min (s) d) 2 h 24 min (s)
e) 17 h 12 min (min) f) 37 653 s (h) g) 8 280 s (h) h) 187 200 s (h)

51 Rechne in die angegebene Einheit um.

a) 23 g (kg) b) 0,0672 kg (g) c) 738 g (kg) d) 6,7 kg (t)
e) 327 865 mg (kg) f) 0,032 t (kg) g) 52,3 g (mg) h) 72,5 kg (t)

Interaktive Aufgaben

1. Längenmaße umrechnen
2. Flächenmaße umrechnen
3. Raummaße umrechnen
4. Zeiteinheiten umrechnen
5. Masseeinheiten umrechnen

1.6 Ebene Figuren

Merke

Allgemeines Dreieck

Flächeninhalt des Dreiecks: $A = \frac{1}{2} \cdot g \cdot h_g$ oder: $A = \frac{g \cdot h_g}{2}$

Umfang des Dreiecks: $u = a + b + c$

Summe der Innenwinkel: $\alpha + \beta + \gamma = 180°$

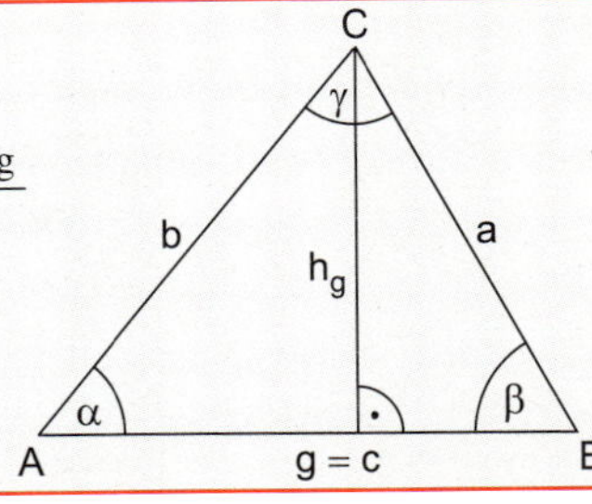

Beispiele

1. Gegeben: Seite $c = 8$ cm; Höhe $h_c = 2{,}7$ cm
   Flächeninhalt: $A = \frac{1}{2} \cdot c \cdot h_c = \frac{1}{2} \cdot 8\text{ cm} \cdot 2{,}7\text{ cm} = 10{,}8\text{ cm}^2$
2. Gegeben: $a = 5$ cm; $b = 6{,}5$ cm; $c = 8{,}6$ cm
   Umfang: $u = a + b + c$
   $u = 5\text{ cm} + 6{,}5\text{ cm} + 8{,}6\text{ cm}$
   $u = 20{,}1\text{ cm}$
3. Gegeben: $\alpha = 42°$; $\beta = 67°$
   $\gamma = 180° - (\alpha + \beta)$
   $\gamma = 180° - (42° + 67°)$
   $\gamma = 180° - 109°$
   $\gamma = 71°$

Merke

Rechteck

Ein Rechteck besitzt vier rechte Winkel und zwei Paare von gleich langen Gegenseiten.

Flächeninhalt des Rechtecks: $A = a \cdot b$

Umfang des Rechtecks: $u = 2a + 2b = 2 \cdot (a + b)$

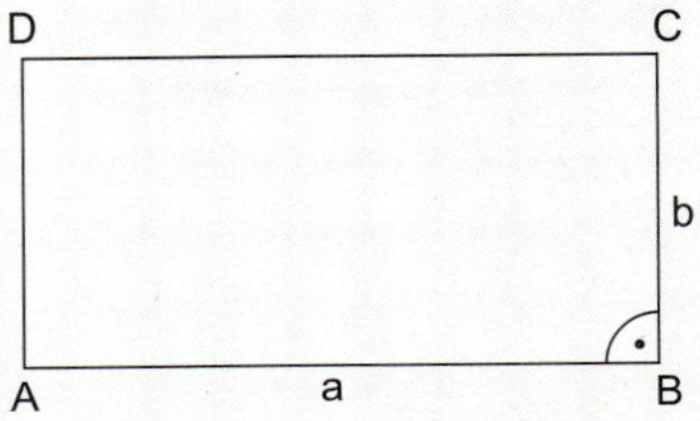

Quadrat

Ein Quadrat besitzt vier rechte Winkel und vier gleich lange Seiten.

Flächeninhalt des Quadrats: $A = a^2$

Umfang des Quadrats: $u = 4 \cdot a$

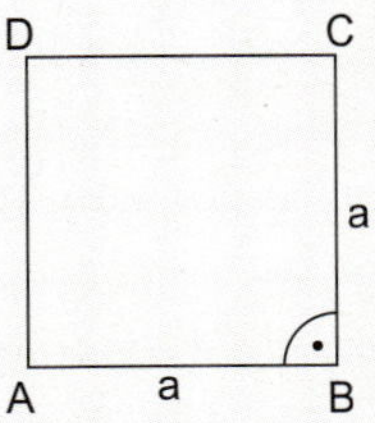

Parallelogramm

Beim Parallelogramm sind gegenüberliegende Seiten gleich lang und gegenüberliegende Winkel gleich groß.

Benachbarte Winkel ergänzen sich zu 180°: $\alpha + \beta = 180°$

Flächeninhalt des Parallelogramms: $A = a \cdot h_a$

Umfang des Parallelogramms: $u = 2a + 2b = 2 \cdot (a + b)$

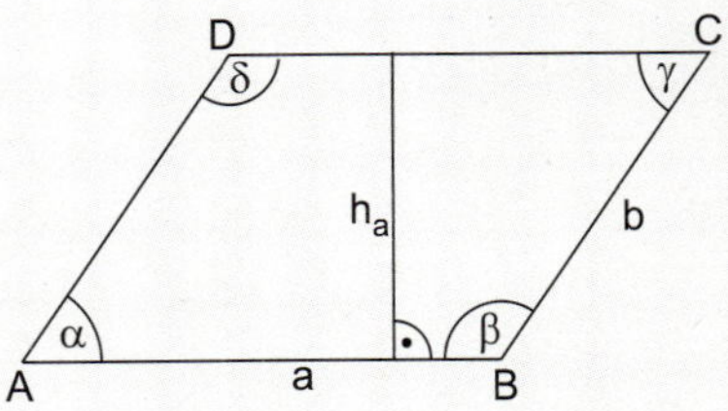

Raute

Eine Raute hat vier gleich lange Seiten.
Je zwei gegenüberliegende Winkel sind gleich groß.
Die Diagonalen e und f schneiden einander rechtwinklig.

Flächeninhalt der Raute: $A = a \cdot h_a$

oder $A = \frac{e \cdot f}{2}$

Umfang der Raute: $u = 4 \cdot a$

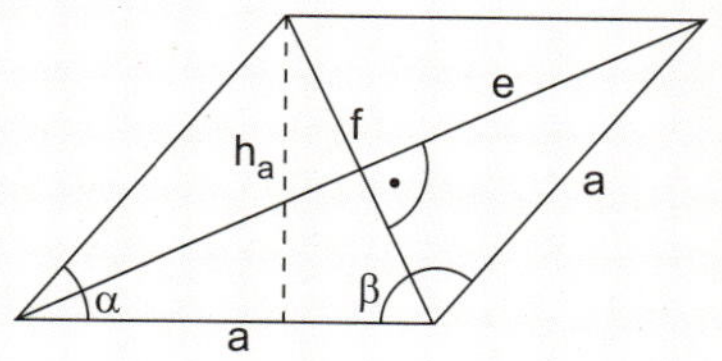

Trapez

Das Trapez hat ein Paar paralleler Seiten (z. B. $a \parallel c$).

Mittellinie des Trapezes: $m = \frac{a+c}{2}$

Flächeninhalt des Trapezes: $A = \frac{1}{2} \cdot (a+c) \cdot h$

oder $A = m \cdot h$

Umfang des Trapezes: $u = a + b + c + d$

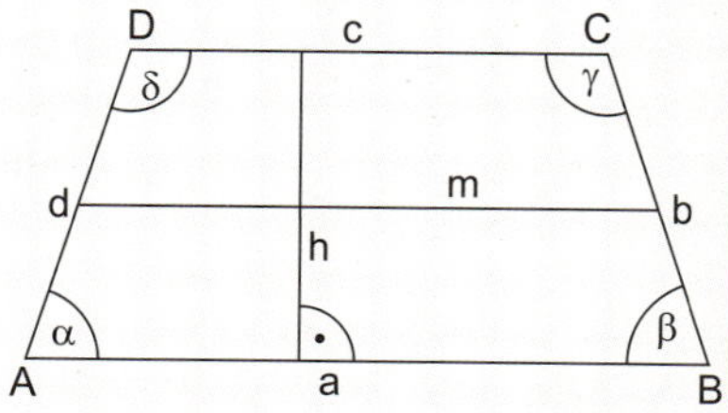

Drachen

Beim Drachen sind zwei Paare von Nachbarseiten gleich lang.
Die Diagonalen schneiden sich im rechten Winkel.

Flächeninhalt des Drachens: $A = \frac{e \cdot f}{2}$

Umfang des Drachens: $u = 2 \cdot a + 2 \cdot b$

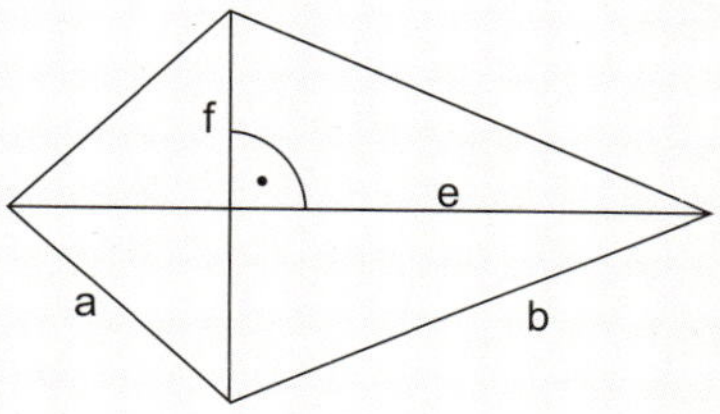

Aufgaben

52 Ein Dreieck hat die Seiten $a = 5$ cm, $c = 7$ cm und die Höhe $h_c = 2{,}8$ cm.
a) Berechne den Flächeninhalt des Dreiecks.
b) Berechne die Länge der Höhe h_a.

53 a) Ein Dreieck besitzt die Winkel $\alpha = 58°$ und $\beta = 47°$. Bestimme Winkel γ.
b) Gibt es ein Dreieck mit zwei stumpfen Winkeln?

54 Ein Rechteck hat einen Umfang von 42 cm. Seine Länge ist doppelt so groß wie die Breite.
a) Berechne die Längen der Seiten.
b) Berechne den Flächeninhalt des Rechtecks.

55 a) Ein Quadrat hat den Umfang 44 cm. Berechne die Seitenlänge und den Flächeninhalt.
b) Ein Quadrat hat den Flächeninhalt $90{,}25 \text{ cm}^2$. Berechne die Seitenlänge und den Umfang.

56 Ein Parallelogramm hat die Seiten $a = 5$ cm und $b = 4{,}5$ cm sowie den Flächeninhalt $A = 20 \text{ cm}^2$.
a) Berechne die Höhe h_a.
b) Berechne den Umfang des Parallelogramms.

57

a) Ein Trapez hat die parallelen Seiten a = 7 cm und c = 3 cm und die Höhe h = 2,5 cm. Berechne seinen Flächeninhalt.

b) Ein Trapez hat die parallelen Seiten a und c, Seite a = 8 cm, die Höhe h = 4 cm und den Flächeninhalt 24 cm². Wie lang ist die Seite c?

Interaktive Aufgaben

1. Dreieck
2. Rechteck
3. Parallelogramm
4. Raute
5. Trapez
6. Drachen

1.7 Potenzen

Definitionen

Merke

Potenzen

Ein Produkt aus gleichen Faktoren kann auch als **Potenz** geschrieben werden:

Basis, Exponent

$$\underbrace{a^n}_{\text{Potenz}} = \underbrace{a \cdot a \cdot a \cdot \ldots \cdot a}_{\text{n-mal der Faktor a}}$$

Es gelten folgende Definitionen und Festlegungen:

- Jede Potenz mit **Exponent 1** entspricht der Basis: $a^1 = a$
- Jede Potenz mit **Exponent 0** ist gleich 1: $a^0 = 1 \quad (a \neq 0)$
- Potenzen mit **negativem Exponenten** lassen sich auch als Bruch schreiben:
  $a^{-n} = \frac{1}{a^n} \quad (a \neq 0)$
- Potenzen mit **Bruchzahlen im Exponenten** lassen sich als Wurzeln schreiben:
  $a^{\frac{1}{n}} = \sqrt[n]{a} \quad (a > 0;\ n > 0)$
  $a^{\frac{m}{n}} = \sqrt[n]{a^m} \quad (a > 0;\ m, n > 0)$

Beispiele

1. $3^5 = 3 \cdot 3 \cdot 3 \cdot 3 \cdot 3$ — 5-mal der Faktor 3
2. $3^1 = 3$ — Jede Potenz mit Exponent 1 entspricht der Basis.
3. $3^0 = 1$ — Jede Potenz mit Exponent 0 ist gleich 1.
4. $3^{-2} = \frac{1}{3^2} = \frac{1}{9}$
5. $8^{\frac{1}{3}} = \sqrt[3]{8} = 2$
6. $x^2 = 25$
   $x_1 = \sqrt{25} = 5$
   $x_2 = -\sqrt{25} = -5$
7. $x^3 = 64 \quad |\sqrt[3]{\ }$ — Die Gleichung lässt sich durch Ziehen der dritten Wurzel lösen.
   $x = \sqrt[3]{64}$
   $x = 4$
8. $8^{\frac{2}{3}} = \sqrt[3]{8^2} = \sqrt[3]{64} = \sqrt[3]{4^3} = 4$

Gesetze für das Rechnen mit Potenzen

Merke

Potenzgesetze (für $a, b \neq 0$)

1. Potenzen mit **gleicher Basis** werden multipliziert, indem die Exponenten addiert werden. $a^m \cdot a^n = a^{m+n}$
2. Potenzen mit **gleicher Basis** werden dividiert, indem die Exponenten subtrahiert werden. $\frac{a^m}{a^n} = a^{m-n}$
3. Potenzen mit **gleichem Exponenten** werden multipliziert, indem die Basen multipliziert werden. $a^n \cdot b^n = (a \cdot b)^n$
4. Potenzen mit **gleichem Exponenten** werden dividiert, indem die Basen dividiert werden. $\frac{a^n}{b^n} = \left(\frac{a}{b}\right)^n$
5. Eine Potenz wird potenziert, indem die Exponenten multipliziert werden. $(a^n)^m = a^{n \cdot m}$

Beispiele

1. $3^2 \cdot 3^3 = 3^{2+3} = 3^5 = 243$ — Potenzen mit gleicher Basis werden multipliziert, indem die Exponenten addiert werden.
2. $\frac{3^5}{3^3} = 3^{5-3} = 3^2 = 9$ — Potenzen mit gleicher Basis werden dividiert, indem die Exponenten subtrahiert werden.
3. $3^3 \cdot 4^3 = (3 \cdot 4)^3 = 12^3 = 1\,728$ — Potenzen mit gleichem Exponenten werden multipliziert, indem die Basen multipliziert werden.
4. $\frac{6^5}{3^5} = \left(\frac{6}{3}\right)^5 = 2^5 = 32$ — Potenzen mit gleichem Exponenten werden dividiert, indem die Basen dividiert werden.
5. $(2^3)^2 = 2^{3 \cdot 2} = 2^6 = 64$ — Eine Potenz wird potenziert, indem die Exponenten multipliziert werden.

Sehr große und sehr kleine Zahlen

Sehr große und sehr kleine Zahlen werden oft in wissenschaftlicher Schreibweise als Produkt aus einer Zahl zwischen 1 und 10 und einer Zehnerpotenz mit ganzzahligem Exponenten geschrieben:

Merke

Normdarstellung einer Zahl
$z = a \cdot 10^k \quad \text{mit } 1 \leq a \leq 10 \quad (k \in \mathbb{Z})$

Beispiele

1. $187\,000\,000\,000 = 1{,}87 \cdot 10^{11}$ — Das Komma wurde um 11 Stellen nach links verschoben.
2. $0{,}000\,000\,037 = 3{,}7 \cdot 10^{-8}$ — Das Komma wurde um 8 Stellen nach rechts verschoben.
3. Masse der Erde: $m = 5{,}98 \cdot 10^{24}$ kg
   Masse eines Elektrons: $m = 9{,}11 \cdot 10^{-31}$ kg
   1 Lichtjahr: $1\text{ LJ} = 9{,}46 \cdot 10^{12}$ km

Gleichungen mit Potenzen der Form $x^n = a$

Merke

Gleichung	Lösung	
$x^n = a \quad (a > 0 \text{ und } n \in \mathbb{N})$	für n gerade:	$x_1 = \sqrt[n]{a}; \quad x_2 = -\sqrt[n]{a}$
	für n ungerade:	$x = \sqrt[n]{a}$

Beispiele

1. a) $x^2 = 144 \quad |\sqrt{\ }$

$x_1 = +\sqrt{144} = 12$

$x_2 = -\sqrt{144} = -12$

b) $x^4 = 16 \quad |\sqrt[4]{\ }$

$x_1 = +\sqrt[4]{16} = 2$

$x_2 = -\sqrt[4]{16} = -2$

c) $x^3 = 125 \quad |\sqrt[3]{\ }$

$x = \sqrt[3]{125}$

$x = 5$

2. $(2x+3)^7 = 128$

$(2x+3)^7 = 2^7 \quad |\sqrt[7]{\ }$

$2x+3 = \sqrt[7]{2^7}$

$2x+3 = 2 \quad |-3$

$x = -0,5$

3. $(20x+15)^{\frac{2}{3}} = 25 \quad |^{\frac{3}{2}}$

$[(20x+15)^{\frac{2}{3}}]^{\frac{3}{2}} = (5^2)^{\frac{3}{2}}$

$20x+15 = 5^3$

$20x+15 = 125 \quad |-15$

$20x = 110 \quad |:20$

$x = 5,5$

Aufgaben

58 Berechne, vereinfache und fasse so weit wie möglich zusammen.

a) Potenzgesetz 1:

$3^5 \cdot 3^2 \cdot 3^4$

$(-2)^3 \cdot (-2)^2 \cdot (-2)^3$

$(x+2)^3 \cdot (x^2+4x+4)$

$(x+1)^2 \cdot (x-1) \cdot (x^2-1)$

b) Potenzgesetz 2:

$\frac{x^{17}}{x^{12}}$

$\frac{(x+1)^3}{x^2+2x+1}$

$\frac{51x^5y^{14}z^9}{17x^7y^9z^7}$

$\frac{32xy^3}{2^4x^4y} \cdot \frac{64x^5y^2}{2^5xy^4}$

c) Potenzgesetz 3:

$(-3)^4 \cdot (2)^4 \cdot (6)^4 \cdot (-9)^4$

$(x-3)^2 \cdot (3-x)^2$

$(a+b)^2 \cdot (a-b)^2$

$\left(\frac{x^2y^3}{3}\right)^4 \cdot \left(\frac{6}{xy}\right)^4$

d) Potenzgesetz 4:

$\frac{(x^2y)^4}{(xy^2)^4}$

$\frac{(64a^2b^3)^3}{(8b^2a)^3}$

$\frac{(x^2-xy)^{k-2}}{(2x-2y)^{k-2}}$

e) Potenzgesetz 5:

$(2^{-3})^5$

$(2a^3b^2)^4 \cdot (5ab^3)^3$

$\left(\frac{a^2b^{-1}c^3}{a^3b^2c^{-2}}\right)^2$

$\left(\frac{x^2y^{-3}}{xz^{-2}}\right)^{-2} : \left(\frac{y^3z^{-4}}{x^3y^2}\right)^2$

59

a) Schreibe jeweils als Produkt einer Zahl zwischen 1 und 10 und einer Zehnerpotenz.
375 000 000 000 000 000
180 000 000 000 000
0,000 000 000 123
0,000 0017

b) Der Durchmesser unserer Milchstraße beträgt $8 \cdot 10^{17}$ km. Gib den Durchmesser in Lichtjahren an.

c) Die Entfernung zu dem uns am nächsten gelegenen Fixstern α-Centauri beträgt 4,17 Lichtjahre. Wie lange braucht ein Raumschiff (theoretisch), das mit einem Drittel Lichtgeschwindigkeit fliegt, für diese Strecke?

60

Bestimme die Lösungsmenge zu den angegebenen Gleichungen ($\mathbb{G} = \mathbb{R}$).

a) $x^4 = 256$ b) $x^2 = 625$ c) $x^3 = 343$

d) $x^3 = -216$ e) $(x-2)^3 = 27$ f) $(x+3)^2 = 81$

Interaktive Aufgaben

1. Potenzen zusammenfassen
2. Potenzen vereinfachen
3. Potenzgleichung

2 Lineare Funktionen – Lineare Gleichungssysteme

2.1 Lineare Funktionen

Merke

Lineare Funktionen

- Eine Vorschrift f, durch die **jedem Element x** aus einer **Definitionsmenge** $\mathbb{D}$ **genau ein Element** y aus einer **Wertemenge** $\mathbb{W}$ zugeordnet wird, heißt **Funktion**.
  Die Elemente x aus der Definitionsmenge $\mathbb{D}$ heißen **Argumente**.
  Die Elemente y aus der Wertemenge $\mathbb{W}$ heißen **Funktionswerte**.
- Die Gleichung oder Zuordnungsvorschrift $y = f(x)$ wird als **Funktionsgleichung** bezeichnet. Ist diese Funktionsgleichung von der Form $y = f(x) = mx + t$, so spricht man von einer **linearen Funktion**.
- Eine **Wertetabelle** ist die Darstellung in Zahlen, ein **Graph** die Darstellung dieser Zuordnungsvorschrift als Bild.
- Jede Parallele zur y-Achse schneidet den Graphen einer Funktion in höchstens einem Punkt.

Beispiel

Zuordnungsvorschrift bzw. Funktion **f: $y = 2x + 3$**

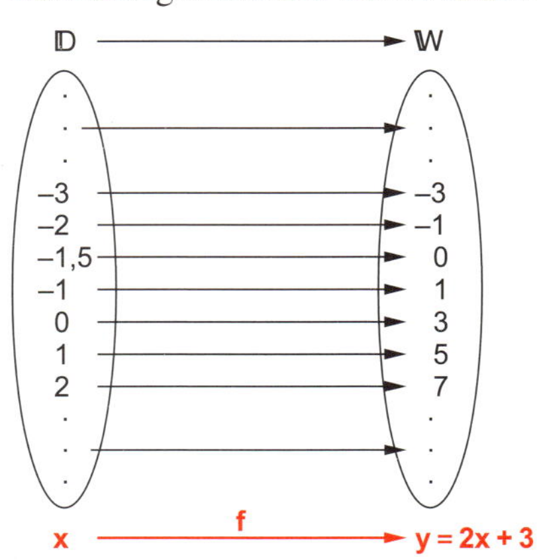

Jedem Element x aus der Definitionsmenge $\mathbb{D}$ wird genau ein Element y aus der Wertemenge $\mathbb{W}$ zugeordnet.

Wertetabelle

x	–6	–5	–4	–3	–2	–1	0	1	2	3	4	5
$y = 2x + 3$	–9	–7	–5	–3	–1	1	3	5	7	9	11	13

Graph

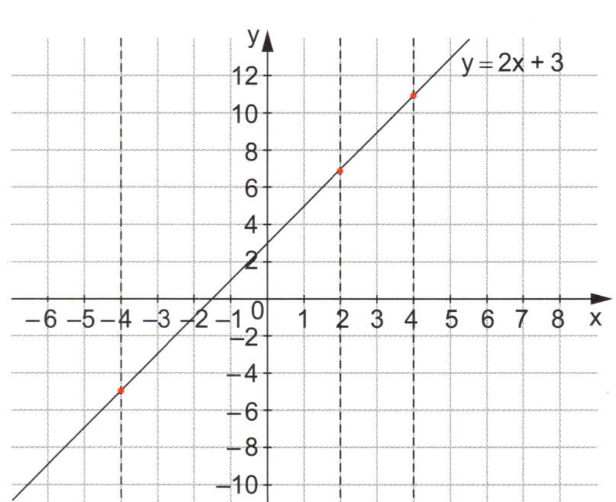

Jede Parallele zur y-Achse schneidet den Graphen von f in höchstens einem Punkt.

Lineare Funktionen der Form f: $y = m \cdot x$

Merke

Lineare Funktionen f: $y = m \cdot x$

- Die Graphen aller linearen Funktionen mit der Funktionsgleichung $y = mx$ sind Geraden, die durch den Koordinatenursprung $O(0|0)$ gehen: **Ursprungsgeraden** (siehe Abbildung).
- Der Wert von m bestimmt, wie steil der Graph der zugehörigen Geraden verläuft.

  $m = 0$: Die Gerade verläuft auf der x-Achse: $y = 0$

  $m = 1$: Winkelhalbierende des I. und III. Quadranten: $y = x$

  $m = -1$: Winkelhalbierende des II. und IV. Quadranten: $y = -x$

  $m > 1$: Die Gerade verläuft steiler als die Winkelhalbierende $y = x$

  $0 < m < 1$: Die Gerade verläuft flacher als die Winkelhalbierende $y = x$

  $m < -1$: Die Gerade verläuft steiler als die Winkelhalbierende $y = -x$

  $-1 < m < 0$: Die Gerade verläuft flacher als die Winkelhalbierende $y = -x$
- Der Faktor **m** heißt **Steigung** der Geraden mit der Gleichung $y = mx$.

Beispiele

a) $y = x$ mit $m = 1$

b) $y = 2x$ mit $m = 2$

c) $y = \frac{1}{2}x$ mit $m = \frac{1}{2}$

d) $y = -x$ mit $m = -1$

e) $y = -2x$ mit $m = -2$

f) $y = -\frac{1}{2}x$ mit $m = -\frac{1}{2}$

Wertetabelle

m	f	x	–5	–4	–3	–2	–1	0	1	2	3	4	5
–2	$y=-2x$	y	10	8	6	4	2	0	–2	–4	–6	–8	–10
–1	$y=-x$	y	5	4	3	2	1	0	–1	–2	–3	–4	–5
$\frac{1}{2}$	$y=\frac{1}{2}x$	y	$-\frac{5}{2}$	–2	$-\frac{3}{2}$	–1	$-\frac{1}{2}$	0	$\frac{1}{2}$	1	$\frac{3}{2}$	2	$\frac{5}{2}$
1	$y=x$	y	–5	–4	–3	–2	–1	0	1	2	3	4	5
2	$y=2x$	y	–10	–8	–6	–4	–2	0	2	4	6	8	10

Graph

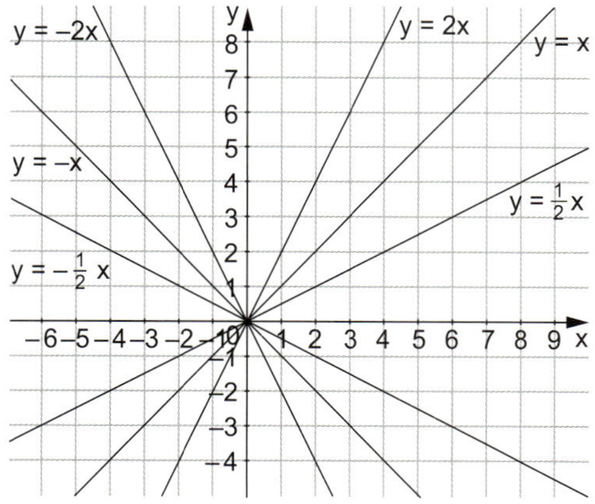

Der Graph einer Geraden lässt sich mithilfe eines **Steigungsdreiecks** zeichnen.
Das Steigungsdreieck gewinnt man aus der Steigung m der Geraden: $m = \frac{\Delta y}{\Delta x}$

Beispiele

1. Geradengleichung: $y = \frac{1}{2}x$ Steigung: $m = \frac{1}{2}$

   Steigungsdreieck: $\Delta y = 1$

   $\Delta x = 2$

   Zeichnen der Geraden:
   Trage in einem beliebigen Punkt P der Geraden ein Steigungsdreieck an. Gehe dabei vom Punkt P aus um Δx LE in x-Richtung bis R und dann um Δy LE in y-Richtung bis Q.
   Zeichne die Gerade durch die Punkte P und Q.
   Da alle Geraden mit der Gleichung $y = mx$ durch den Ursprung $O(0|0)$ verlaufen, ist es günstig, für P den Ursprung O zu wählen.

Graph

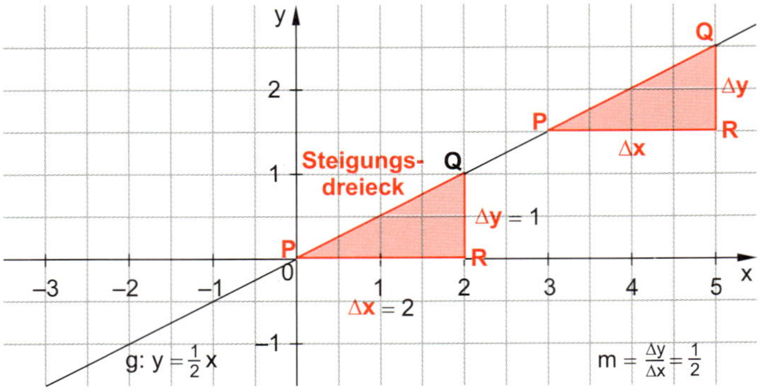

2. Zeichne die Geraden mit der Funktionsgleichung

   a) $y = -2x$; $m = -2 = \frac{-2}{1}$

   Steigungsdreieck: $\Delta y = -2$; $\Delta x = 1$
   1 LE in x-Richtung oder 1 LE nach rechts, –2 LE in y-Richtung oder 2 LE nach unten

   oder: $m = -2 = \frac{2}{-1}$

   Steigungsdreieck: $\Delta y = 2$; $\Delta x = -1$
   –1 LE in x-Richtung oder 1 LE nach links, 2 LE in y-Richtung oder 2 LE nach oben

   b) $y = \frac{3}{2}x$; $m = \frac{3}{2}$

   Steigungsdreieck: $\Delta y = 3$; $\Delta x = 2$
   2 LE in x-Richtung oder 2 LE nach rechts, 3 LE in y-Richtung oder 3 LE nach oben

Graphen

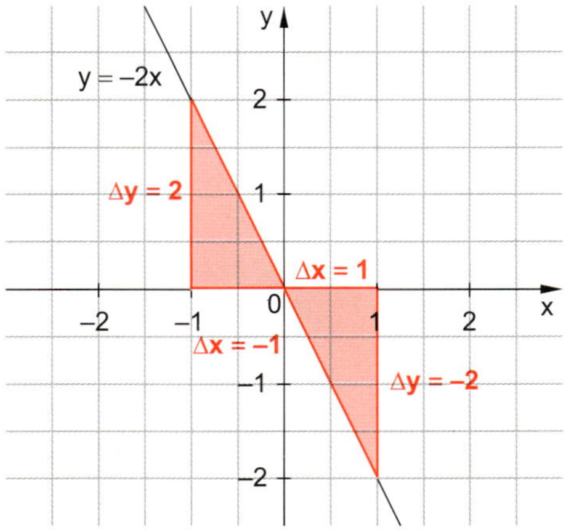

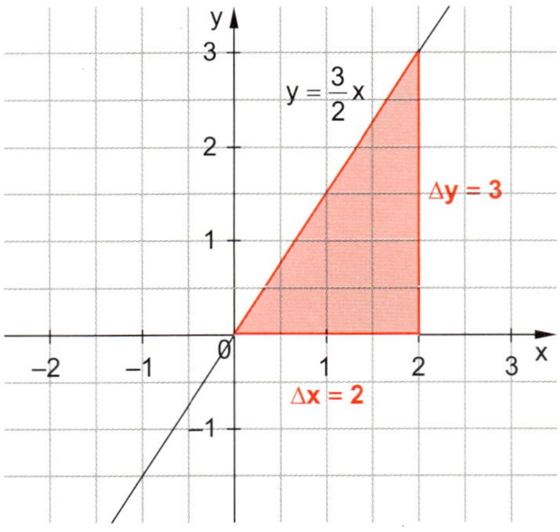

Aufgaben

Grundwissen

61 Erstelle für die den gegebenen Gleichungen entsprechenden Graphen jeweils eine Wertetabelle ($-4 \leq x \leq 4$ und $\Delta x = 1$) und zeichne die Graphen in ein Koordinatensystem ein.

a) $y = 3x$ b) $y = -\frac{1}{3}x$ c) $3x - 4y = 0$ d) $y = |x|$

62 Überprüfe, welche der angegebenen Punkte auf der Geraden mit der Gleichung $y = \frac{3}{2} \cdot x$ liegen.

A(6 | 9) B(–5 | –7,5) C(4 | –6) D(–4 | –6) E(0,5 | 0,75)

63 Bestimme in der Funktionsgleichung $y = mx$ die Steigung m so, dass die zugehörige Gerade durch den Punkt

a) P(–4,5 | 3) verläuft. b) Q(6 | 4,5) verläuft.

Interaktive Aufgaben

1. Gerade zuordnen
2. Gerade zeichnen
3. Funktion zuordnen

Anwendungsaufgaben

64 **Obstkauf**

An einem Obststand gibt es Äpfel zu kaufen. Erstelle mithilfe des Bildes eine Wertetabelle, zeichne einen entsprechenden Graphen und gib die zugehörige Funktionsgleichung vom Typ $y = m \cdot x$ an.
Welche Information enthält der Faktor m?

65 **Taxifahrt**

Die Taxitarife in Gelsenkirchen (Stand Januar 2020) gibt die folgende Tabelle wieder:

Tagsüber von 6 Uhr bis 22 Uhr (Normaltarif)	Nachts von 22 Uhr bis 6 Uhr (Nachttarif)
1. bis 5. Kilometer: 2,45 € pro Kilometer	unter 1 Kilometer: 2,60 €
ab dem 6. Kilometer: 1,85 € pro Kilometer	über 1 Kilometer: (Wert wird in Teilaufgabe e berechnet)

Vor Antritt der Fahrt wird immer eine Grundgebühr von 4,00 € angesetzt. Mit dieser Grundgebühr werden die Kosten der Anfahrt vom Taxistand zum Kunden berechnet.

a) Wie teuer ist vormittags eine Fahrt von 3,8 Kilometern Länge?

b) Der Zähler im Taxi springt in 0,10 €-Schritten, zum ersten Mal direkt beim Losfahren von 4,00 € auf 4,10 €. Wie muss also der Fahrpreis in Teilaufgabe a gerundet werden? Begründe.

c) Wie teuer ist um 13.30 Uhr eine Fahrt von 11,8 Kilometern Länge?

d) Eine Fahrt im Normaltarif unter 5 Kilometern Länge kostet laut Zähler 9,60 €. Welche Strecke wurde gefahren? Warum ist das Ergebnis nicht eindeutig? Begründe.

e) Eine Fahrt von genau 8 Kilometern kostet zwischen 22 Uhr und 6 Uhr exakt 20,00 €, weil nachts ein anderer Kilometerpreis als tagsüber verlangt wird.
Wie hoch ist dieser Nachttarif pro Kilometer?

Allgemeine lineare Funktionen f: $y = m \cdot x + t$

Merke

Lineare Funktionen f: $y = m \cdot x + t$

- Der Graph der linearen Funktion **f: $y = m \cdot x + t$** ist eine Gerade mit der **Steigung m** und dem **y-Achsenabschnitt t**.
- Die Gerade mit der Gleichung **f: $y = m \cdot x + t$** erhält man, indem man den Graphen zu f: $y = m \cdot x$ um den y-Achsenabschnitt t parallel verschiebt, sodass dieser durch den Punkt $T(0\,|\,t)$ auf der y-Achse geht.

Beispiele

f: $y = \frac{1}{2} \cdot x$ $\left(m = \frac{1}{2}\right)$

f_1: $y = \frac{1}{2} \cdot x + 3$ $\left(m = \frac{1}{2};\ t = 3\right)$

f_2: $y = \frac{1}{2} \cdot x - 2$ $\left(m = \frac{1}{2};\ t = -2\right)$

Wertetabelle

	x	−4	−3	−2	−1	0	1	2	3	4	5	t
f	y	−2	−1,5	−1	−0,5	0	0,5	1	1,5	2	2,5	+3 ↓ −2 ↓
f_1	y	1	1,5	2	2,5	3	3,5	4	4,5	5	5,5	
f_2	y	−4	−3,5	−3	−2,5	−2	−1,5	−1	−0,5	0	0,5	

Graphen

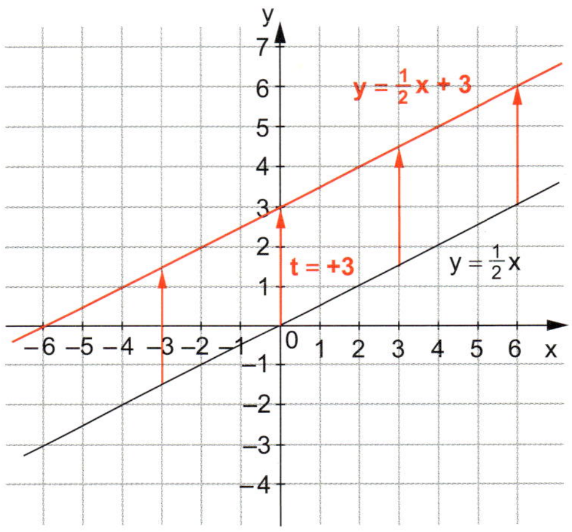

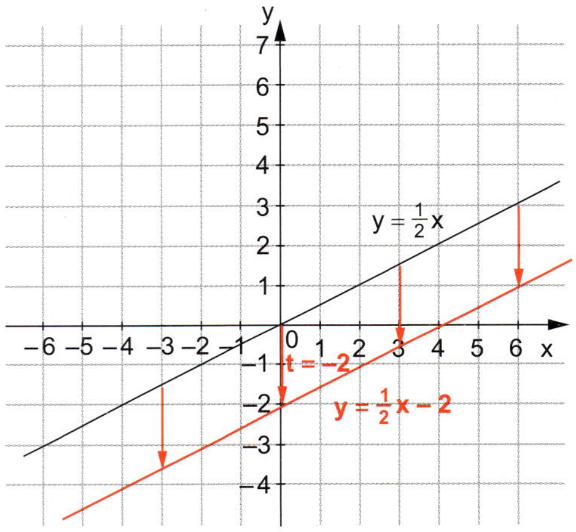

Vergleiche die Funktionswerte und den Graphen der linearen Funktion f: $y = \frac{1}{2} \cdot x$ mit denen der Funktionen f_1: $y = \frac{1}{2} \cdot x + 3$ und f_2: $y = \frac{1}{2} \cdot x - 2$.

Mithilfe von Achsenabschnitt t und Steigungsdreieck kann man allgemeine lineare Funktionen zeichnen.

Beispiel

Gegeben ist eine Gerade mit der Funktionsgleichung g: $y = -\frac{3}{2}x + 4$.

Um den Graphen der Geraden g zeichnen zu können, bestimmen wir zunächst die Schnittpunkte von g mit den Koordinatenachsen.

y-Achsenabschnitt: $\mathbf{t = 4}$ → Die Gerade geht durch den Punkt $T(0\,|\,4)$ auf der y-Achse.

Nullstelle von g: $\mathbf{y = 0} \rightarrow -\frac{3}{2}x + 4 = 0 \rightarrow x = \frac{8}{3}$

Die Gerade schneidet die x-Achse im Punkt $\mathbf{S\left(\frac{8}{3}\,\middle|\,0\right)}$.

Da eine Gerade durch 2 Punkte festgelegt ist, können wir die Gerade g durch die Punkte T und S zeichnen. Wir können die Gerade g auch mithilfe der Steigung m zeichnen. Wir zeichnen ein Steigungsdreieck, indem wir vom Punkt T aus 3 Einheiten nach unten (–3) und 2 Einheiten nach rechts (+2) gehen. Damit erhalten wir neben T einen zweiten Punkt P und können g durch T und P zeichnen.

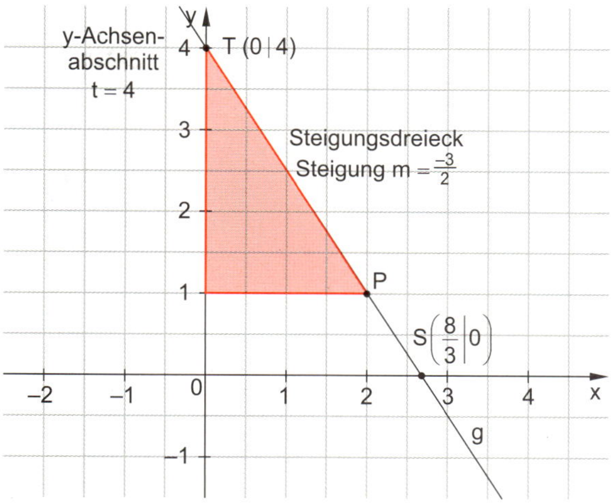

Liegen die Punkte A(2 | 3) und B(–2 | 7) auf der Geraden g?

$3 = -\frac{3}{2} \cdot 2 + 4$

$3 \neq 1$ **A liegt nicht auf g.**

$7 = -\frac{3}{2} \cdot (-2) + 4$

$7 = 7$ **B liegt auf g.**

Merke

Zwei-Punkte-Form: Formel für den Steigungsfaktor m

Der Steigungsfaktor m einer Geraden g lässt sich mithilfe der Koordinaten zweier Punkte $A(x_A | y_A)$, $B(x_B | y_B)$ auf der Geraden berechnen:

$$m = \frac{\Delta y}{\Delta x} = \frac{y_B - y_A}{x_B - x_A}$$

Beispiel

Ermittle die Gleichung der Geraden g, die durch die Punkte A(–2 | 3) und B(2 | 5) verläuft.

Lösung:

Berechnung von Steigungsfaktor m:

$m = \frac{y_B - y_A}{x_B - x_A}$ | A(–2 | 3), B(2 | 5)

$m = \frac{5-3}{2-(-2)}$

$m = \frac{2}{4}$

$m = \frac{1}{2}$

Berechnung von y-Achsenabschnitt t:

$y = mx + t$ | $m = \frac{1}{2}$; A(–2 | 3)

$3 = \frac{1}{2} \cdot (-2) + t$

$3 = -1 + t$ | +1

$t = 4$

Aufstellen der Funktionsgleichung:

$y = mx + t$ | $m = \frac{1}{2}$; $t = 4$

$y = \frac{1}{2}x + 4$

Aufgaben

Grundwissen

66 Bestimme die Geradengleichung und zeichne die Gerade in ein Koordinatensystem ein.

a) $m = -\frac{1}{2};\ P(2\,|-3)$ b) $m = \frac{4}{3};\ P(-3\,|\,1)$

67 Prüfe rechnerisch, ob jeweils der Punkt P auf der Geraden g liegt.

a) $g\colon y = 2x - 3;\ P(-2\,|-7)$ b) $g\colon y = -\frac{3}{2}x + 3;\ P(2\,|-1)$

68 Zeichne die Gerade $g\colon y = -\frac{3}{2}x + 3$

a) indem du den Schnittpunkt S von g mit der x-Achse (Nullstelle) berechnest und in S ein Steigungsdreieck anträgst.

b) mithilfe eines beliebigen Geradenpunktes $P(x\,|\,y)$ und des y-Achsenabschnitts t.

69 Bestimme die Steigung m und den y-Achsenabschnitt einer Geraden, die durch die beiden Punkte A und B verläuft. Gib die Geradengleichung an und zeichne die Gerade in ein Koordinatensystem ein.

a) $A(-4\,|-2)\ B(6\,|\,8)$ b) $A(2\,|-2)\ B(8\,|\,6)$

Interaktive Aufgaben

- 4. Gerade zuordnen
- 5. Gerade zeichnen
- 6. Funktion zuordnen
- 7. Steigung und Punkt gegeben

Anwendungsaufgaben

70 **Preiskalkulationen**

a) Mithilfe eines Tabellenkalkulationsprogramms werden die Tankkosten in Abhängigkeit von der getankten Menge Benzin in einer Wertetabelle dargestellt. Zur Berechnung des Preises in Abhängigkeit von der getankten Menge wurde in Zelle B5 eine Formel eingetragen und diese anschließend in die Zellen B6 bis B11 kopiert. Wie lauten bei einem Benzinpreis von 1,46 € pro Liter die Formeln in den Zellen B5 und B11?

	A	B
1	Steigung m=	1,46
2		
3	Wertetabelle	
4	Menge x in ℓ	Preis y in €
5	0,00	0,00
6	10,00	14,60
7	20,00	29,20
8	30,00	43,80
9	40,00	58,40
10	50,00	73,00
11	60,00	87,60

b) Für eine Taxifahrt muss neben einer Grundgebühr von 3,50 € ein fester Kilometerpreis von 2,00 € bezahlt werden. Mithilfe eines Tabellenkalkulationsprogramms werden für verschiedene Wegstrecken die Preise berechnet. Dazu wurde die Formel zur Berechnung des Preises nur einmal in Zelle B6 eingetippt und danach in die Zellen B7 bis B22 kopiert.

- Welche Zelle muss verändert werden, wenn sich der Kilometerpreis ändert?
- Für 9 km muss man 21,50 € bezahlen.
  Wie lautet die Formel in Zelle B15? Begründe.

	A	B
1	Steigung m=	2,00
2	Achsenabschnitt t=	3,50
3		
4	Wertetabelle	
5	Weg in km	Preis in €
6	0	3,50
7	1	5,50
8	2	7,50
9	3	9,50
10	4	11,50
11	5	13,50
12	6	15,50
13	7	17,50
14	8	19,50
15	9	21,50
16	10	23,50
17	11	25,50
18	12	27,50
19	13	29,50
20	14	31,50
21	15	33,50
22	16	35,50

71 **Der Wasserdruck**

Der normale Luftdruck, der durch die Luftsäule über uns erzeugt wird, beträgt auf der Meeresoberfläche 1 bar. Das ist circa der Druck, den eine Masse von 1 kg auf eine Fläche von 1 cm^2 bewirkt.

Beim Tauchen steigt der Druck gleichmäßig an, alle 10 m um 1 bar. Das erklärt sich wie folgt: Eine 1 m hohe Wassersäule mit einer Fläche von 1 cm^2 fasst 100 g Wasser, somit fasst eine gleiche 10 m hohe Wassersäule 1 000 g also 1 kg. So wird alle 10 m Wassertiefe ein Zusatzdruck von 1 bar erzeugt.

Beantworte folgende Aufgaben mithilfe des abgebildeten Druckdiagramms für Wasser.

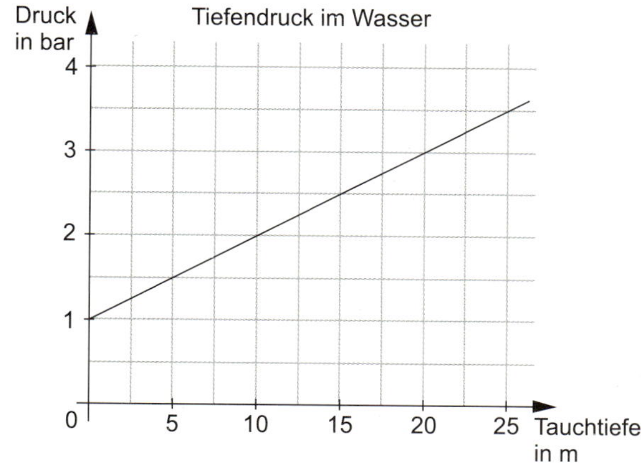

a) Schreibe eine Funktionsgleichung auf, die zu dem Text und dem Diagramm passt.

b) Beim Tauchen im Schwimmbad spürt man „Druck auf den Ohren“. Wie groß ist dieser Druck in einer Tiefe von 3,60 m?

c) Ein Taucherteam ist mit einem geschlossenen Atemluft-Kreislaufsystem auf eine Tiefe abgetaucht in der ein Druck von 23,45 bar herrscht. In welcher Tiefe befindet sich das Taucherteam?

d) Der Marianengraben im Pazifik nördlich von Australien ist 11 034 m tief. Bestimme das Gewicht der Wassersäule, die auf das kreisförmige Bullauge einer Tauchkugel in dieser Tiefe drückt. Das Bullauge hat einen Durchmesser von 25 cm.

72 **Sauna-Sanduhr**

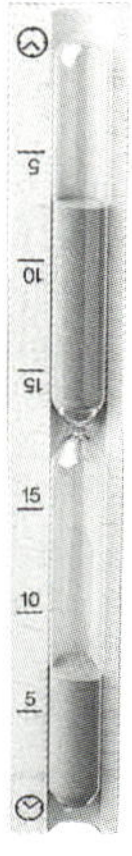

Zu Beginn eines Saunagangs wird häufig eine Sauna-Sanduhr betätigt. Sie zeigt dem Saunabesucher an, wie lange er schon schwitzt.
Das Durchrieseln des Sandes in der Sanduhr kann mit der Funktionsgleichung $y = -\frac{3}{5} \cdot x + 9$ beschrieben werden.

(Dabei ist x die Zeit in Minuten und y die zugehörige Füllstandshöhe des Sandes in Zentimetern im oberen Teil der Sanduhr.)

a) Wie hoch steht der Sand zu Beginn des Saunagangs im oberen Teil der Sanduhr?

b) Wie hoch steht der Sand noch nach 6 Minuten?

c) Wie lange läuft diese Sanduhr insgesamt? – Begründe.

d) Im unteren Teil der Sanduhr steht der Sand 5,5 cm hoch. Wie lange läuft die Uhr schon?

e) Was müsste man an der Sanduhr verändern, damit sie doppelt so lange läuft? – Beschreibe eine Möglichkeit.

Interaktive Aufgabe

8. Wasserrohrbruch

2.2 Lineare Gleichungssysteme

Beim Vergleich von zwei (oder mehr) linearen Funktionen sind mehrere lineare Gleichungen gleichzeitig zu lösen. Zur Lösung solcher Gleichungssysteme kennt man in der Mathematik neben dem grafischen Lösungsverfahren noch drei rechnerische Lösungsverfahren.

Tipp

Für die Prüfung wird es egal sein welches Rechenverfahren du benutzt, denn alle führen zum gleichen Ergebnis.

Grafisches Lösungsverfahren

Merke

Methode der grafischen Lösung

- Zeichne die beiden Geraden, die den Gleichungen des linearen Gleichungssystems entsprechen.
- Bestimme aus dem Diagramm die Koordinaten des Schnittpunktes. Falls ein Schnittpunkt existiert, bilden dessen Koordinaten das Lösungselement.
- Mache die Probe, indem du die Koordinaten des Schnittpunktes in beide Gleichungen des Systems einsetzt.

Beispiele

Gib die Lösung folgender Gleichungssysteme an:

1. I. $-x + y = 2$ $\quad| g_1$
   II. $2x - y = 1$ $\quad| g_2$

   Es existiert genau ein Schnittpunkt und damit ein Lösungselement.

   $\mathbb{L} = \{(\mathbf{3}|\mathbf{5})\}$

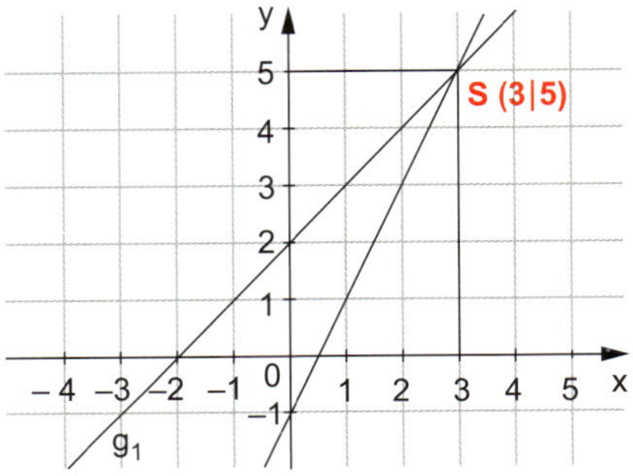

2. I. $x + 2y = 6$ $\quad| g_1$
   II. $2x + 4y = -4$ $\quad| g_2$

   Die beiden Geraden sind parallel. Da kein Schnittpunkt existiert, hat das Gleichungssystem keine Lösung.

   $\mathbb{L} = \varnothing$ oder $\mathbb{L} = \{\}$

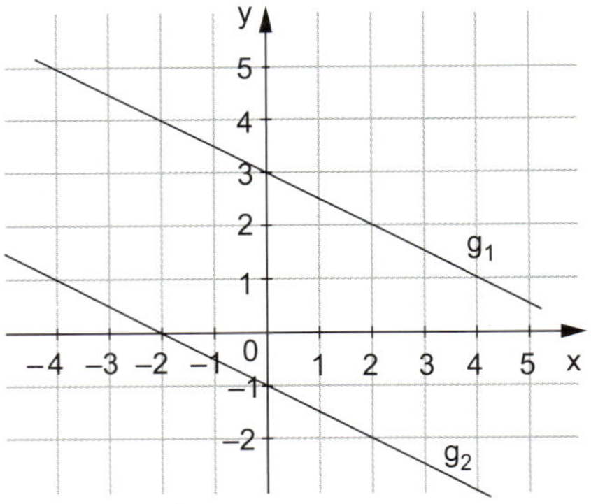

3. I. $2x + 3y = 12$ | g_1
II. $3x + 4{,}5y = 18$ | g_2

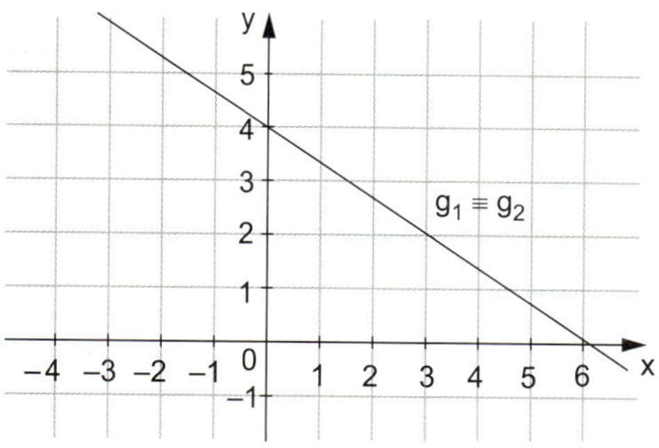

Die beiden Gleichungen sind äquivalent: Man erhält die 2. Gleichung, indem man die 1. Gleichung mit dem Faktor 1,5 multipliziert. Die beiden Geraden g_1 und g_2 sind identisch, sie fallen zusammen bzw. liegen aufeinander. Zur Lösungsmenge $\mathbb{L}$ gehören deshalb alle Lösungselemente $(x|y)$, die die erste Gleichung ($\mathbb{L}_1$) oder die zweite Gleichung ($\mathbb{L}_2$) des Systems erfüllen.

$\mathbf{\mathbb{L} = \mathbb{L}_1 = \mathbb{L}_2}$

$\mathbf{\mathbb{L} = \{(x|y) \mid 2x + 3y = 12\} = \{(x|y) \mid 3x + 4{,}5y = 18\}}$

Rechnerische Lösungsverfahren

Merke

Gleichsetzungsverfahren

- Löse beide Gleichungen nach der Variablen y auf.
- Setze die beiden erhaltenen Terme gleich. Dadurch erhältst du eine lineare Gleichung, die nur noch die Variable x enthält.
- Löse die erhaltene Gleichung. Ergebnis: x
- Setze x in eine der beiden Gleichungen ein und berechne y.
- Lösungsmenge: $\mathbb{L} = \{(x|y)\}$

Beispiel

I. $x - 3y = -6$
II. $3x - 2y = 10$

Löse beide Gleichungen des Gleichungssystems nach y auf:

I. $x - 3y = -6 \quad | -x \quad | :(-3)$
II. $3x - 2y = 10 \quad | -3x \quad | :(-2)$

I'. $y = \frac{1}{3}x + 2 \quad (y_{g1})$

II'. $y = \frac{3}{2}x - 5 \quad (y_{g2})$

Gleichsetzen:

$\frac{1}{3}x + 2 = \frac{3}{2}x - 5 \quad | \cdot 6$

$2x + 12 = 9x - 30 \quad | -9x - 12$

$-7x = -42 \quad | :(-7)$

$x = 6$

Setze $x = 6$ in eine der beiden Gleichungen des Systems ein, um y zu berechnen:

$\mathbf{6} - 3y = -6 \quad | -6 \quad | :(-3)$

$\mathbf{y = 4}$

Lösungsmenge des Gleichungssystems: $\mathbf{\mathbb{L} = \{(6|4)\}}$

Probe: I. $\mathbf{6} - 3 \cdot \mathbf{4} = -6$ (wahr)
II. $3 \cdot \mathbf{6} - 2 \cdot \mathbf{4} = 10$ (wahr)

Merke

Additionsverfahren
- Multipliziere beide Gleichungen so mit je einer Zahl ungleich null, dass bei der anschließenden Addition beider Gleichungen eine der beiden Variablen eliminiert wird und eine lineare Gleichung mit nur einer Variablen entsteht.
- Löse diese Gleichung. Ergebnis: Wert einer der beiden Variablen
- Setze den Wert dieser Variablen in eine der beiden Gleichungen ein. Ergebnis: Wert der zweiten Variablen

Beispiel

Wähle als Beispiel wieder das lineare Gleichungssystem:

I. $x - 3y = -6 \quad | g_1$

II. $3x - 2y = 10 \quad | g_2$

Multipliziere die erste Gleichung (für g_1) mit –2 und die zweite Gleichung (für g_2) mit 3. Damit erhältst du das äquivalente lineare Gleichungssystem:

I'. $-2x + 6y = 12 \quad | g_1$

II'. $9x - 6y = 30 \quad | g_2$

Addierst du beide Gleichungen dieses Systems, so erhältst du eine lineare Gleichung mit nur mehr einer Variablen:

I'.	$-2x$	$+6y$	$=$	12	$\mid g_1$
II''.	$9x$	$-6y$	$=$	30	$\mid g_2$
	$7x$	$+0$	$=$	42	

$$7x = 42 \quad |:7$$
$$\mathbf{x = 6}$$

Bestimme den zu $x = 6$ gehörigen y-Wert von g_1 bzw. g_2, indem du für x den Wert 6 in eine der beiden Geradengleichungen einsetzt:

$$\mathbf{6} - 3y = -6 \quad |-6 \quad |:(-3)$$
$$\mathbf{y = 4}$$

Lösungsmenge des Gleichungssystems:

$\mathbb{L} = \{(\mathbf{6} | \mathbf{4})\}$

Merke

Einsetzungsverfahren

- Löse eine der Gleichungen nach einer Variablen, z. B. x, auf.
- Setze den Ausdruck für diese Variable, also etwa x, in die andere Gleichung ein. Dadurch ergibt sich eine Gleichung, die nur noch eine Variable, z. B. y, enthält.
- Löse die so erhaltene Gleichung. (Ergebnis: y)
- Setze diese Lösung in eine der beiden gegebenen Gleichungen ein und berechne die andere Variable, hier x.
- Gib die Lösungsmenge $\mathbb{L} = \{(x|y)\}$ an.

Beispiel

$$\begin{array}{ll} \text{I.} \quad x - 3y = -6 & |+3y \\ \text{II.} \quad 3x - 2y = 10 & \end{array}$$

Löse die Gleichung I nach x auf.

$$\begin{array}{l} \text{I}'. \quad x = \mathbf{3y - 6} \\ \text{II.} \quad 3x - 2y = 10 \end{array}$$

Setze 3y – 6 für x in Gleichung II ein.

Einsetzungsverfahren:

$$\begin{array}{rl} 3 \cdot (\mathbf{3y - 6}) - 2y = 10 & \\ 9y - 18 - 2y = 10 & |+18 \\ 7y = 28 & |:7 \\ \mathbf{y = 4} & \end{array}$$

Einsetzen von y = 4 in Gleichung I':

$x = 3 \cdot 4 - 6$

$\mathbf{x = 6}$

Lösungsmenge des Gleichungssystems:

$\mathbb{L} = \{(6|4)\}$

Aufgaben

Grundwissen

73 Bestimme die Lösungsmengen der folgenden linearen Gleichungssysteme.

a) I. $3x - 4y = 16$
II. $5x + 2y = 44$

b) I. $2x - 3y = -15$
II. $x - 1{,}5y = 1{,}5$

c) I. $2x - 4y = -10$
II. $y = 2x - 4$

74 Zwei Orte A und B liegen 360 km voneinander entfernt. Ein Auto fährt um 10.00 Uhr mit einer durchschnittlichen Geschwindigkeit von $90\,\frac{\text{km}}{\text{h}}$ von A nach B. Eineinhalb Stunden später fährt ein zweites Auto mit einer Durchschnittsgeschwindigkeit von $75\,\frac{\text{km}}{\text{h}}$ von B nach A. Wann und wie weit von A entfernt begegnen sich die beiden Autos?

75 Bei der 4×400-m-Staffel hat der Schlussläufer der Staffel A nach dem letzten Wechsel der Staffel B einen Vorsprung von 15 m. Der Schlussläufer der Staffel A läuft die 400 m in 47,8 s, der Schlussläufer der Staffel B in 45,7 s.

a) Zeige rechnerisch, dass die Staffel B gewinnt.
Wo wird der Läufer von A vom Schlussläufer der Staffel B ein- bzw. überholt?

b) Welche Zeit müsste der Schlussläufer von Staffel A auf 400 m laufen, damit er gerade nicht eingeholt wird, Staffel A also das Rennen gewinnt?

Interaktive Aufgaben

1. Gleichsetzungsverfahren
2. Additionsverfahren
3. Einsetzungsverfahren

Anwendungsaufgaben

76 **Ein Handyvertrag**

Vor einigen Jahren sahen Handytarife häufig so aus: Neben einer Grundgebühr bezahlte man für einzelne Telefonate, SMS usw. Die heutige Smartphonenutzung war noch nahezu unbekannt. Hier sind zwei typische Tarifangebote aus dieser Zeit:

Tarif 1		**Tarif 2**	
Alle Preise in € inkl. MwSt.		Alle Preise in € inkl. MwSt.	
**Grundgebühr	4,95 €	**Grundgebühr	9,95 €
Mindestumsatz	5,00 €	Mindestumsatz	5,00 €
Verbindungskosten in alle Handynetze und Festnetz/Minute – deutschlandweit	16 ct	Verbindungskosten in alle Handynetze und Festnetz/Minute – deutschlandweit	14 ct
Verbindungskosten anbieterintern/Minute	6 ct	Verbindungskosten anbieterintern/Minute	4 ct
SMS	11 ct	SMS	14 ct
Taktung	60/1	Taktung	60/1
**24 Monate Vertragsdauer		**24 Monate Vertragsdauer	

a) Beurteile folgende Aussagen:
- Tarif 1 ist immer günstiger.
- Tarif 2 ist viel zu teuer.
- Tarif 1 ist für Vieltelefonierer (mehr als 4 Stunden im Monat) besonders geeignet.

b) Für Handytarif 1 lautet eine Rechenvorschrift: $y = 0{,}16 \cdot x + 4{,}95$.
Wie lautet die entsprechende Rechenvorschrift für den Tarif 2? Kannst du die Gleichung auch mit sinnvollen Einheiten angeben?

c) Bis zu welcher Nutzungsdauer ist Tarif 1 günstiger als Tarif 2? Löse mit einem linearen Gleichungssystem.

d) Vor dem Tarifabschluss lässt sich Lisa mit ihren Eltern im Handyshop beraten. Der Anbieter rät Lisa und ihren Eltern zu Tarif 1. Schreibe kurz auf, warum dieser Vorschlag für jugendliche Handynutzer in Ordnung ist.

77 **Hotel**

Das Hotel „Goldener Schwan“ bietet nur Doppel- und Einzelzimmer an. Insgesamt sind dort 54 Gästezimmer vorhanden.

a) Stelle eine Funktionsgleichung für die mögliche Anzahl von Doppel- und Einzelzimmern auf.

Tipp: Die Anzahl der Doppelzimmer sei x; die Anzahl der Einzelzimmer y.

b) Wenn das Hotel ausgebucht ist können dort insgesamt 85 Personen übernachten. Stelle diesen Sachverhalt mit einer Funktionsgleichung dar.

c) Ermittle mithilfe eines Gleichungssystems die Anzahl der Doppel- und Einzelzimmer im „Goldenen Schwan“.

d) Herr Müller bucht per Internet für eine kleine Reisegruppe 5 Doppelzimmer und 3 Einzelzimmer. Er soll dafür 485 € bezahlen.
Frau Schmitt reserviert zu gleichen Bedingungen 3 Doppelzimmer und 1 Einzelzimmer und muss dafür 255 € bezahlen.
Wie teuer sind das Doppelzimmer und das Einzelzimmer pro Übernachtung bei diesen Konditionen?

78 **Kerze**

Eine brennende Kerze (Kerze 1), die einmal 25 cm lang war, wird beobachtet. Zu Beginn der Beobachtung ist sie 12 cm lang. Nach 20 Minuten ist sie nur noch 10 cm lang. Nach einer weiteren Stunde beträgt ihre Länge nur noch 4 cm.

Tipp

Stelle die Situation grafisch dar: x: Zeit seit Beobachtungsbeginn
y: Höhe der Kerze

a) Wie lange brennt die Kerze noch nach Beobachtungsbeginn?
b) Wie lange kann solch eine Kerze insgesamt brennen?
c) Wie groß müsste eine gleich dicke Kerze sein, die 5 Stunden brennen kann?

Zu Beginn der Beobachtung wurde auch eine 15 cm lange, dünnere Kerze (Kerze 2) angezündet, die innerhalb einer Stunde um 11 cm niederbrennt.
Die Funktionsgleichungen für die beiden Kerzen lauten:

Kerze 1: $y_1 = -0{,}1 \cdot x + 12$ Kerze 2: $y_2 = -\frac{11}{60} \cdot x + 15$

d) Wie lang ist die Kerze 2 nach 20 Minuten?
e) Wann haben beide Kerzen die gleiche Höhe?
f) Wann hätte die zweite Kerze angezündet werden müssen, damit beide Kerzen zum gleichen Zeitpunkt erlöschen?

Interaktive Aufgabe

4. Aktienfonds

3 Quadratische Funktionen und Gleichungen

3.1 Quadratische Funktionen

Merke

Quadratische Funktionen
Funktionen mit der Funktionsgleichung **f: $y = ax^2 + bx + c$** heißen **quadratische Funktionen**. (Wegen des quadratischen Terms ax^2 muss dabei $a \neq 0$ gelten.)

Die einfachste Form einer quadratischen Funktion erhält man für $a = 1$, $b = 0$ und $c = 0$.

Die quadratische Funktion f: $y = x^2$

Wertetabelle

x	–5	–4	–3	–2	–1	0	1	2	3	4	5
y	25	16	9	4	1	0	1	4	9	16	25

Graph

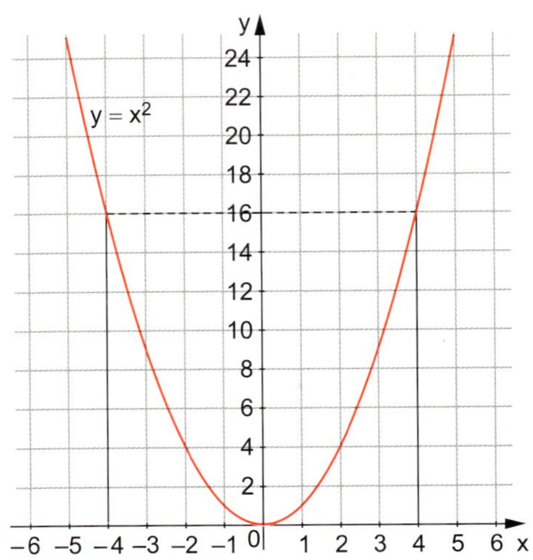

Der Graph der quadratischen Funktion f: $y = x^2$ ist die **Normalparabel**.
Die Normalparabel hat den **Scheitel S(0 | 0)** im Koordinatenursprung und die **y-Achse** als **Symmetrieachse**.

Quadratische Funktionen der Form f: $y = ax^2$

Merke

Quadratische Funktionen der Form f: $y = ax^2$
- Die Funktionswerte der quadratischen Funktion $y = ax^2$ ergeben sich aus den entsprechenden Funktionswerten von $y = x^2$ durch **Multiplikation mit dem Faktor a** (vergleiche Wertetabelle, letzte Spalte).
- Die Graphen der Funktionen $y = ax^2$ sind Parabeln mit dem **Scheitel S(0 | 0)**, die durch **Streckung** ($a > 1$ oder $a < -1$) oder **Stauchung** ($-1 < a < 1$) und ggf. **Spiegelung an der x-Achse** ($a < 0$) aus der Normalparabel entstehen.
- Für positive Werte von a ist die Parabel nach oben, für negative Werte von a nach unten geöffnet.

Beispiele

$a = 0{,}5$ f_1: $y = 0{,}5x^2$
$a = 2$ f_2: $y = 2x^2$
$a = -0{,}5$ f_3: $y = -0{,}5x^2$
$a = -1{,}5$ f_4: $y = -1{,}5x^2$

Wertetabelle

	x	−4	−3	−2	−1	0	1	2	3	4	**a** · f
f	y	16	9	4	1	0	1	4	9	16	**1** · f
f_1	y	8	4,5	2	0,5	0	0,5	2	4,5	8	**0,5** · f
f_2	y	32	18	8	2	0	2	8	18	32	**2** · f
f_3	y	−8	−4,5	−2	−0,5	0	−0,5	−2	−4,5	− 8	**−0,5** · f
f_4	y	−24	−13,5	−6	−1,5	0	−1,5	−6	−13,5	−24	**−1,5** · f

Graphen der Funktionen f_1, f_2, f_3 und f_4

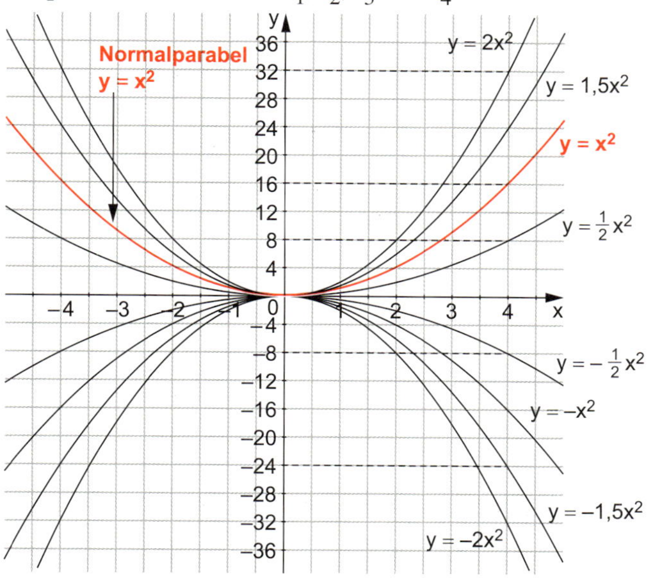

Vergleiche die Funktionswerte von f_1, f_2, f_3 und f_4 mit denen der Funktion f sowie deren Graphen mit dem Graphen von f.

Aufgaben

Grundwissen

79 Bestimme den Faktor a so, dass der Graph der Funktion $y = ax^2$ durch den Punkt
a) P(2|−2) b) Q(−5|12,5) c) A(−2,5|−18,75) d) B(2|−4)
verläuft.

80 Die Graphen der Funktionen $y = ax^2$ sind Parabeln mit dem Scheitel S(0|0). Form und Öffnung der Parabeln hängen jedoch vom Wert des Faktors a ab. Fülle die Tabelle aus.

Faktor	Öffnung	Form der Parabel	Beispiel
$a > 1$			
$a = 1$			
$0 < a < 1$			
$-1 < a < 0$			
$a = -1$			
$a < -1$			

Interaktive Aufgaben

1. Parabel zuordnen
2. Reihenfolge
3. Parabel zeichnen

Anwendungsaufgaben

81 Für den Bremsweg s eines ICE in Abhängigkeit von der Geschwindigkeit v gilt näherungsweise:
$s = 0{,}042 \cdot v^2$ (s in m und v in $\frac{km}{h}$).

a) Erstelle für den Bremsweg s in Abhängigkeit von der Geschwindigkeit v für $0\,\frac{km}{h} \leq v \leq 240\,\frac{km}{h}$ in Schritten von $30\,\frac{km}{h}$ eine Wertetabelle und zeichne den zugehörigen Graphen.

b) Entnimm der grafischen Darstellung die Bremswege für $v_1 = 40\,\frac{km}{h}$ und für $v_2 = 200\,\frac{km}{h}$.

c) Überprüfe dein Ergebnis aus Teilaufgabe b rechnerisch.

82 Die Länge des Bremswegs eines Fahrzeugs kann näherungsweise mit der Faustformel $y = a \cdot x^2$ berechnet werden. Dabei gibt x die Geschwindigkeit des Fahrzeugs in $\frac{km}{h}$ an, y die Länge des Bremswegs in m. Der „Bremsfaktor" a hängt vom Straßenzustand und vom Fahrzeugtyp ab.
Das Diagramm zeigt die Länge y des Bremswegs in Abhängigkeit von der Geschwindigkeit x.

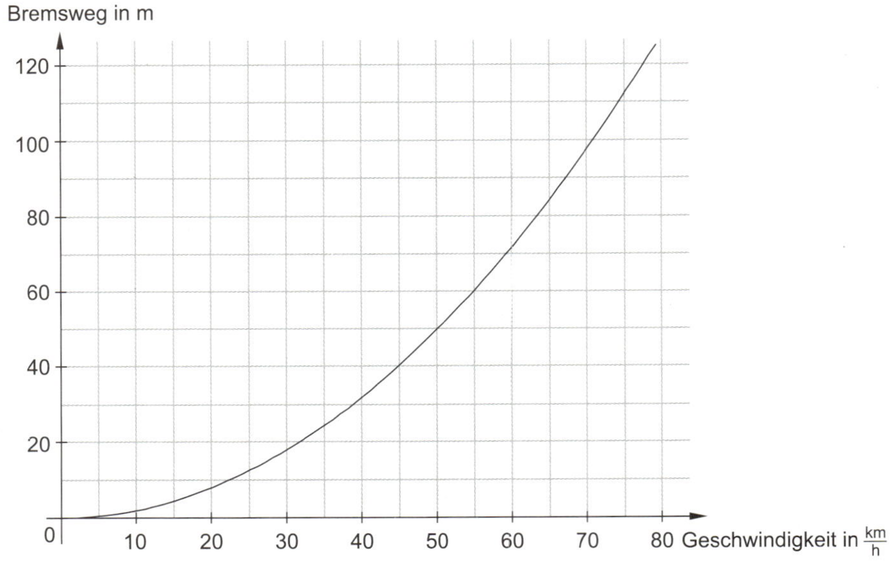

a) Wie lang ist der Bremsweg bei einer Geschwindigkeit von $50\,\frac{km}{h}$?

b) Ein Pkw benötigt einen Bremsweg von 80 m. Gib mithilfe des Graphen die maximale Geschwindigkeit des Pkws vor dem Bremsen an.

c) Erkläre, wie man mithilfe des Graphen den Bremsfaktor a bestimmen kann.

d) Für diese (trockene) Straße und diesen Pkw ist der Faktor $a = 0{,}02$. Berechne die Länge des Bremswegs für Geschwindigkeiten von $30\,\frac{km}{h}$, $80\,\frac{km}{h}$ und $130\,\frac{km}{h}$.

e) Der Faktor a hat für diesen Pkw und für eine nasse Straße einen anderen Wert. Gib einen möglichen Wert für a an und zeichne einen möglichen Bremsgraphen für eine nasse Straße ein. Begründe deine Entscheidung.

f) Für ein anderes Fahrzeug (Lkw) ergibt sich ein neuer Bremsfaktor a. Bei einer Geschwindigkeit von 60 $\frac{km}{h}$ beträgt der Bremsweg nun 100 m.
Berechne den Bremsfaktor a.

g) Stelle für den Lkw den Bremsweg y in Abhängigkeit von der Geschwindigkeit x für den Bereich $0\,\frac{km}{h} \le x \le 80\,\frac{km}{h}$ grafisch dar.

Quadratische Funktionen der Form $f\colon y = ax^2 + n$

Merke

Quadratische Funktionen der Form $f\colon y = ax^2 + n$

- Die Funktionswerte der quadratischen Funktion $y = ax^2 + n$ ergeben sich aus den entsprechenden Funktionswerten von $y = ax^2$ **durch Addition von n**.
- Den Graphen der Funktion $y = ax^2 + n$ erhält man, indem man den Graphen von $y = ax^2$ **längs der y-Achse um n (LE) verschiebt**.
- Die Graphen der Funktionen $y = ax^2 + n$ sind Parabeln mit dem Scheitel **S(0 | n)**.

Beispiele

n = 0 f: $y = \frac{1}{2}x^2$

1. n = **3** f_1: $y = \frac{1}{2}x^2 \mathbf{+ 3}$

2. n = **–2** f_2: $y = \frac{1}{2}x^2 \mathbf{- 2}$

Wertetabelle

	x	–3	–2	–1	0	1	2	3	4
f	y	4,5	2	0,5	0	0,5	2	4,5	8
f_1	y	7,5	5	3,5	3	3,5	5	7,5	11
	y	4,5 **+ 3**	2 **+ 3**	0,5 **+ 3**	0 **+ 3**	0,5 **+ 3**	2 **+ 3**	4,5 **+ 3**	8 **+ 3**
f_2	y	2,5	0	–1,5	–2	–1,5	0	2,5	6
	y	4,5 **– 2**	2 **– 2**	0,5 **– 2**	0 **– 2**	0,5 **– 2**	2 **– 2**	4,5 **– 2**	8 **– 2**

Graphen der Funktionen f_1 und f_2:

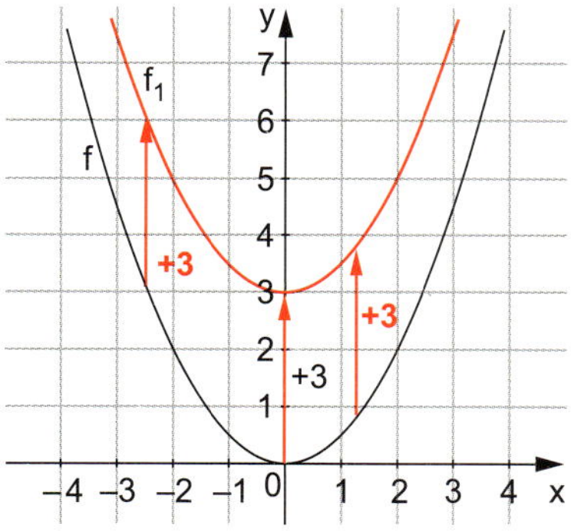

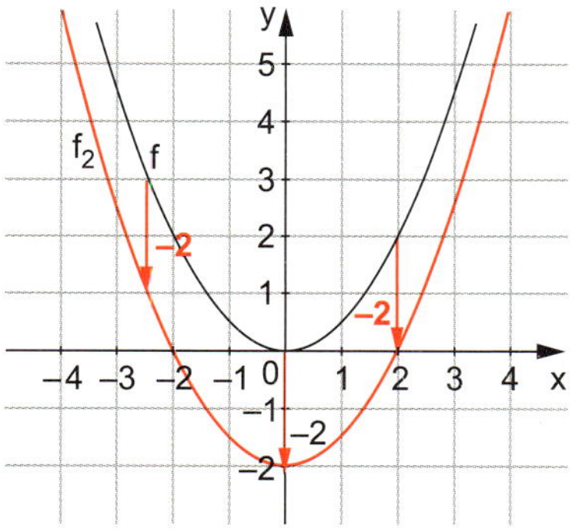

Vergleiche die Funktionswerte von f_1 und f_2 mit denen der Funktion f sowie deren Graphen mit dem Graphen von f.

Aufgaben

Grundwissen

83 Erstelle jeweils für die Funktion f: $y = ax^2 + n$ eine Wertetabelle und zeichne den zugehörigen Graphen. ($-5 \leq x \leq 5$ und $\Delta x = 1$)

a) $a = \frac{3}{4}$ $n = -3$ b) $a = -\frac{1}{2}$ $n = 5$ c) $a = 2$ $n = -3$

84 Bestimme die Parameter a und n der quadratischen Funktion f: $y = ax^2 + n$ so, dass der Graph von f durch die Punkte P(3 | 12) und Q(−2 | −3) verläuft.

85 Die vier Bilder zeigen Graphen von Funktionen der Form $y = ax^2 + n$.
Bestimme jeweils die Koeffizienten a und n und gib die Funktionsgleichung an.

a)
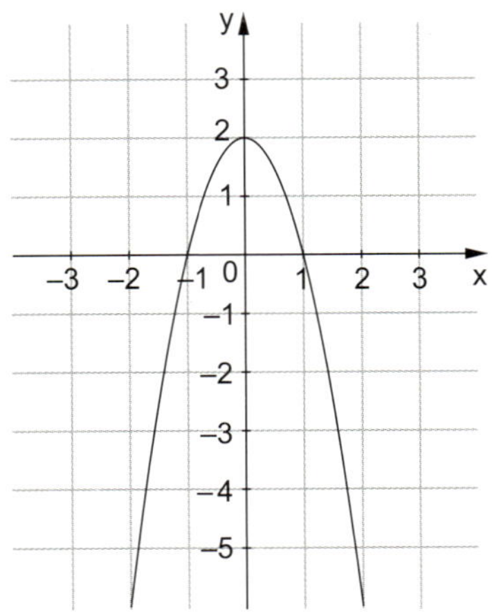

b)
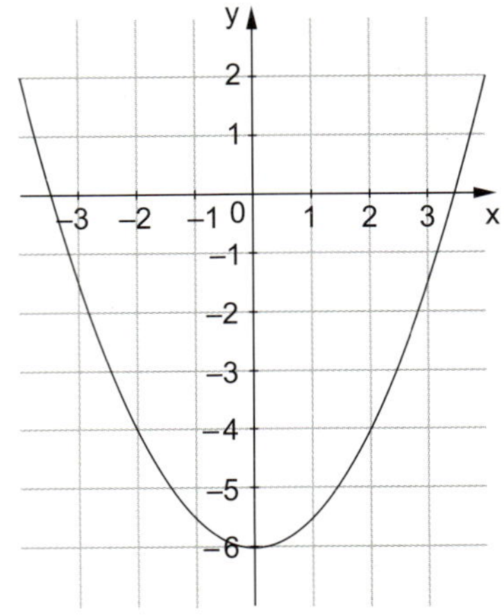

c)
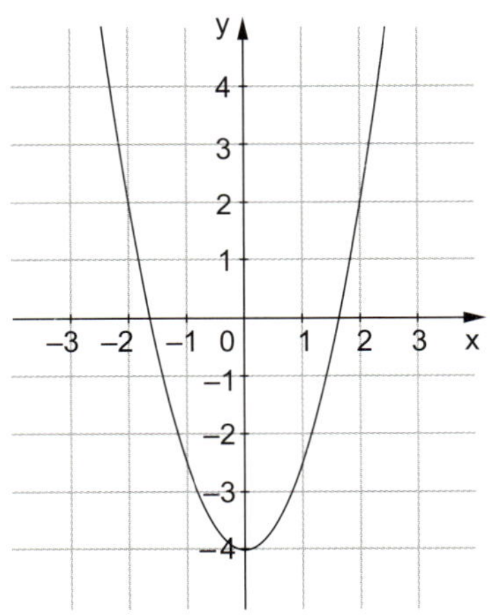

d)
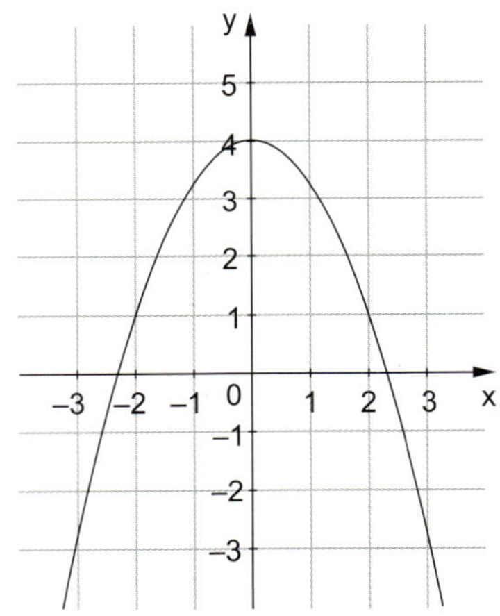

Interaktive Aufgaben

- 4. Parabel zuordnen
- 5. Vogel
- 6. Parabel zeichnen

Quadratische Funktionen der Form f: $y = a(x-m)^2$

Merke

> **Quadratische Funktionen der Form f: $y = a(x-m)^2$**
> - Den Graphen der Funktion $y=a(x-m)^2$ erhält man, indem man den Graphen von $y=ax^2$ **längs der x-Achse um m (LE) verschiebt**.
> - Die Graphen der Funktionen $y=a(x-m)^2$ sind Parabeln mit dem Scheitel **S(m | 0)**

Beispiele

f: $y=\frac{1}{2}x^2$

1. m = 3 f_1: $y=\frac{1}{2}(x-3)^2$

	x	−5	−4	−3	−2	−1	0	1	2	3	4	5
f(x)	y	12,5	8	4,5	2	0,5	0	0,5	2	4,5	8	12,5
$f_1(x)$	y	32	24,5	18	12,5	8	4,5	2	0,5	0	0,5	2

Wir erkennen, dass $f(-5)=12{,}5=f_1(-2)=f_1(-5+3)$ oder $f_1(-2)=12{,}5=f(-2-3)=f(-5)$
$f(0)=0=f_1(3)=f_1(0+3)$ oder $f_1(3)=0=f(3-3)=f(0)$

Allgemein ist: $f(x)=f_1(x+3)$ $f_1(x)=f(x-3)$

2. m = −2 f_2: $y=\frac{1}{2}(x+2)^2$

	x	−5	−4	−3	−2	−1	0	1	2	3	4	5
f(x)	y	12,5	8	4,5	2	0,5	0	0,5	2	4,5	8	12,5
$f_2(x)$	y	4,5	2	0,5	0	0,5	2	4,5	8	12,5	18	24,5

Wir erkennen, dass $f(-2)=2=f_2(-4)=f_2(-2-2)$ oder $f_2(-4)=2=f(-4+2)=f(-2)$
$f(4)=8=f_2(2)=f_2(4-2)$ oder $f_2(2)=8=f(2+2)=f(4)$

Allgemein ist: $f(x)=f_2(x-2)$ $f_2(x)=f(x+2)$

Graphen der Funktionen f_1 und f_2:

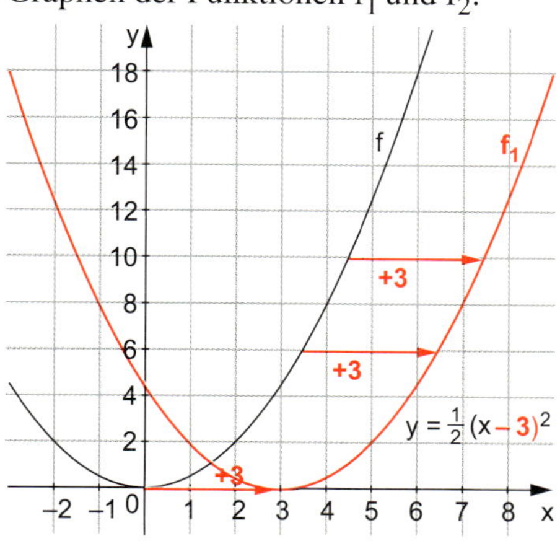

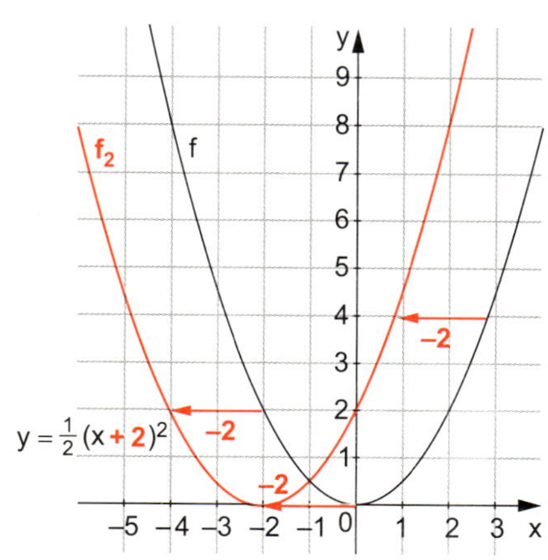

Vergleiche die zu gleichen y-Werten (Ordinaten) von f_1 und f sowie von f_2 und f gehörigen x-Werte (Abszissen).
Vergleiche die Graphen von f_1 und f_2 mit dem von f.

Aufgaben

Grundwissen

86 Erstelle jeweils für die Funktion f: $y = a(x-m)^2$ eine Wertetabelle und zeichne den zugehörigen Graphen.
($-5 \leq x \leq 5$ und $\Delta x = 1$)

a) $a = -\frac{1}{2}$ $m = -1$ b) $a = \frac{3}{2}$ $m = 2$ c) $a = -2$ $m = \frac{3}{2}$

87 Die Parabel p mit der Gleichung $y = a \cdot (x-m)^2$ hat die Gerade g: $x = 4$ (Parallele zur y-Achse im Abstand von 4 LE) als Symmetrieachse und verläuft durch den Punkt $P(6|-6)$. Gib den Scheitel und die Funktionsgleichung von p an.

88 Bestimme die Parameter a und m der beiden Parabeln p: $y = a \cdot (x-m)^2$.
Gib jeweils die Funktionsgleichung an.

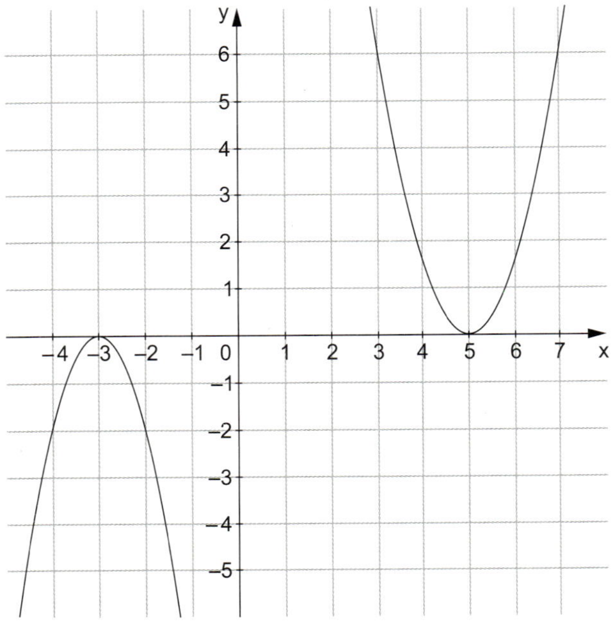

Interaktive Aufgaben

- 7. Parabel zuordnen
- 8. Parabel zeichnen

Quadratische Funktionen der Form f: $y = a(x - m)^2 + n$

Merke

Quadratische Funktionen der Form f: $y = a(x - m)^2 + n$

- Den Graphen der Funktion $y = a \cdot (x - m)^2 + n$ erhält man, indem man den Graphen von $y = ax^2$ **längs der x-Achse um m (LE) und längs der y-Achse um n (LE)** verschiebt.
- Die Form $\mathbf{y = a \cdot (x - m)^2 + n}$ heißt Scheitelform, weil man daraus die Koordinaten des Parabelscheitels direkt ablesen kann:

$$y = a \cdot (x - \mathbf{m})^2 + \mathbf{n} \quad \rightarrow \quad S(\mathbf{m} \mid \mathbf{n}) \quad \text{Scheitel der Parabel}$$

Beispiele

a = 2; m = 0; n = 0; f: $y = 2 \cdot x^2$

a = 2; m = 6; n = 4; f_1: $y = 2 \cdot (x - 6)^2 + 4$

a = 2; m = −3; n = −2; f_2: $y = 2 \cdot (x + 3)^2 - 2$

	x	−5	−4	−3	−2	−1	0	1	2	3	4	5	6	7	8	9
f	y			18	8	2	0	2	8	18	32	50				
f_1	y						76	54	36	22	12	6	4	6	12	22
f_2	y	6	0	−2	0	6	16	30	48							

Graphen der Funktionen f_1 und f_2:

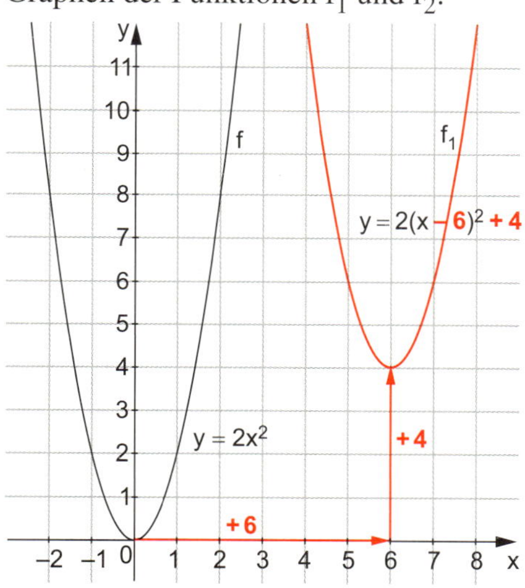

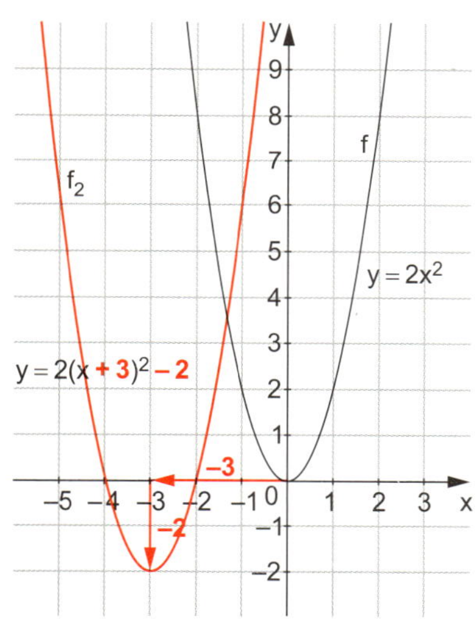

Multipliziert man das Binom in der Scheitelform aus und fasst zusammen, so erhält man die **allgemeine Form $y = ax^2 + bx + c$** der quadratischen Funktion.

$y = 2 \cdot (x - 6)^2 + 4 \rightarrow S(6 \mid 4)$

$y = 2 \cdot (x - 6)^2 + 4$

$y = 2 \cdot (x^2 - 12x + 36) + 4$

$y = 2x^2 - 24x + 76$

$y = 2 \cdot (x + 3)^2 - 2 \rightarrow S(-3 \mid -2)$

$y = 2 \cdot (x + 3)^2 - 2$

$y = 2 \cdot (x^2 + 6x + 9) - 2$

$y = 2x^2 + 12x + 16$

Umgekehrt kann man jede quadratische Funktion, die in allgemeiner Form gegeben ist, durch die Methode der quadratischen Ergänzung in die Scheitelform überführen.

Methode der quadratischen Ergänzung:

Beispiele

1. $y = \frac{1}{2}x^2 - 4x + 11$ (Allgemeine Form)

$y = \frac{1}{2} \cdot [x^2 - 8x \quad + 22]$

$y = \frac{1}{2} \cdot \left[x^2 - 8x + \left(\frac{8}{2}\right)^2 + 22 - \left(\frac{8}{2}\right)^2\right]$

$y = \frac{1}{2} \cdot [\underbrace{x^2 - 8x + 16}_{\text{Binom}} \quad + 22 - 16]$

$y = \frac{1}{2} \cdot [\overbrace{(x-4)^2} \quad + 6]$

$y = \frac{1}{2} \cdot (x-4)^2 + 3$ (Scheitelform)

Scheitel: $S(4|3)$

2. $y = -2x^2 - 20x - 58$ (Allgemeine Form)

$y = -2 \cdot [x^2 + 10x + 29]$

$y = -2 \cdot [\underbrace{x^2 + 10x + (5)^2} + 29 - (5)^2]$

$y = -2 \cdot [\quad (x+5)^2 \quad + 4]$

$y = -2 \cdot (x+5)^2 - 8$ (Scheitelform)

Scheitel: $S(-5|-8)$ (Scheitel)

Merke

Der Scheitel einer allgemeinen quadratischen Funktion

Quadratische Funktion: $y = ax^2 + bx + c$

Scheitelkoordinaten: $x_{Scheitel} = -\frac{b}{2a}$ $\quad y_{Scheitel} = c - \frac{b^2}{4a}$

Wichtiger Hinweis:

Quadratische Funktionen treten in zwei Erscheinungsformen auf:

- in der Scheitelform $y = a(x-m)^2 + n$
- in der allgemeinen Form $y = ax^2 + bx + c$

Beide Erscheinungsformen haben ihre Vorteile: An der Scheitelform der quadratischen Funktion kann man direkt den Scheitelpunkt ablesen. Das ist z. B. für Extremwertaufgaben wichtig. An der allgemeinen Form kann man direkt den Schnittpunkt mit der y-Achse ablesen. $S_y(0|c)$.

Aufgaben

Grundwissen

89 Bringe die Funktionsgleichung auf die Scheitelform und gib den Scheitel S an. Erstelle eine Wertetabelle für $x_S - 3 \leq x \leq x_S + 3$ und zeichne die Parabel in ein Koordinatensystem.

a) f_1: $y = 2x^2 - 8x + 8$ b) f_2: $y = -\frac{1}{2}x^2 + x - 1$

90 Die Punkte $P_1(2|-3)$ und $P_2(6|5)$ liegen auf dem Graphen einer verschobenen Normalparabel mit der Gleichung f: $y = x^2 + px + q$. Bestimme die Koeffizienten p und q der Funktionsgleichung sowie den Scheitel der Parabel.

91 Bringe die gegebene allgemeine Form auf die Scheitelform und gib den Scheitel S sowie die Symmetrieachse an. Gib die Definitions- und die Wertemenge der gegebenen quadratischen Funktion an.
Wie geht die zugehörige Parabel aus der Normalparabel $y = x^2$ hervor?

a) f_1: $y = \frac{3}{4}x^2 + 6x + 11{,}5$ b) f_2: $y = -3x^2 + 12x - 14$

92 Die Wertetabelle für eine Funktion des Typs $y = ax^2 + px + q$ ist hier mithilfe der Kopierfunktion generiert worden. Welche Formel steckt somit hinter dem Zahlenwert $y = 63{,}00$ in der Zelle B24? Entscheide, welche der folgenden Formeln richtig ist.

I **=E1*A24*A24+E2*A24+E3**

II **=$E$1*A24*A24+$E$2*A24+$E$3**

III **=$E$1*A24*A24+$E$2*A24+E3**

Begründe, warum die beiden anderen Formeln nicht durch die Kopierfunktion entstanden sind.

	A	B	C	D	E	F	G	H
1				Parameter a =	2			
2	Wertetabelle			Parameter p =	2			
3	x	y		Parameter q =	3			
4	-5,00	43,00						
5	-4,50	34,50						
6	-4,00	27,00						
7	-3,50	20,50						
8	-3,00	15,00						
9	-2,50	10,50						
10	-2,00	7,00						
11	-1,50	4,50						
12	-1,00	3,00						
13	-0,50	2,50						
14	0,00	3,00						
15	0,50	4,50						
16	1,00	7,00						
17	1,50	10,50						
18	2,00	15,00						
19	2,50	20,50						
20	3,00	27,00						
21	3,50	34,50						
22	4,00	43,00						
23	4,50	52,50						
24	5,00	63,00						

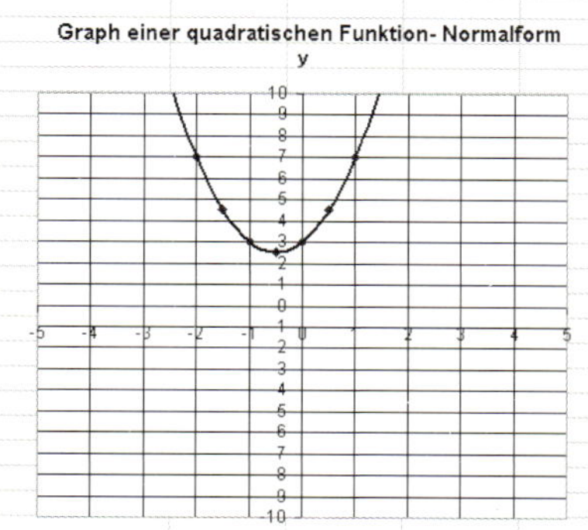

93 Bringe die Funktionsgleichung von der Scheitelform in die allgemeine Form.

a) f_1: $y = (x-5)^2 + 3$ b) f_2: $y = \frac{1}{2}(x+2)^2 - 12$ c) f_3: $y = -4(x-1)^2 + 12$

Interaktive Aufgaben

- 9. Parabel zuordnen
- 10. Parabel zeichnen
- 11. Scheitel bestimmen

3.2 Extremwertaufgaben

Die Frage nach dem größten Gewinn, der kürzesten Entfernung, dem geringsten Materialaufwand oder der größten Fläche sind Beispiele, bei denen eine bestimmte Größe in Abhängigkeit von einer Einflussgröße einen Extremwert (Maximum oder Minimum) annehmen soll.
Kann diese Abhängigkeit durch eine quadratische Funktion beschrieben werden, so ist die Lösung des Problems relativ einfach. Der Extremwert ergibt sich dann aus den Scheitelkoordinaten des zugehörigen Graphen (Parabel).

Merke

Verfahren zur Bestimmung des Extremwerts

1. Stelle die **Funktionsgleichung** auf, durch die das Problem beschrieben wird:
   $\mathbf{y = ax^2 + bx + c}$ $(a \neq 0)$
   Dabei ist y die Größe, die in Abhängigkeit von x einen Extremwert annimmt.
2. a) Zeichne den der Funktionsgleichung entsprechenden Graphen (Parabel).
   b) Bringe die Funktionsgleichung durch quadratische Ergänzung auf die **Scheitelform**.
3. Die Koordinaten des Parabelscheitels $S(x_S \mid y_S)$ liefern den **Extremwert**:
   Für $x = x_S$ wird der Extremwert $y = y_S$ angenommen.
   Parabel nach unten geöffnet: Der Extremwert ist ein **Maximum**.
   Parabel nach oben geöffnet: Der Extremwert ist ein **Minimum**.

Beispiele

1. Ein Unternehmen verkauft ein Produkt an seine 1 000 Kunden mit einem Gewinn von 60 € pro Kunde. Marktuntersuchungen liefern das Ergebnis, dass **50 · x** neue Kunden hinzugewonnen werden, wenn der Gewinn pro Kunde um x € verringert wird.

   Analyse des Problems:

Gewinn pro Kunde in €	Anzahl Kunden	Gesamtgewinn G in €
60	1 000	60 000
$(60-5)$	$1\,000 + 50 \cdot 5$	68 750
$(60-10)$	$1\,000 + 50 \cdot 10$	75 000
$(60-40)$	$1\,000 + 50 \cdot 40$	60 000
$(60-x)$	$1\,000 + 50 \cdot x$	$(60-x) \cdot (1\,000 + 50 \cdot x)$

   Der Gesamtgewinn G ist von der Gewinnsenkung x pro Kunde abhängig.
   Er steigt mit zunehmendem x zunächst, um dann wieder abzunehmen.
   Für das Unternehmen stellt sich die Frage, wie weit der Gewinn pro Kunde gesenkt werden muss, damit der Gesamtgewinn maximal wird.

   Lösung:

   Gesamtgewinn: $G = (60-x) \cdot (1\,000 + 50 \cdot x)$
   $G = 60\,000 + 3\,000x - 1\,000x - 50x^2$ Ausmultiplizieren
   $G = -50x^2 + 2\,000x + 60\,000$ Zusammenfassen
   $G = -50 \cdot [x^2 - 40x - 1\,200]$ Ausklammern
   $G = -50 \cdot [x^2 - 40x + 400 - 1\,200 - 400]$ Quadratische Ergänzung
   $G = -50 \cdot [(x-20)^2 - 1\,600]$
   $G = -50 \cdot (x-20)^2 + 80\,000$ Gewinnfunktion
   Scheitelkoordinaten: $S(20 \mid 80\,000)$

Der zur Gewinnfunktion G gehörige Graph ist eine nach unten geöffnete Parabel mit dem Scheitel S(20 | 80 000).
Auch aus der grafischen Darstellung lassen sich der maximale Gesamtgewinn G sowie die zugehörige Gewinnreduzierung x ablesen.
Für eine Gewinnreduzierung von x = 20 € ergibt sich für das Unternehmen der größtmögliche Gesamtgewinn G = 80 000 €.

Graph

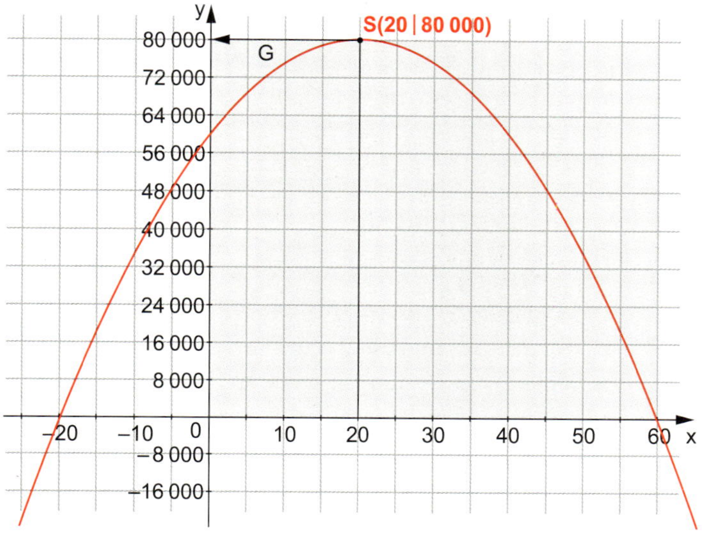

Analyse der Lösung:

- Der grafischen Darstellung kann man entnehmen, dass für $x = -20$ und $x = 60$ der Gesamtgewinn 0 € beträgt. Im ersten Fall ist die Kundenzahl, im zweiten Fall der Gewinn pro Kunde jeweils null.
- Für $x < -20$ und $x > 60$ wird der Gesamtgewinn G negativ (Verlust).
- Geht man davon aus, dass es für das Unternehmen nur dann wirtschaftlich sinnvoll ist, wenn es mit Gewinn produziert, so kommen nur Gewinnreduzierungen x mit $-20 < x < 60$ infrage.
- Beachtet man ferner noch die Absicht des Unternehmens, mit einer Gewinnreduzierung neue Kunden zu gewinnen, so kommen Werte für x mit $x < 0$ ebenfalls nicht infrage, denn $x < 0$ würde ja eine Erhöhung des Gewinns pro Kunde bedeuten.
- Sinnvolle Werte für x und G sind demnach: $0 < x < 60 \;\wedge\; 0 < G \leq 80\,000$
- Für $0 < x < 20$ steigt der Gesamtgewinn G mit zunehmender Gewinnreduzierung x bis zum Maximalwert von 80 000 €. Für $20 < x < 60$ nimmt der Gesamtgewinn G mit zunehmendem x wieder ab.

2. Auf einer Wiese soll an eine geradlinig verlaufende Felswand angrenzend ein rechteckiges Spielgelände eingezäunt werden. Für die drei Seiten stehen insgesamt 400 m Zaunmaterial zur Verfügung. Wie sind die Seitenlängen des Spielgeländes zu wählen, damit dessen Fläche möglichst groß (maximal) wird?

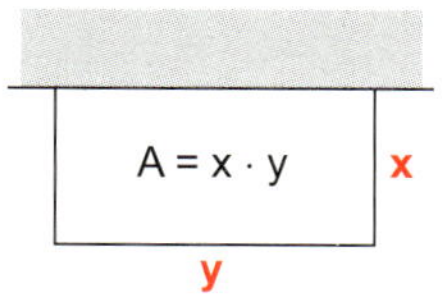

Lösung:

Fläche des Spielgeländes: $A = x \cdot y$

Die Fläche A hängt von zwei Variablen, den Seiten des Rechtecks x und y, ab.

Durch die Nebenbedingung, dass die Längen der drei Seiten zusammen 400 m ergeben sollen, können wir eine der beiden Variablen durch die zweite ausdrücken:

$\ell = 2x + y$

$y = \ell - 2x$

$y = 400\text{ m} - 2x$

Damit erhalten wir für die Fläche A in Abhängigkeit von x:

$A(x) = x \cdot (400 - 2x)$ Quadratische Funktion

$A(x) = -2x^2 + 400x$

$A(x) = -2 \cdot (x^2 - 200x)$

$A(x) = -2 \cdot [x^2 - 200x + 100^2 - 100^2]$ Quadratische Ergänzung

$A(x) = -2 \cdot [(x - 100)^2 - 10\,000]$

$A(x) = -2 \cdot (x - 100)^2 + 20\,000$ Scheitelform

Scheitel $S(100\,|\,20\,000)$

Für $x = 100$ m und damit $y = 200$ m erhält man das Rechteck mit der größten Fläche $A = 20\,000\text{ m}^2$.

Da Rechtecke mit negativem Flächeninhalt A nicht infrage kommen, gelten für die

Seitenlänge x: $0\text{ m} \le x \le 200\text{ m}$

Seitenlänge y: $0\text{ m} \le y \le 400\text{ m}$

Flächeninhalt A: $0\text{ m}^2 \le A \le 20\,000\text{ m}^2$

Für $x = 0$ m ($y = 400$ m) und $x = 200$ m ($y = 0$ m) ergeben sich so genannte entartete Rechtecke mit dem Flächeninhalt 0 m^2.

Graph

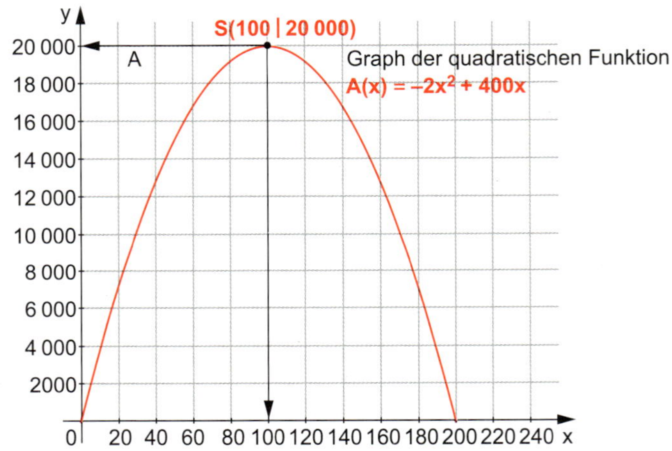

3. Unter allen Rechtecken mit gleichem Umfang (z. B. $u = 36$ LE) hat das Quadrat den größten Flächeninhalt.

Lösung:

Umfang der Rechtecke:

$u = 2x + 2y$

$2y = u - 2x$

$y = \frac{1}{2}u - x$

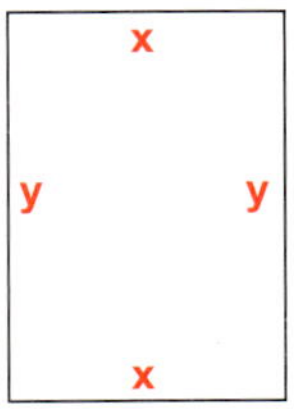

Flächeninhalt der Rechtecke:

$A = x \cdot y$

$A(x) = x \cdot \left(\frac{1}{2}u - x\right)$

$A(x) = -x^2 + \frac{u}{2} \cdot x$

Grafische Lösung:

Für $u = 36$ LE erhält man: $A(x) = -x^2 + 18x$

Der Flächeninhalt $A(x)$ in Abhängigkeit von x ist eine quadratische Funktion, deren Graph eine nach unten geöffnete Normalparabel ist.

Den Koordinaten des Scheitels kann man entnehmen:

Für $x = 9$ LE erhält man den größten Flächeninhalt $A_{max} = 81$ FE.

$y = \frac{1}{2}u - x \Rightarrow y = 18\text{ LE} - 9\text{ LE} = 9\text{ LE}$

Da $x = y$, ist das Rechteck mit dem größtem Flächeninhalt ein Quadrat.

Graph

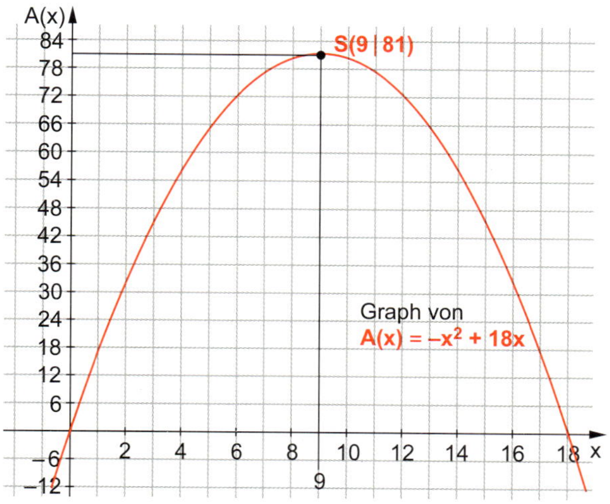

Rechnerische Lösung:

Für $u = 36$ LE erhält man:

$A(x) = -x^2 + 18x$

$A(x) = -[x^2 - 18x + 9^2 - 9^2]$ Quadratische Ergänzung

$A(x) = -[(x-9)^2 - 81]$

$A(x) = -(x-9)^2 + 81$ Scheitelform

Der Scheitel $S(9\,|\,81)$ gibt an, bei welcher Seitenlänge x (hier $x = 9$) das Rechteck den größten Flächeninhalt hat (hier $A = 81$).

Aus $x = 9$ und $A = 81 = x \cdot y$ folgt dann auch $y = 9$.

Das Rechteck mit einem Umfang von $u = 36$ LE und dem größtmöglichen Flächeninhalt ist ein Quadrat mit der Seitenlänge 9 LE und dem Flächeninhalt $A_{max} = 81$ FE.

Ergänzung: Die Rechnung lässt sich auch allgemein durchführen:

$A(x) = -x^2 + \frac{u}{2} \cdot x$

$A(x) = -\left[x^2 - \frac{u}{2} \cdot x + \frac{u^2}{16} - \frac{u^2}{16}\right]$ Quadratische Ergänzung

$A(x) = -\left(x - \frac{u}{4}\right)^2 + \frac{u^2}{16}$ Scheitelform

Der Graph der Flächeninhaltsfunktion ist eine nach unten geöffnete Normalparabel mit dem Scheitel $S\left(\frac{u}{4}\,\middle|\,\frac{u^2}{16}\right)$. Rechteck mit maximalem Flächeninhalt $A = \frac{u^2}{16}$ FE:

$x = \frac{u}{4}$ LE und $y = \frac{1}{2}u - x$

$\Rightarrow \quad y = \frac{1}{2}u - \frac{u}{4} = \frac{u}{4}$ LE

Da $\mathbf{x = y}$, ist das Rechteck mit dem größten Flächeninhalt ein Quadrat.

Aufgaben

Grundwissen

94 Welche Art von Extremum (Minimum oder Maximum) weisen die folgenden quadratischen Funktionen auf? Begründe deine Aussage.
Bestimme jeweils grafisch und rechnerisch das Extremum.

a) $y = -2x^2 + 8x - 2$ b) $y = \frac{1}{2}x^2 - 6x + 14$ c) $y = -\frac{1}{3}x^2 - 2$

95 Ein Punkt $C(x\,|\,y)$ bewegt sich auf der Parabel p: $y = x^2 - 8x + 22$.
Durch die Punkte $A(-2\,|\,-2)$, $B(8\,|\,-2)$ und C werden Dreiecke ABC bestimmt.

a) Bestimme den Flächeninhalt A(x) der Dreiecke ABC in Abhängigkeit von der Abszisse (x-Koordinate) des Punktes C.
b) Bestimme die Koordinaten des Punktes C sowie den Flächeninhalt des Dreiecks ABC mit dem kleinsten Flächeninhalt.

Interaktive Aufgabe

1. Extremwert

Anwendungsaufgaben

96 Beim idealen Kugelstoß mit einem optimalen Abwurfwinkel von 45° lässt sich die Flugkurve der Kugel angenähert durch eine quadratische Funktion mit der Gleichung $y = -\frac{g}{v_0^2} \cdot x^2 + x + h$ beschreiben.

Dabei bedeuten
g: Erdbeschleunigung $\left(10\,\frac{m}{s^2}\right)$
v_0: Anfangsgeschwindigkeit, mit der die Kugel die Hand des Athleten verlässt
h: Abwurfhöhe, in der die Kugel die Hand verlässt

Bestimme für $v_0 = 13{,}5\,\frac{m}{s}$ und $h = 2{,}20$ m grafisch und rechnerisch den höchsten Punkt (y_{max}) der Flugkurve sowie die Stoßweite x.

97 Eine Schulklasse will ein Theaterstück aufführen. Bei einem Besuch von x zahlenden Zuschauern erzielt die Schule einen Gewinn in Höhe von y Euro.
Ein Theatermanager berät die Schule im Vorfeld und erklärt, dass sich der Gewinn mit einer quadratischen Funktion ziemlich gut vorhersagen lässt. Gewinn bedeutet hier, dass alle entstandenen Kosten (Reinigung der Aula, Personal, Werbung, …) bereits abgezogen wurden.
Die Funktion lautet: $y = -0{,}01x^2 + 6x - 250$

a) Berechne den Gewinn für verschiedene Besucherzahlen und zeichne den Graphen in ein Koordinatensystem.
b) Bei welcher Besucherzahl x erzielt die Theatergruppe den höchsten Gewinn?
c) Wie kann man erklären, dass der Gewinn bei höheren Besucherzahlen wieder abnimmt?

Interaktive Aufgabe

2. T-Shirt-Kanone

3.3 Quadratische Gleichungen

Quadratische Gleichungen
Gleichungen der Form $\mathbf{ax^2 + bx + c = 0}$ $(a \neq 0)$ heißen **quadratische Gleichungen**.

Reinquadratische Gleichungen mit $b = 0$

Reinquadratische Gleichungen
Quadratische Gleichungen mit $b = 0$ und der Form $\mathbf{ax^2 + c = 0}$ heißen **reinquadratische Gleichungen**.

Beispiele

für reinquadratische Gleichungen

1. $\frac{1}{2}x^2 - 2 = 0$ 2. $3x^2 + 21 = 0$ 3. $(x+4)^2 - 2x = 6x + 16$

Lösung:

1. $\frac{1}{2}x^2 - 2 = 0 \quad |+2$ — Reinquadratische Gleichung
$\frac{1}{2}x^2 = 2 \quad |\cdot 2$ — Äquivalente Umformung
$x^2 = 4$ — Äquivalente Umformung
$x_1 = +\sqrt{4};\; x_2 = -\sqrt{4}$ — Es gibt 2 verschiedene Werte für x, die die Gleichung erfüllen.
$x_1 = +2;\; x_2 = -2$
$\mathbb{L} = \{-2; +2\}$ — Lösungsmenge

2. $3x^2 + 21 = 0 \quad |:3 \; |-7$ — Reinquadratische Gleichung
$x^2 = -7$ — Äquivalente Umformung
$\mathbb{L} = \varnothing$ oder $\mathbb{L} = \{\}$ — Keine Lösung, weil es keinen reellen Wert für x gibt, der die Gleichung erfüllt.

3. $(x+4)^2 - 2x = 6x + 16$ — Klammer auflösen
$x^2 + 8x + 16 - 2x = 6x + 16 \quad |-6x - 16$ — Zusammenfassen und äquivalente Umformungen
$x^2 = 0$
$x = 0$ — Es gibt nur eine Lösung.
$\mathbb{L} = \{0\}$ — Nur $x = 0$ erfüllt die gegebene Gleichung.

Aufgabe 98

Grundwissen

Löse die Gleichungen $(\mathbb{G} = \mathbb{R})$. Gib zunächst die Definitionsmenge an.

a) $2x^2 - 98 = 0$

b) $3x^2 - \frac{108}{169} = 0$

c) $(x-2)^2 + 12x = -3x^2 + (x+4)^2$

d) $5x^2 + 45 = 0$

Interaktive Aufgabe

1. Gleichung lösen

Quadratische Gleichungen mit $b \neq 0$

Merke

Allgemeine quadratische Gleichungen
Quadratische Gleichungen mit $b \neq 0$ und der Form $\mathbf{ax^2 + bx + c = 0}$ heißen **gemischtquadratische Gleichungen** oder **allgemeine quadratische Gleichungen.**

Beispiele

für gemischtquadratische Gleichungen

1. $x^2 + 2x + 3 = 0$ mit $a = 1;\ b = 2;\ c = 3$
2. $3x^2 - x - 9 = 0$ mit $a = 3;\ b = -1;\ c = -9$
3. $-\frac{3}{2}x^2 + 8x = 10$ mit $a = -\frac{3}{2};\ b = 8;\ c = -10$

Um die Lösungen einer allgemeinen quadratischen Gleichung zu bestimmen, bringen wir die Gleichung durch Division mit dem Koeffizienten des quadratischen Gliedes auf die Form $x^2 + px + q = 0$. (Da $a \neq 0$, ist dies immer möglich.)

$$a \cdot x^2 + b \cdot x + c = 0 \xrightarrow[\text{durch a}]{\text{Division}} x^2 + \frac{b}{a}x + \frac{c}{a} = 0$$

Mit $p = \frac{b}{a}$ und $q = \frac{c}{a}$ erhält man: $\mathbf{x^2 + p \cdot x + q = 0}$

Merke

Lösung der allgemeinen quadratischen Gleichung $\mathbf{x^2 + p \cdot x + q = 0}$

$$\mathbf{x_{1/2} = -\frac{p}{2} \pm \sqrt{\left(\frac{p}{2}\right)^2 - q}}$$

Der Ausdruck $\mathbf{D = \left(\frac{p}{2}\right)^2 - q}$ heißt **Diskriminante**. Der Wert von D entscheidet, ob die quadratische Gleichung zwei, eine oder keine reelle Lösung hat.

D > 0: 2 verschiedene Lösungen x_1 und x_2
D = 0: 1 Lösung (zwei zusammenfallende Lösungen $x_1 = x_2 = -\frac{p}{2}$)
D < 0: keine Lösung

Beispiele

Gib jeweils die Lösungsmenge der quadratischen Gleichungen an:

1. $x^2 + 2x - 8 = 0$ allgemeine quadratische Gleichung mit $p = 2;\ q = -8$

$x_{1/2} = \left(-\frac{2}{2}\right) \pm \sqrt{1^2 - (-8)}$

$x_{1/2} = -1 \pm \sqrt{9}$

$x_1 = -1 + 3;\ x_2 = -1 - 3$

$x_1 = 2;\ x_2 = -4$

$\mathbb{L} = \{2; -4\}$

2. $9x^2 - 19x - 10 = 2 \cdot (x^2 + 4x + 4) + x \cdot (x - 15)$ — Klammern auflösen

$9x^2 - 19x - 10 = 2x^2 + 8x + 8 + x^2 - 15x \quad | -3x^2 + 7x - 8$ — Zusammenfassen und Äquivalenzumformungen

$6x^2 - 12x - 18 = 0 \quad |:6$

$x^2 - 2x - 3 = 0$ — Quadratische Gleichung mit $p = -2$ und $q = -3$

Diskriminante:

$D=\left(\frac{p}{2}\right)^2-q$ Werte für p, q einsetzen

$D=(-1)^2-(-3)$

$D=4$

$D>0$: Die Gleichung hat 2 Lösungen x_1 und x_2.

Lösungen:

$x_{1/2}=-\left(\frac{-2}{2}\right)\pm\sqrt{4}$ Werte für p und D einsetzen

$x_{1/2}=1\pm 2$

$x_1=3;\ x_2=-1$

$\mathbb{L}=\{-1;3\}$

3. $-\frac{1}{3}x^2-2x-3=0 \quad |\cdot(-3)$ Äquivalenzumformungen

$x^2+6x+9=0$ Quadratische Gleichung mit $p=6; q=9$

$D=\left(\frac{6}{2}\right)^2-9$ Werte für p und q einsetzen

$D=0$: Die Gleichung hat genau eine Lösung x.

Lösung:

$x=-\frac{6}{2}\pm\sqrt{9-9}$ Werte für p und D einsetzen

$x=-3$

$\mathbb{L}=\{-3\}$

4. $3x^2-6x+5=0 \quad |:3$

$x^2-2x+\frac{5}{3}=0$ Quadratische Gleichung mit $p=-2;\ q=\frac{5}{3}$

$D=\left(\frac{p}{2}\right)^2-q$

$D=1-\frac{5}{3}$

$D=-\frac{2}{3}$

$D<0$: Die Gleichung hat keine Lösung.

$\mathbb{L}=\varnothing$ oder $\mathbb{L}=\{\}$

5. $x^2-5x-24=0 \quad |+24$ Äquivalenzumformung

$x^2-5x=24 \quad \left|+\left(\frac{5}{2}\right)^2\right.$ quadratische Ergänzung

$x^2-5x+\left(\frac{5}{2}\right)^2=24+\left(\frac{5}{2}\right)^2$

$\left(x-\frac{5}{2}\right)^2=\frac{94}{4}+\frac{25}{4} \quad |\sqrt{\ }$

$$\left(x_{1/2}-\frac{5}{2}\right)=\pm\sqrt{\frac{121}{4}} \qquad \left|+\frac{5}{2}\right.$$ 2. binomische Formel

$$x_{1/2}=\frac{5}{2}\pm\frac{11}{2}$$ Wurzel ziehen

$$x_1=\frac{5}{2}+\frac{11}{2}=8$$

$$x_2=\frac{5}{2}-\frac{11}{2}=-3$$

$\mathbb{L}=\{-3;\,8\}$

Aufgaben

Grundwissen

99 Gib für die folgenden quadratischen Gleichungen jeweils die Lösungsmenge an ($\mathbb{G}=\mathbb{R}$). Stelle zunächst jeweils die Anzahl der Lösungen fest.

a) $2x^2+6x-20=0$

b) $x^2-2x-15=0$

c) $(2x-5)^2=x(x-9)+19$

d) $3x(x-1)-2(10-x)=40+2x$

e) Überprüfe den Lösungsweg und die Lösung und korrigiere gegebenenfalls.

I
$$\frac{1}{3}x^2-3=0$$
$$\frac{1}{3}x^2=3$$
$$x^2=9$$
$$x=3$$

II
$$\frac{4}{9}x^2-9=81$$
$$\frac{2}{3}x-3=9$$
$$\frac{2}{3}x=6$$
$$x=9$$

Interaktive Aufgaben

2. Anzahl der Lösungen bestimmen

3. p-q-Formel

Anwendungsaufgabe

100 Die Länge ℓ eines rechteckigen Grundstücks ist um 20 m größer als dessen Breite b. Die Länge wird um 5 m verkürzt und zugleich wird die Breite verdoppelt. Der Flächeninhalt des so entstandenen Grundstücks ist um 936 m^2 größer als der des ursprünglichen Grundstücks. Wie groß sind Länge und Breite des ursprünglichen Grundstücks?

Interaktive Aufgabe

4. Zeitungsanzeige

3.4 Nullstellen von Parabeln

Die x-Koordinaten der Schnittpunkte einer Parabel mit der x-Achse werden als Nullstellen bezeichnet.
Setzt man die Nullstelle in die Parabelgleichung ein, erhält man: $y = 0$

Bestimmung der Nullstellen einer Parabel

- Setze den die Parabel bestimmenden **Funktionsterm gleich null**.
- Bestimme die Lösungen der entsprechenden **quadratischen Gleichung**.
- Entsprechend der **Anzahl der Lösungen** gibt es drei Fälle:
  Die Parabel hat **zwei, eine oder keine Nullstellen**.

Beispiele

1. Bestimme die Nullstellen der Parabel mit der Gleichung $y = \frac{1}{2}x^2 - 4x + 6$.

Rechnerische Lösung:

$$\frac{1}{2}x^2 - 4x + 6 = 0 \qquad |\cdot 2$$

$$x^2 - 8x + 12 = 0 \qquad |-12 \qquad \text{Normalform}$$

$$x^2 - 8x = -12 \qquad |+16 \qquad \text{quadratische Ergänzung: } \left(\frac{8}{2}\right)^2 = 16$$

$$x^2 - 8x + 16 = -12 + 16$$

$$(x-4)^2 = 4 \qquad \text{2. binomische Formel}$$

$$x_{1/2} - 4 = \pm\sqrt{4} \qquad |+4$$

$$x_{1/2} = 4 \pm 2$$

$$x_1 = 6; \;\; x_2 = 2$$

Die Parabel schneidet die x-Achse bei $x = 2$ und $x = 6$.

Grafische Lösung:

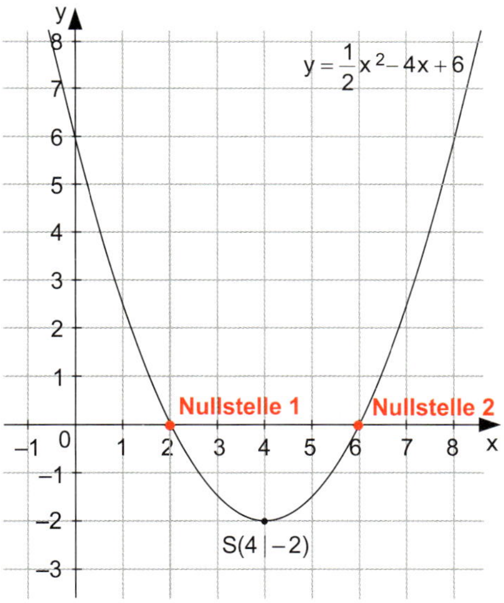

2. Nullstellen der Parabel p_1: $y = \frac{1}{4}x^2 - 2x + 4$

$\frac{1}{4}x^2 - 2x + 4 = 0 \quad |\cdot 4$

$x^2 - 8x + 16 = 0 \quad p = -8;\ q = 16$

$D = \left(-\frac{8}{2}\right)^2 - 16$

$D = 0$: Eine Lösung, eine Nullstelle.

$x = -\left(-\frac{8}{2}\right) \pm \sqrt{0}$

$x = 4$

Bei der Parabel p_1 fallen Scheitel S und Nullstelle zusammen; die Parabel berührt die x-Achse in der Nullstelle $x = 4$.

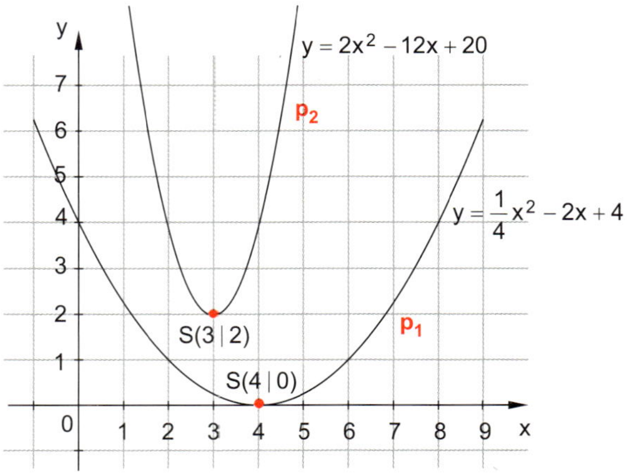

3. Nullstellen der Parabel p_2: $y = 2x^2 - 12x + 20$

$2x^2 - 12x + 20 = 0 \quad |:2$

$x^2 - 6x + 10 = 0 \quad p = -6;\ q = 10$

$D = \left(-\frac{6}{2}\right)^2 - 10$

$D = -1$: Keine Lösung, keine Nullstelle.

Aufgabe 101

Grundwissen

Ermittle für die durch die angegebenen Funktionsgleichungen bestimmten Parabeln jeweils die Nullstellen. Prüfe jeweils zunächst, ob und wie viele Nullstellen gegebenenfalls vorliegen.

a) p: $y = \frac{1}{2}x^2 + x + 2$ b) p: $y = \frac{1}{2}x^2 - 3x - 3$ c) p: $y = -x^2 - 2x + 1$

d) p: $y = \frac{1}{2}x^2 - 4x + 5$ e) p: $y = 2x^2 - 9x + 9$ f) p: $y = x^2 + 6x + 9$

Interaktive Aufgaben

1. Nullstellen bestimmen
2. Nullstellen und Parabel bestimmen
3. Bundesjugendspiele

3.5 Schnittpunkte zwischen Parabel und Gerade

Bestimmung der Schnittpunkte zwischen Parabel und Gerade

- **Setze die Funktionsterme** von Parabel und Gerade **einander gleich**.
- Führe die Gleichung durch **äquivalente Umformungen** in eine quadratische Gleichung der Form $x^2 + px + q = 0$ über.
- Berechne die **Diskriminante D** dieser quadratischen Gleichung.
  $D > 0$: 2 Lösungen → 2 Schnittpunkte
  $D = 0$: 1 Lösung → 1 Berührpunkt: Die Gerade ist Tangente an die Parabel.
  $D < 0$: Keine Lösung → Kein Schnittpunkt
- Löse die quadratische Gleichung. Die Lösungen sind die **Abszissen (x-Koordinaten)** der Schnittpunkte bzw. des Berührpunktes.
- Berechne die **Ordinaten (y-Koordinaten)** der Schnittpunkte bzw. des Berührpunktes. Setze dazu deren Abszissen in die Geraden- oder Parabelgleichung ein.

Beispiele

1. **Parabel p:** $y = \frac{1}{4}x^2 - 2x + 6$ **Gerade g:** $y = \frac{1}{2}x + 2$

Gleichsetzen der Funktionsterme und Umformen:

$$\frac{1}{4}x^2 - 2x + 6 = \frac{1}{2}x + 2 \quad \left| -\frac{1}{2}x - 2\right.$$

$$\frac{1}{4}x^2 - 2x + 6 - \frac{1}{2}x - 2 = 0$$

$$\frac{1}{4}x^2 - \frac{5}{2}x + 4 = 0 \quad |\cdot 4$$

$$x^2 - 10x + 16 = 0 \qquad p = -10,\ q = 16$$

$$D = \left(\frac{-10}{2}\right)^2 - 16 = 25 - 16 = 9$$

Wegen $D > 0$ gibt es 2 Lösungen/Schnittpunkte.

$$x_{1/2} = -\left(-\frac{10}{2}\right) \pm \sqrt{9}$$

$$x_{1/2} = 5 \pm 3$$

$$x_1 = 2;\ x_2 = 8$$

Berechnung der Schnittpunkte:

$$y = \frac{1}{2} \cdot x + 2 \quad |x_1 = 2$$

$$y_1 = \frac{1}{2} \cdot 2 + 2$$

$$y_1 = 3$$

$$S_1(2\,|\,3)$$

$$y = \frac{1}{2} \cdot x + 2 \quad |x_2 = 8$$

$$y_1 = \frac{1}{2} \cdot 8 + 2$$

$$y_2 = 6$$

$$S_2(8\,|\,6)$$

Grafische Darstellung:

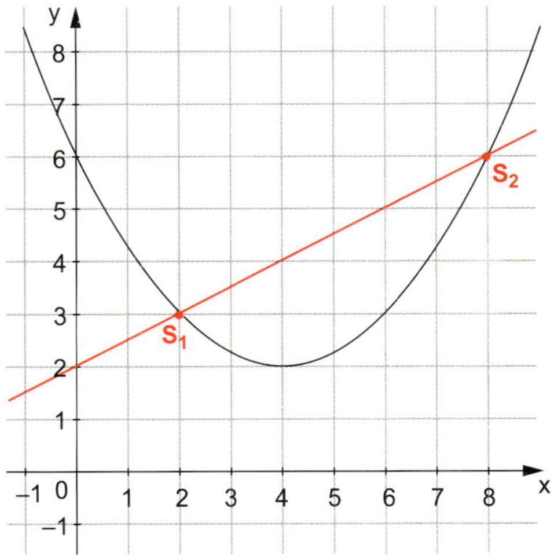

2. Die Gerade g: $y = 4x + 2$ ist eine Tangente an die Parabel p: $y = x^2 + 6x + 3$.
   a) Überprüfe diese Behauptung rechnerisch.
   b) Ermittle die Koordinaten des Berührpunktes.

Lösung:

a) $x^2 + 6x + 3 = 4x + 2$ — Gleichsetzen der Funktionsterme

$x^2 + 2x + 1 = 0$ — äquivalente Umformung

$D = \left(\frac{2}{2}\right)^2 - 1$

$D = 0$

$x = \frac{-2}{2}$

$x = -1$

oder:

1. binomische Formel:

$x^2 + 2x + 1 = 0$

$(x+1)^2 = 0$

$x + 1 = 0$

$x = -1$

Eine Lösung, d. h. *ein* Schnitt- bzw. Berührpunkt.

b) $y = 4 \cdot (-1) + 2 = -2$ — Einsetzen in Geradengleichung

Berührpunkt: $B(-1|-2)$

Grafische Darstellung:

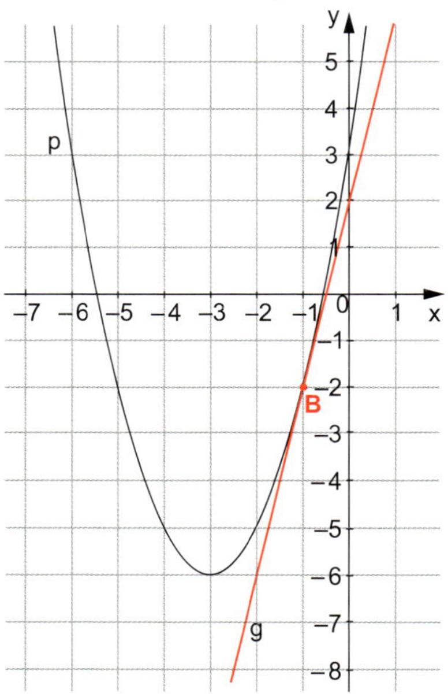

Aufgaben

Grundwissen

102 Bestimme rechnerisch die Schnittpunkte der Parabel p: $y = \frac{1}{4}x^2 + 2x - 3$ und der Geraden g: $y = \frac{5}{4}x + 1{,}75$. Prüfe zunächst, wie viele Schnittpunkte es gibt.

103 Bestimme jeweils die Schnittpunkte bzw. den Berührpunkt der Parabeln p_1 und p_2. Überprüfe dein Ergebnis jeweils auch grafisch.

a) p_1: $y = -\frac{1}{2}x^2 - 2x + 3$ p_2: $y = 2x^2 - 4{,}5x - 2$

b) p_1: $y = -\frac{1}{2}x^2 - 2x - 2$ p_2: $y = 0{,}5x^2 - 6x + 2$

Interaktive Aufgabe

1. Schnittpunkte bestimmen

Anwendungsaufgabe

104 Zwei Fahrzeuge machen ein Wettrennen. Die Bewegung der beiden Fahrzeuge kann jeweils durch eine Funktion beschrieben werden. Die Zeit x wird in Sekunden angegeben, der zurückgelegte Weg y in Metern.
Fahrzeug 1 fährt (bei fliegendem Start) mit konstanter Geschwindigkeit. Die zugehörige Funktion lautet: $y = 12x$
Fahrzeug 2 beschleunigt, fährt also mit zunehmender Geschwindigkeit. Die zugehörige Funktion lautet: $y = 2x^2$

a) Stelle die Situation in einem Diagramm dar.

b) Peter behauptet: „Nach 5 Sekunden hat Fahrzeug 2 das andere schon überholt!“ Beweise oder widerlege Peters Behauptung durch eine Rechnung.

c) Nach welcher Zeit sind beide gleich weit gefahren?

Interaktive Aufgabe

2. Auto und Motorrad

4 Exponentialfunktionen und Wachstumsprozesse

4.1 Exponentielle Zunahme und exponentielle Abnahme

Merke

Exponentielles Zunahme
Wächst eine Größe in regelmäßigen (Zeit-)Abständen immer um **denselben (Wachstums-)Faktor** an, spricht man von **exponentieller Zunahme**.

In der Wirklichkeit kommt exponentielles Zunahme beispielsweise bei Bakterienwachstum, Bevölkerungswachstum und Zinseszinsen vor.

Beispiel

Eine Bakterienkultur belegt im Versuchslabor eine Fläche von 1,6 cm^2. Unter günstigen Bedingungen verdoppelt sie sich jede Minute. Stelle das Wachstum der ersten 6 Minuten in einer Wertetabelle und als Graph dar.

Lösung:
Die Größe der Fläche der Bakterienkultur y ist abhängig von der Anzahl x der vergangenen Minuten. Zu Beginn hat sie eine Fläche von 1,6 cm^2.

Anfangswert:	$y = 1{,}6$	$\Leftrightarrow$	$y = 1{,}6 \cdot 2^0$
Nach **1** Minute:	$y = 1{,}6 \cdot 2$	$\Leftrightarrow$	$y = 1{,}6 \cdot 2^1$
Nach **2** Minuten:	$y = (1{,}6 \cdot 2) \cdot 2$	$\Leftrightarrow$	$y = 1{,}6 \cdot 2^2$
Nach **3** Minuten:	$y = (1{,}6 \cdot 2 \cdot 2) \cdot 2$	$\Leftrightarrow$	$y = 1{,}6 \cdot 2^3$
⋮			
Nach **6** Minuten:		$\Leftrightarrow$	$y = 1{,}6 \cdot 2^6$
Nach **x** Minuten:		$\Leftrightarrow$	$y = 1{,}6 \cdot 2^x$

Wertetabelle

Zeit [min]	0	1	2	3	4	5	6
Fläche [cm^2]	1,6	3,2	6,4	12,8	25,6	51,2	102,4

· 2   · 2   · 2   · 2   · 2   · 2

Graph

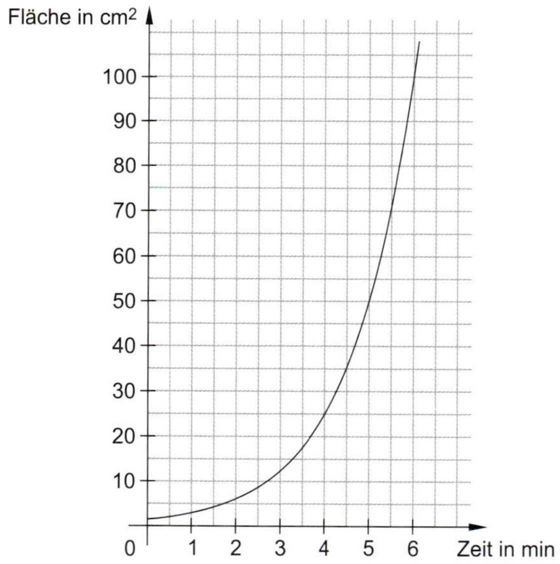

Merke

Exponentielle Abnahme
Nimmt eine Größe in regelmäßigen (Zeit-)Abständen immer um **denselben (Abnahme-)Faktor** ab, spricht man von **exponentieller Abnahme**.

In der Wirklichkeit kommt die exponentielle Abnahme beispielsweise bei Wertverlust, radioaktivem Zerfall und Abkühlungsvorgängen vor.

Beispiel

Ein Computer-Gebrauchtwarenhändler rechnet bei PCs mit einem jährlichen Wertverlust von $\frac{6}{10}$ (= 60 %). Stelle den Wertverfall eines 700 € teuren PCs in den ersten 6 Jahren in einer Tabelle und als Graph dar.

Lösung:

Nach jedem Jahr beträgt der Wert eines gebrauchten PCs noch $\frac{4}{10}$ (= 40 %) des Vorjahres, d. h., jeder Wert y verringert sich mit dem Faktor $\frac{4}{10} = 0,4$. Der Wert y des PCs ist abhängig von der Anzahl x der vergangenen Jahre. Zu Beginn hat er einen Wert von 700 €.

Anfangswert:	$y = 700$	$\Leftrightarrow$	$y = 700 \cdot 0,4^{0}$
Nach 1 Jahr:	$y = 700 \cdot 0,4$	$\Leftrightarrow$	$y = 700 \cdot 0,4^{1}$
Nach 2 Jahren:	$y = (700 \cdot 0,4) \cdot 0,4$	$\Leftrightarrow$	$y = 700 \cdot 0,4^{2}$
Nach 3 Jahren:	$y = (700 \cdot 0,4 \cdot 0,4) \cdot 0,4$	$\Leftrightarrow$	$y = 700 \cdot 0,4^{3}$
⋮			
Nach 6 Jahren:		$\Leftrightarrow$	$y = 700 \cdot 0,4^{6}$
Nach x Jahren:		$\Leftrightarrow$	$y = 700 \cdot 0,4^{x}$

Wertetabelle

Zeit [Jahre]	0	1	2	3	4	5	6
Wert [€]	700	280	112	44,80	17,92	7,17	2,87

$\cdot 0,4$ $\cdot 0,4$ $\cdot 0,4$ $\cdot 0,4$ $\cdot 0,4$ $\cdot 0,4$

Graph

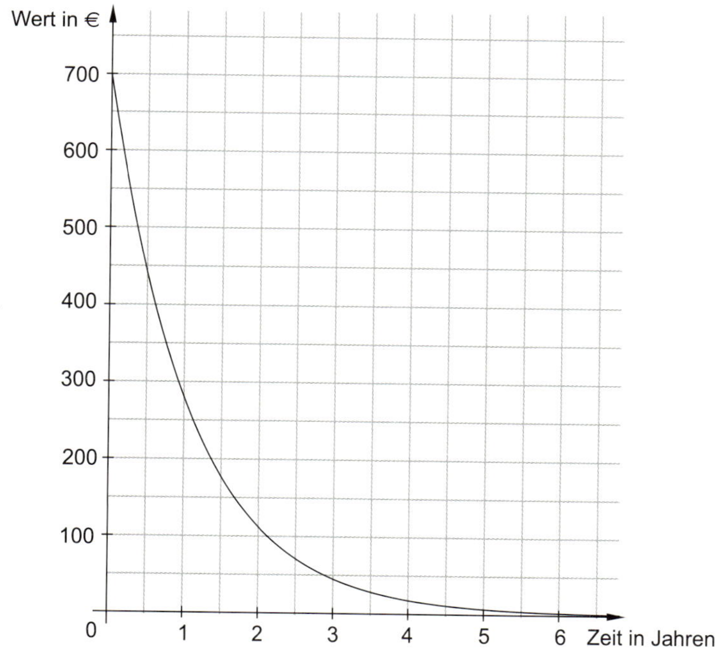

4.2 Exponentialfunktionen

Vorgänge, bei denen ein Anfangswert c in regelmäßigen Schritten x immer um denselben Faktor a zu- bzw. abnimmt bezeichnet man als **exponentielle Wachstumsprozesse**. Im Sinne eines negativen Wachstums sind dabei auch Abnahmeprozesse eingeschlossen. Derartige Vorgänge können mathematisch durch **Exponentialfunktionen** beschrieben werden, in denen die **Variable x im Exponenten** auftritt:

Merke

Exponentialfunktionen

Exponentialfunktionen sind Funktionen mit der Funktionsgleichung:

$\mathbf{y = c \cdot a^x}$ $\quad (a > 0 \text{ und } a \neq 1 \text{ und } c \neq 0)$

Dabei gilt: c: Anfangswert; a: Wachstumsfaktor; x: Wachstumsschritte; y: Endwert

Bei einer prozentualen Zu-/Abnahme um Prozentsatz p % gilt für Wachstumsfaktor a:

- Falls eine **Zunahme um p %** in jedem Schritt vorliegt, gilt: $\mathbf{a = 1 + \frac{p}{100}}$ $(\Rightarrow a > 1)$
- Falls eine **Abnahme um p %** in jedem Schritt vorliegt, gilt: $\mathbf{a = 1 - \frac{p}{100}}$ $(\Rightarrow 0 < a < 1)$

Für den Graphen einer Exponentialfunktion mit der Gleichung $y = c \cdot a^x$ gilt:

- Der Graph verläuft durch den Punkt $(0|c)$.
  (Nach $x = 0$ Wachstumsschritten entspricht der Endwert dem Anfangswert, d. h. $y = c$.)
- Der Graph hat die x-Achse als Asymptote, d. h. als eine Art Grenzgerade.
- Für $a > 1$: Der Graph steigt: **Exponentielles Wachstum**
  Für $0 < a < 1$: Der Graph fällt: **Exponentielle Abnahme**
- Der Graph von $y = c \cdot \left(\frac{1}{a}\right)^x$ ergibt sich aus dem Graphen von $y = c \cdot a^x$ durch Spiegelung an der y-Achse.

In den folgenden Beispielen ist der Anfangswert $c = 1$.

Beispiele

f_1: $y = 2^x$ $\qquad$ f_3: $y = \left(\frac{1}{2}\right)^x$

f_2: $y = 4^x$ $\qquad$ f_4: $y = \left(\frac{1}{4}\right)^x$

Wertetabelle

	x	−3	−2	−1	0	1	2	3
f_1	y	$\frac{1}{8} = 0{,}125$	$\frac{1}{4} = 0{,}25$	$\frac{1}{2} = 0{,}5$	1	2	4	8
f_2	y	$\frac{1}{64} \approx 0{,}016$	$\frac{1}{16} \approx 0{,}063$	$\frac{1}{4} = 0{,}25$	1	4	16	64
f_3	y	8	4	2	1	$\frac{1}{2} = 0{,}5$	$\frac{1}{4} = 0{,}25$	$\frac{1}{8} = 0{,}125$
f_4	y	64	16	4	1	$\frac{1}{4} = 0{,}25$	$\frac{1}{16} \approx 0{,}063$	$\frac{1}{64} \approx 0{,}016$

Graphen

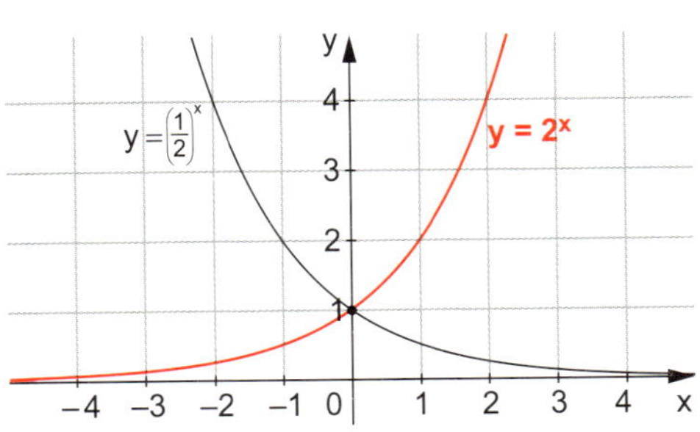

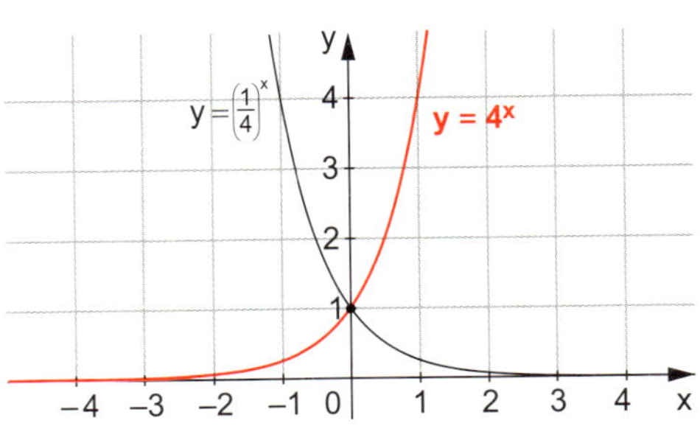

In den folgenden Beispielen ist der Anfangswert $c \neq 1$.

Beispiele

1. Für die Exponentialfunktion $y = 2 \cdot 2^x$ erhält man für $-3 \leq x \leq 3$:

x	–3	–2	–1	0	1	2	3
y	0,25	0,5	1	2	4	8	16

Graph

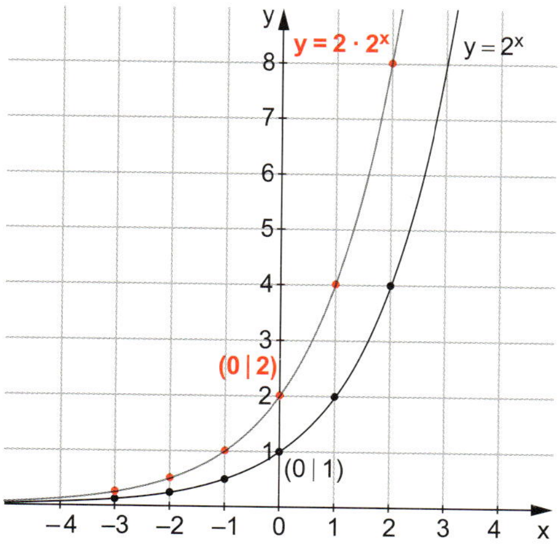

- Der schwarze Graph zu $y = 2^x$ (mit $c = 1$) geht durch den Punkt (0 | 1), der rote Graph zu $y = 2 \cdot 2^x$ (mit $c = 2$) geht durch den Punkt (0 | 2).
- An den beiden Graphen lässt sich nachvollziehen, dass sich die Funktionswerte von $y = 2 \cdot 2^x$ aus den entsprechenden Funktionswerten von $y = 2^x$ durch Multiplikation mit c bzw. mit 2 ergeben.

2. Wie müssen die Konstanten a und c gewählt werden, damit der Graph der Exponentialfunktion f: $y = c \cdot a^x$ durch die Punkte A(2 | 1) und B(–3 | 243) verläuft?

Lösung:

Einsetzen von A(2 | 1) in $y = c \cdot a^x$:

$$y = c \cdot a^x \quad | A(2|1)$$
$$1 = c \cdot a^2$$
$$c = \frac{1}{a^2}$$
$$c = a^{-2}$$

Einsetzen von B(–3 | 243) und $c = a^{-2}$:

$$y = c \cdot a^x \quad | B(-3|243)$$
$$243 = c \cdot a^{-3} \quad | c = a^{-2}$$
$$243 = a^{-2} \cdot a^{-3}$$
$$243 = a^{-5} \quad | \text{1. Potenzgesetz}$$
$$243 = \frac{1}{a^5} \quad | \cdot \frac{a^5}{243}$$
$$a^5 = \frac{1}{243}$$
$$a^5 = \left(\frac{1}{3}\right)^5 \quad | \sqrt[5]{\;}$$
$$a = \frac{1}{3}$$
$$\Rightarrow \quad c = a^{-2} = \left(\frac{1}{3}\right)^{-2} = \frac{1}{\left(\frac{1}{3}\right)^2} = 9$$

Funktionsgleichung: $y = 9 \cdot \left(\frac{1}{3}\right)^x$

Aufgaben

Grundwissen

105 Erstelle jeweils eine Wertetabelle für ein geeignetes x-Intervall und zeichne den Graphen in ein Koordinatensystem.

a) $y = 3^x$ b) $y = \left(\frac{1}{3}\right)^x$ c) $y = 2 \cdot \left(\frac{1}{3}\right)^x$

d) $y = \frac{1}{2} \cdot 2^x$ e) $y = \frac{1}{4} \cdot 3^x$ f) $y = -2^x$

106 Wie müssen die Konstanten a und c gewählt werden, damit der Graph der zugehörigen Exponentialfunktion f: $y = c \cdot a^x$ durch die Punkte A(0 | 0, 5) und B(1 | 2) verläuft?

107 Prüfe, ob die angegebene Wertetabelle zu einer Exponentialfunktion gehört. Begründe deine Aussage. Falls es sich um eine Exponentialfunktion handelt, gib deren Funktionsgleichung an.

x	–3	–2	–1	0	1	2	3	4
y	0,037	0,11	0,33	1	3	9	27	81

Interaktive Aufgaben

1. Graph zuordnen
2. Wertetabelle

In Aufgaben mit **Anwendungsbezug** sollte man immer zuerst klären, welche der Bestandteile (Anfangswert, Wachstumsfaktor, Wachstumsschritte, Endwert) einer Exponentialfunktion gegeben bzw. gesucht sind. Dabei schreibt man für den **Endwert nach x Wachstumsschritten** statt y oft $\mathbf{y_x}$.

Beispiele

1. Bei der Herstellung von Joghurt wird der Pilz *Lactobacillus bulgaricus* verwendet. Diese Pilze vermehren sich durch Zellteilung, wobei innerhalb einer bestimmten Zeit, der Generationszeit, aus einer Zelle zwei Tochterzellen entstehen. Die Generationszeit für den Joghurtpilz beträgt 30 Minuten.
   a) Auf wie viele Pilze wächst eine Pilzkultur von 100 Pilzen in 3 Stunden an?
   b) Wie viele Pilze waren es 1 Stunde vor Beobachtungsbeginn?

   Lösung:

   a) Gegeben: Anfangswert: $c = 100$
   Wachstumsfaktor (pro halbe Stunde): $a = 2$ Verdopplung alle halbe Stunde
   Wachstumsschritte (Anzahl halbe Stunden): $x = 3 \cdot 2 = 6$
   Gesucht: Endwert (Anzahl nach 3 Stunden bzw. **6** halben Stunden): y_6

   Rechnung:
   Für die Anzahl der Pilze nach 3 Stunden (6 halben Stunden) gilt:
   $y_x = c \cdot a^x$
   $y_6 = 100 \cdot 2^6$
   $y_6 = 6\,400$
   Antwort: Die Pilzkultur wächst auf 6 400 Pilze an.

   b) Wir stellen die Frage anders: Wie viele Pilze waren anfänglich vorhanden, wenn ihre Zahl nach 1 Stunde auf 100 angewachsen ist?
   Gegeben: Wachstumsfaktor (pro halbe Stunde): $a = 2$
   Wachstumsschritte (Anzahl halbe Stunden): $x = 1 \cdot 2 = 2$
   Endwert (Anzahl nach 1 Stunde bzw. **2** halben Stunden): $y_2 = 100$
   Gesucht: Anfangswert: c

   Rechnung:
   $y_x = c \cdot a^x$
   $100 = c \cdot 2^2$
   $100 = c \cdot 4 \quad |:4$
   $c = 25$
   Antwort: Eine Stunde vor Beobachtungsbeginn waren es 25 Pilze.

2. In einem Glas soll der Zerfall von Milchschaum untersucht werden. Zu Beginn der Untersuchung hat der Schaum eine Höhe von 3 cm. Die Schaumsäule verringert ihre Höhe jede Minute um 30 %. Bestimme den Wachstumsfaktor a und stelle die zugehörige Funktionsgleichung auf, die den Sachverhalt beschreibt.

Lösung:

Anfangswert: $c = 3$ cm

Da die Schaumsäule um 30 % in der Minute sinkt, beträgt die prozentuale Abnahme p % = 30 %. Daraus berechnet sich der Wachstumsfaktor a wie folgt:

$$a = 1 - \frac{p}{100} = 1 - \frac{30}{100} = 1 - 0,3 = 0,7$$

Die Funktionsgleichung lautet also: $y = c \cdot a^x = 3\text{ cm} \cdot 0,7^x$

3. Bei radioaktiven Elementen erfolgt der Zerfall der Atomkerne (radioaktiver Zerfall) nach einem gesetzmäßigen Zusammenhang: In einer bestimmten Zeitspanne zerfällt jeweils die Hälfte der zu Beginn dieser Zeitspanne vorhandenen Kerne. Diese Zeitspanne wird als **Halbwertszeit T** bezeichnet. Sie ist für verschiedene radioaktive Elemente unterschiedlich, jedoch charakteristisch für ein bestimmtes Element. Die Anzahl x der zum Zeitpunkt t verstrichenen Halbwertszeiten T entspricht $x = \frac{t}{T}$. Der Zusammenhang zwischen der Anzahl y_x der nach x Halbwertszeiten noch unzerfallenen Kerne in Abhängigkeit von x lässt sich folgendermaßen schreiben:

$$y_x = c \cdot \left(\frac{1}{2}\right)^x$$

y_x: Anzahl unzerfallener Kerne nach x Halbwertszeiten
c: Anzahl der zur Zeit t = 0 (bzw. x=0) unzerfallenen Kerne
x: Anzahl der Halbwertszeiten $x = \frac{t}{T}$

Geht man von c = 1 000 anfänglich vorhandenen Atomkernen aus, so sind nach x Halbwertszeiten noch y_x unzerfallene Atomkerne vorhanden:

x	0	1	2	3	4	5	...
y_x	1 000	500	250	125	63	31	...

Beispielsweise sind von den ursprünglich (x = 0) vorhandenen Kernen nach 2 Halbwertszeiten noch 250, nach 5 Halbwertszeiten noch 31 Kerne nicht zerfallen.

4. Nach dem Reaktorunfall von Tschernobyl hatte das radioaktive Nuklid Jod-131 einen sehr großen Anteil an der Strahlenbelastung in Deutschland. Jod-131 hat eine Halbwertszeit von 8,08 Tagen.
Bei einer Probe aus Jod-131 waren nach 4 Tagen noch 7 100 Kerne nicht zerfallen. Wie viele unzerfallene Kerne gab es zu Beginn des Beobachtungszeitraums?

Lösung:

Gegeben: Wachstumsfaktor: $a = \frac{1}{2}$

Wachstumsschritte: $x = \frac{t}{T} = \frac{4\text{ d}}{8,08\text{ d}} \approx 0,5$

Endwert: $y_{0,5} = 7\,100$

Gesucht: Anfangswert: c

Rechnung:

$$y_x = c \cdot \left(\frac{1}{2}\right)^x$$

$$7\,100 = c \cdot \left(\frac{1}{2}\right)^{0,5}$$

$$7\,100 = c \cdot 0,71 \quad |:0,71$$

$$c = 10\,000$$

Zu Beginn des Beobachtungszeitraums waren ca. 10 000 Kerne vorhanden.

Exponentielles Wachstum tritt auch bei der Verzinsung von Kapital auf, wenn Zinsen auf Zinsen der Vorjahre anfallen. Man spricht dabei von **Zinseszinsrechnung**.

Merke

Zinseszinsrechnung
Wird ein Startkapital K_0 über n Jahre mit einem Zinssatz von p % verzinst, dann berechnet man das Kapital K_n nach n Jahren mithilfe der **Zinseszinsformel**:

$$\mathbf{K_n = K_0 \cdot q^n}$$

Dabei gilt:
K_0: Anfangswert; q: Wachstumsfaktor; n: Wachstumsschritte; K_n: Endwert
Den Wachstumsfaktor q erhält man aus dem Zinssatz p % wie folgt: $q = 1 + \frac{p}{100}$

Beispiel

Ein Kapital $K_0 = 15\,000$ € wird mit einem Zinssatz von 4,5 % pro Jahr und einer Laufzeit von 10 Jahren verzinst.

a) Wie hoch ist das Guthaben nach 10 Jahren?
b) Welchen Betrag müsste man anlegen, damit man nach 10 Jahren ein Guthaben von 30 000 € hat?

Lösung:

a) $K_n = K_0 \cdot \left(1 + \frac{p}{100}\right)^n$

$$K_{10} = 15\,000\text{ €} \cdot \left(1 + \frac{4,5}{100}\right)^{10}$$

$$K_{10} = 15\,000\text{ €} \cdot (1,045)^{10}$$

$$\mathbf{K_{10} \approx 23\,295\text{ €}}$$

Antwort: Nach 10 Jahren ist das Anfangskapital von 15 000 € auf 23 295 € angewachsen.

b) $K_n = K_0 \cdot q^n$

$$30\,000\text{ €} = K_0 \cdot (1,045)^{10} \quad |:(1,045)^{10}$$

$$K_0 = \frac{30\,000\text{ €}}{(1,045)^{10}}$$

$$\mathbf{K_0 \approx 19\,318\text{ €}}$$

Antwort: Legt man 19 318 € als Startkapital an, so hat man nach 10 Jahren ein Guthaben von 30 000 € (bei dem vereinbarten Zinssatz von 4,5 %).

Aufgaben

Anwendungsaufgaben

108

Wertverlust eines Neuwagens

Der Neupreis eines Autos beträgt 45 600 €. Im ersten Jahr ist der Wertverlust 25 % des Neupreises. In den folgenden Jahren beträgt der Wertverlust jährlich 10 % vom jeweiligen Restwert am Ende des Vorjahres.

a) Berechne den Restwert nach dem ersten Jahr, also den Kaufpreis eines Jahreswagens.
b) Herr Schröder kauft sich das Auto als Jahreswagen. Stelle eine Funktion auf, die den Restwert y_x von Herrn Schröders Auto nach x Jahren ab Kaufdatum beschreibt.
c) Berechne den Restwert des Jahreswagens nach 2, 3, 4 und 10 Jahren.

109 **Lottogewinn**

Ein umsichtiger Lottospieler bringt seinen Gewinn von 1 Million € zur Bank. Dort erhält er einen Zinssatz von 1,5 % auf seine Einlage.

a) Über welches Guthaben kann er nach zwei Jahren verfügen? Berechne.

b) Um sich selbst einen Überblick zu verschaffen legt der Lottospieler mit einem Tabellenkalkulationsprogramm eine Übersicht an:

	A	B	C	D	E
1	n in Jahren	q	K_n in Mio. Euro		
2	0	1,015	1,0000		
3	1	1,015	1,0150		
4	2	1,015	1,0302		
5	3	1,015	1,0457		
6	4	1,015	1,0614		
7	5	1,015	1,0773		
8					

Erläutere wofür der Zahlenwert 1,0614 in der grau markierten Zelle steht.

c) Frederic behauptet, dass sich das Kapital bei dieser Verzinsung nach etwa 47 Jahren verdoppeln wird. Nimm Stellung dazu.

110 **Technetium**

Manche radioaktiven Stoffe haben nur eine kurze Halbwertszeit, so z. B. das Technetium-Isotop Tc-99m, das eine Halbwertszeit von ca. 6 Stunden hat.
Dieses Präparat wird manchmal in der Medizin zur Therapie von Erkrankungen benutzt und dabei dem Patienten in kleinen Mengen verabreicht.
Ein Patient erhält eine Menge (100 %) Tc-99m, das sich anschließend im Körper abbaut.

a) Wie viel Prozent des Technetiums ist nach 3 Halbwertszeiten (18 Stunden) noch vorhanden?

b) Ist nach zwei Tagen noch etwas vom Tc-99m im Körper vorhanden?

111 **Bevölkerungsentwicklung**

Seit einigen Jahren nimmt die Gesamtzahl der in Deutschland lebenden Menschen wieder zu. Im Jahr 2019 lebten etwa 83 Millionen Menschen in Deutschland, im Jahr 2050 werden es nach Prognose des Statistischen Bundesamtes zwischen 70 und 87 Millionen Menschen sein, je nach Modellrechnung.
Wir gehen bei unseren Berechnungen von einer exponentiellen Zunahme bzw. Abnahme aus.

a) Gib für die beiden Extremalwerte der Prognose eine Gleichung der Form $y = c \cdot a^x$ mit der Unbekannten a an, die die Bevölkerungsentwicklung für Deutschland bis 2050 beschreibt.

b) Begründe, warum der Wert für a in Teilaufgabe a kleiner/größer als 1 sein muss.

c) Ein Mitschüler behauptet, dass die jährliche prozentuale Abnahme der Bevölkerung in Deutschland im Modell mit der stärksten Abnahme dann bei ca. 1 % liegen muss. Beweise oder widerlege seine Behauptung durch eine Rechnung.

d) Wenn die Bevölkerung in Deutschland – ähnlich wie in manchen Staaten in Asien oder Afrika – seit 2019 jährlich um 2 % zunehmen würde, wie viele Menschen würden dann 2050 in Deutschland leben?

Interaktive Aufgaben

- 3. Füchse
- 4. Studenten
- 5. Traumurlaub

4.3 Exponentialgleichungen

Für welchen Wert von x hat die Funktion $y = 2^x$ den Funktionswert $y = 16$?
Für welchen ganzzahligen Wert von x ist der Funktionswert y erstmals größergleich 100?

Derartige Fragestellungen führen auf Gleichungen, bei denen die **gesuchte Größe x im Exponenten** einer Potenz steht. Wir nennen diese Art von Gleichung deshalb **Exponentialgleichung**.

Merke

Verfahren zum Lösen von Exponentialgleichungen der Form $y = a^x$

- **Exponentenvergleich**: Lassen sich beide Seiten der Gleichung als **Potenzen zur gleichen Basis** schreiben, können die **Exponenten gleich** gesetzt werden:

$$\underbrace{y}_{} = a^x$$
$$\mathbf{a^n = a^x} \quad \text{gleiche Basis a} \rightarrow \text{Exponenten gleichsetzen}$$
$$\mathbf{n = x}$$

- **Probierverfahren**: Lassen sich die Seiten der Gleichung **nicht** als Potenzen zur gleichen Basis schreiben, wird die Lösung durch Probieren (z. B. Wertetabelle) bestimmt.

Beispiele

1. Für welchen Wert von x hat die Funktion $y = 2^x$ den Funktionswert $y = 16$?
2. Für welchen ganzzahligen Wert von x ist der Funktionswert y erstmals größergleich 100?
3. Bestimme die Lösung der Exponentialgleichung.

a) $1{,}5^x = 3\frac{3}{8}$ b) $3^x = \frac{1}{3}$ c) $2 \cdot 3^x - 54 = 0$

Lösung:

1. Exponentenvergleich:

$$\underbrace{16}_{} = 2^x$$
$$\mathbf{2^4 = 2^x}$$
$$\mathbf{4 = x}$$
$$x = 4$$

Forme die Gleichung so um, dass auf beiden Seiten Potenzen zur selben Basis (hier: 2) stehen.

Potenzen mit gleicher Basis sind genau dann gleich, wenn ihre Exponenten gleich sind.

2. Auf das gesuchte x kann man leicht schließen, wenn man die Lösung der Gleichung $100 = 2^x$ bestimmen kann.

Exponentenvergleich (Versuch):

$$100 = 2^x$$
$$4 \cdot 25 = 2^x$$
$$2^2 \cdot 5^2 = 2^x$$

Die Zahl 100 lässt sich nicht als Potenz mit der Basis 2 und ganzzahligem Exponenten darstellen, sodass hier kein Exponentenvergleich möglich ist.

Achtung: Hier darf **nicht** $2 \cdot 2 = x$ gesetzt werden!

Lösung durch Probieren:

x	4	5	6	7
2^x	16	32	64	128

$x = 7$ ist also der kleinste ganzzahlige Wert, für den gilt: $y = 2^x \geq 100$.

3. a) $1{,}5^x = \frac{27}{8}$

$$\left(\frac{3}{2}\right)^x = \left(\frac{3}{2}\right)^3$$
$$x = 3$$
$$\mathbb{L} = \{3\}$$

b) $3^x = \frac{1}{3}$
$3^x = 3^{-1}$
$x = -1$
$\mathbb{L} = \{-1\}$

c) $2 \cdot 3^x - 54 = 0 \quad | +54$
$2 \cdot 3^x = 54 \quad | :2$
$3^x = 27$
$3^x = 3^3$
$x = 3$
$\mathbb{L} = \{3\}$

Das folgende rechnerische Verfahren wird zum Lösen von Exponentialgleichungen in der zentralen Abschlussprüfung nicht benötigt. Es ist aber oft hilfreich und kann verwendet werden.

Exponentialgleichungen lassen sich neben dem Exponentenvergleich, dem Probierverfahren und der (ungenauen) grafischen Lösung auch rechnerisch mit dem Logarithmus lösen. Dazu isoliert man das Termglied mit x im Exponenten auf einer Seite der Gleichung. Dann wird auf beiden Seiten lg (der Logarithmus zur Basis 10) angewandt. Dabei wandert x aus dem Exponenten als Vorfaktor vor den Logarithmus. Allgemein gilt: $\lg a^x = x \cdot \lg a$

Beispiele

1. $2^x = 20 \quad | \lg$ Logarithmieren — Das Termglied mit x im Exponenten steht bereits isoliert, sodass auf beiden Seiten der Gleichung direkt der Zehnerlogarithmus angewandt werden kann.
$\lg 2^x = \lg 20$
$x \cdot \lg 2 = \lg 20 \quad | :\lg 2$ — Dadurch kann man die Variable x aus dem Exponenten vor das verbleibende lg 2 schreiben.
$x = \frac{\lg 20}{\lg 2}$ — Durch die Division durch lg 2 löst man die Gleichung nach x auf.
$x \approx 4,33$ — Mit dem Taschenrechner berechnet man jetzt den Quotienten aus $\frac{\lg 20}{\lg 2}$.

2. $2^x - 1\,024 = 0 \quad | +1\,024$ — Das Termglied mit x im Exponenten, hier 2^x, muss zunächst isoliert werden, bevor logarithmiert werden kann.
$2^x = 1\,024 \quad | \lg$
$x \cdot \lg 2 = \lg 1\,024 \quad | :\lg 2$
$x = \frac{\lg 1\,024}{\lg 2}$
$x = 10$

Aufgaben

Grundwissen

112 Bestimme die Lösungsmenge der folgenden Exponentialgleichungen:

a) $2^x = \frac{1}{16}$ b) $3^x - 81 = 0$ c) $3^x - 729 = 1\,458$ d) $2^x - \frac{4}{5} = 3,2$

Interaktive Aufgaben
- 1. Direkter Exponentenvergleich
- 2. Logarithmieren

Anwendungsaufgaben

113

Kapital

Ein Kapital von 1 000 € wird mit 8 % Zinsen angelegt.

a) In welcher Zeit verdoppelt sich das Kapital?

b) Zeige, dass die Verdopplungszeit nicht davon abhängt, wie groß das Anfangskapital ist.

c) Ist folgende Aussage richtig: „Wenn der Zinssatz verdoppelt wird, halbiert sich die Zeit, in der sich das Kapital verdoppelt.“? – Begründe durch eine Rechnung.

114

Wachstum von Wasserlinsen

Auf Seen und Teichen rund um den Erdball wächst die anspruchslose kleine Schwimmpflanze – auch Entengrütze genannt – oft in dichten Teppichen. Sie sind in der Regel kreisförmig und haben einen Durchmesser von 2–3 mm. Die explosionsartige Vermehrung der Wasserlinsen erfolgt folgendermaßen: die Pflanzen teilen sich einfach und bilden Tochtersprossen. Auf diese Art verdoppelt sich die Wasserlinse täglich.

Paul will in den Sommerferien 4 Wochen wegfahren. Sein Gartenteich hat eine Fläche von 7 Quadratmetern. Da er nicht alle Wasserlinsen aus seinem Teich heraussammeln kann, überlegt er, welche Fläche seines Gartenteiches mit Wasserlinsen bedeckt sein wird, wenn sich am Tage seiner Abreise noch insgesamt eine Handfläche voll auf dem Teich befindet.

a) Welche der folgenden Aussagen sind richtig?

(1) Der Teich ist längst zugewuchert.

(2) Der Teich ist erst zur Hälfte zugewuchert.

(3) Der Teich ist erst zu drei Vierteln zugewuchert.

(4) Der Teich ist erst nach fünf Wochen zugewuchert.

Begründe deine Entscheidung durch Berechnung. Berechne zur Beurteilung der Aussagen auch, nach wie vielen Tagen der Teich komplett mit Wasserlinsen bedeckt ist?

b) Paul hat beobachtet: „Gestern war der Teich etwa eine Handfläche groß mit Wasserlinsen bewachsen, heute sind es schon zwei Handflächen voll.“ Er behauptet: „Wenn ich in 28 Tagen aus dem Urlaub wiederkomme sind weitere 28 Handflächen hinzugekommen und der Teich ist noch lange nicht zugewuchert!“

Erkläre von welcher Art Wachstum bei dieser Überlegung ausgegangen wird.

Interaktive Aufgaben

3. Stundenlohn

4. Hausmüll

5 Grafische Darstellungen und Diagramme

Grafische Darstellungen und Diagramme sind Hilfsmittel, die möglicherweise komplizierte Zusammenhänge bildlich verdeutlichen sollen. Man kann im Wesentlichen zwei Arten unterscheiden:

- grafische Darstellungen funktionaler Zusammenhänge
- grafische Darstellungen statistischer Daten

Gelegentlich werden auch beide Arten miteinander vermischt. Dies wird anhand von Beispielen erläutert.

5.1 Interpretation von grafischen Darstellungen funktionaler Zusammenhänge

Hier geht es darum, aus grafischen Darstellungen auf Sachverhalte zu schließen. Dazu achtet man auf Eigenschaften des Graphen: Ist er gerade oder gekrümmt, fällt oder steigt er? Verläuft er glatt oder hat er einen Knick? Die folgende Übersicht hilft bei der Interpretation eines gegebenen Graphen:

Merke

Interpretation von grafischen Darstellungen

Graph	**Beschreibung**	**Deutung**
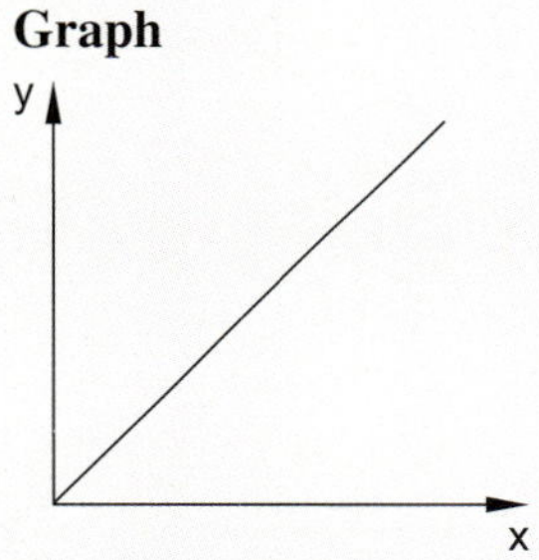	gerader Verlauf, steigend, geht durch den Ursprung	direkte Proportionalität, Gleichung $y = mx$, $m > 0$
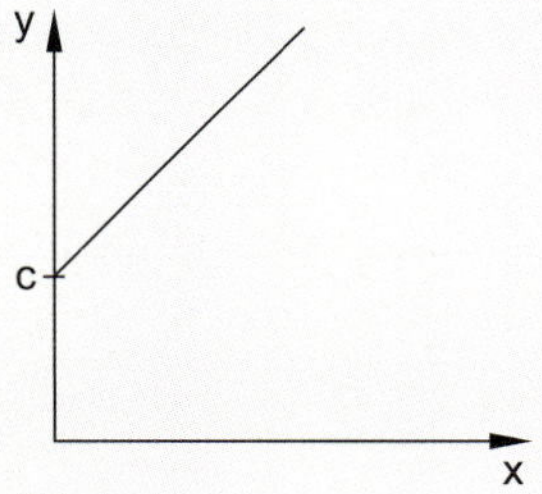	gerader Verlauf, steigend, geht durch den Punkt $(0 \mid c)$	lineares Wachstum mit einem Anfangswert $c > 0$ Gleichung $y = mx + c$ $(m > 0; c > 0)$
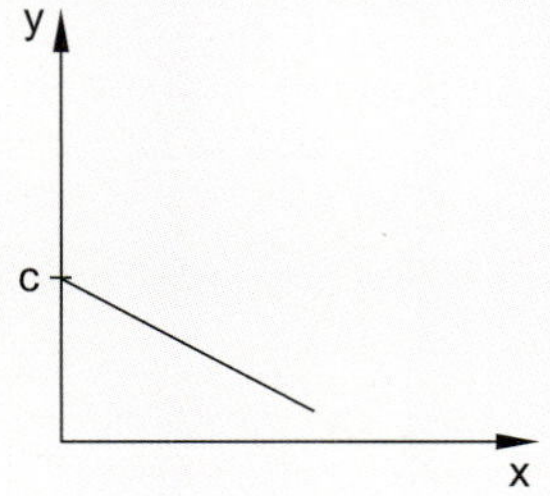	gerader Verlauf, fallend, geht durch den Punkt $(0 \mid c)$	lineare Abnahme mit einem Anfangswert $c > 0$ Gleichung $y = mx + c$ $(m < 0; c > 0)$

Graph	**Beschreibung**	**Deutung**
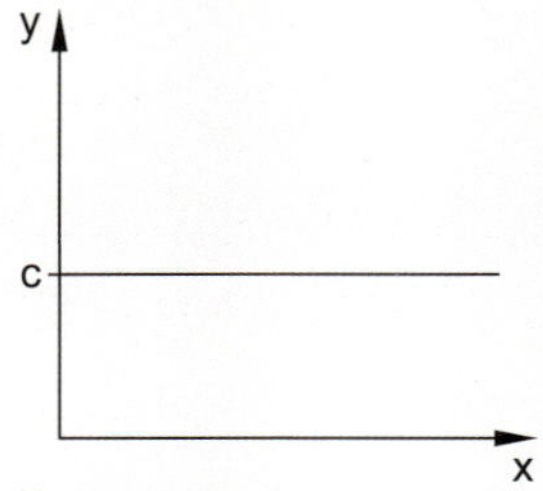	gerader Verlauf, alle Funktionswerte sind gleich c	konstante Funktion Gleichung $y = c$
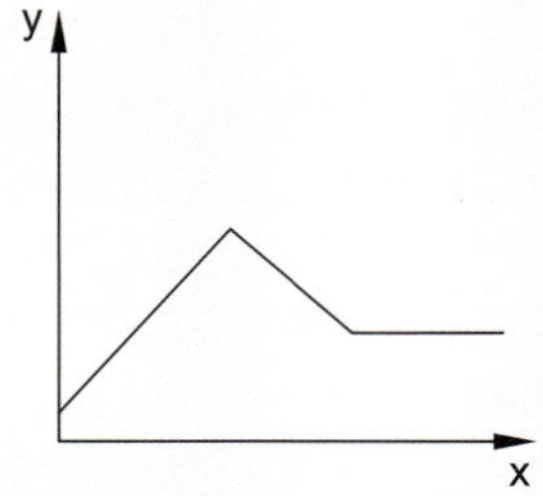	abschnittsweise gerade; Graph enthält zwei „Knickstellen“; zunächst steigend, darauf fallend, dann konstant	zunächst lineares Wachstum, darauf lineare Abnahme, dann konstant
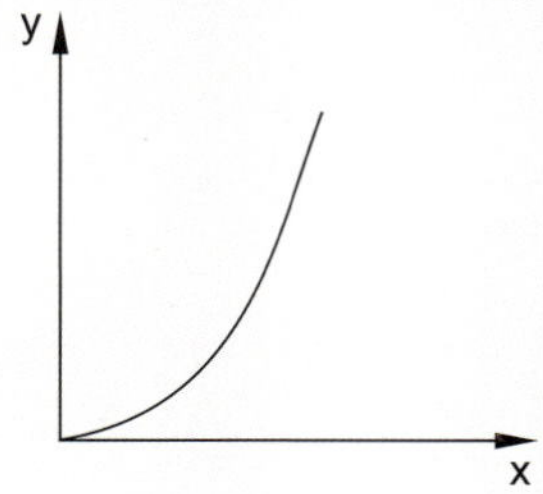	gekrümmter Verlauf; steigend; zu Beginn ist die Steigung geringer, dann größer, also linksgekrümmt	nicht lineares Wachstum; möglicherweise quadratisch (Gleichung $y = ax^2$; $a > 0$) oder exponentiell (Gleichung $y = c \cdot a^x$; $c, a > 0$)
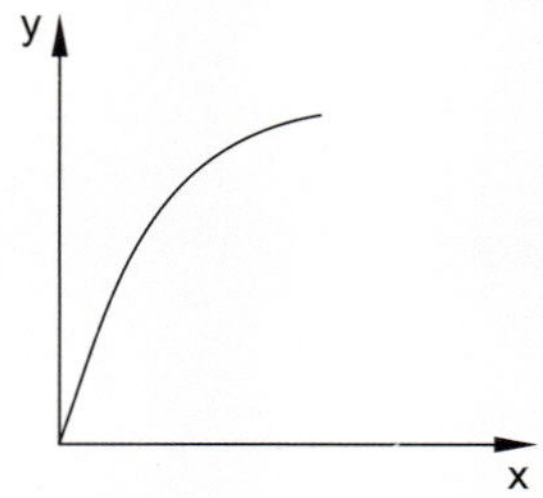	gekrümmter Verlauf; steigend; zu Beginn ist die Steigung größer, dann kleiner, also rechtsgekrümmt	nicht lineares Wachstum, möglicherweise beschränkt
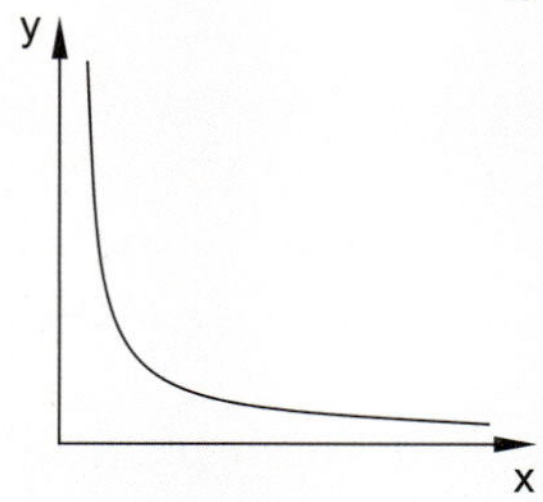	gekrümmter Verlauf; fallend	nicht lineare Abnahme; bei Produktgleichheit $x \cdot y = a$ ($a > 0$) für beliebige x Antiproportionalität

Im Folgenden werden die einzelnen Fälle an Beispielen erläutert.

Lineares Wachstum, lineare Abnahme

Beim linearen Wachstum nimmt eine Größe in jeweils den gleichen Abständen um jeweils den gleichen Betrag zu. Entsprechend ist lineare Abnahme durch Abnahme um jeweils den gleichen Betrag in gleichen Abständen gekennzeichnet.
So liegt etwa bei direkter Proportionalität lineares Wachstum vor, d. h. der Preis einer Ware wird k-mal so groß, wenn die gekaufte Menge k-mal so groß wird und kein Mengenrabatt gewährt wird.

Beispiel

In manchen Geschäften kann man sich jede beliebige Menge eines Öls abfüllen lassen. Ein besonderes Nussöl kostet 2,70 € für 100 $m\ell$.
Hier hat man es mit direkter Proportionalität zu tun. Diesen Zusammenhang kann man in einem Diagramm darstellen:

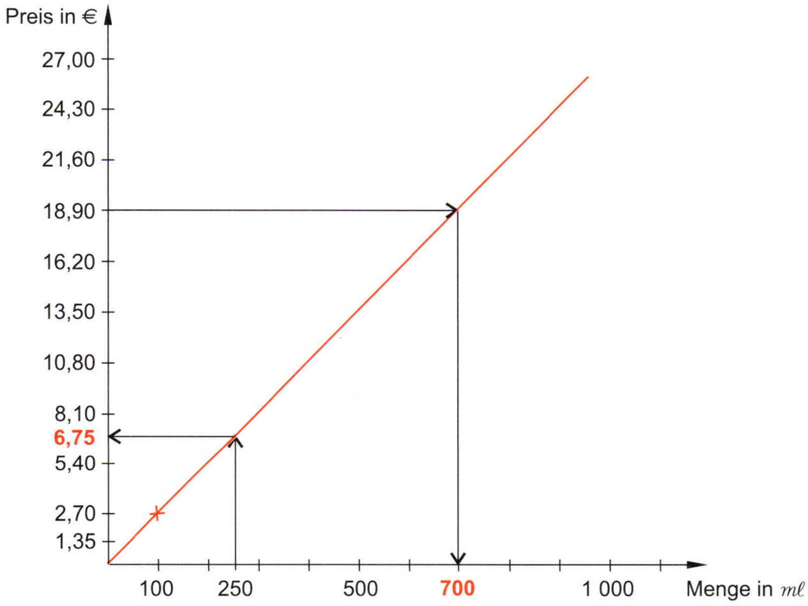

Aus dem Diagramm kann man z. B. ablesen, wie viel 250 $m\ell$ kosten, indem man auf der Mengenskala 250 $m\ell$ sucht, von dort aus senkecht nach oben geht, bis man den Graphen trifft und dann von diesem Graphenpunkt aus waagrecht nach links zur Preisskala geht. Dort liest man ab: 6,75 €.
Umgekehrt kann man zum Preis von 18,90 € die zugehörige Menge Öl aus dem Diagramm ablesen: Jetzt geht man vom Preis 18,90 € aus waagrecht nach rechts bis zum Graphen und vom Graphenpunkt aus senkrecht nach unten zur Mengenskala. Dort findet man als zugehörige Menge 700 $m\ell$.

Ein Graph, der lineares Wachstum beschreibt, muss jedoch nicht immer durch den Koordinatenursprung gehen. Dies ist z. B. dann der Fall, wenn für eine Dienstleistung eine Grundgebühr erhoben wird oder wenn ein Auto aufgetankt wird, dessen Benzintank noch eine bestimmte Menge Benzin enthält.

Beispiel

Der Preis für eine Taxifahrt setzt sich aus der Grundgebühr in Höhe von 4,00 € sowie dem Preis für die gefahrene Strecke zusammen. Tagsüber (zwischen 6 Uhr und 22 Uhr) kostet ein Kilometer 1,85 €, im Nachttarif (zwischen 22 Uhr und 6 Uhr) 2,00 €.

a) Stelle die Kosten für eine Taxifahrt tagsüber sowie zum Nachttarif in einem Diagramm in Abhängigkeit von den gefahrenen Kilometern dar.
b) Lies aus dem Diagramm ab: Wie viel zahlt Herr Walter, der um 22.35 Uhr von der Oper zu seinem 6,2 km entfernten Haus fährt?
c) Frau Werner hat viel eingekauft und lässt sich deshalb am frühen Nachmittag mit dem Taxi nach Hause fahren. Sie zahlt 7,40 €. Wie weit ist sie gefahren?

Überprüfe deine Ergebnisse jeweils durch eine Rechnung.

Lösung:

a)
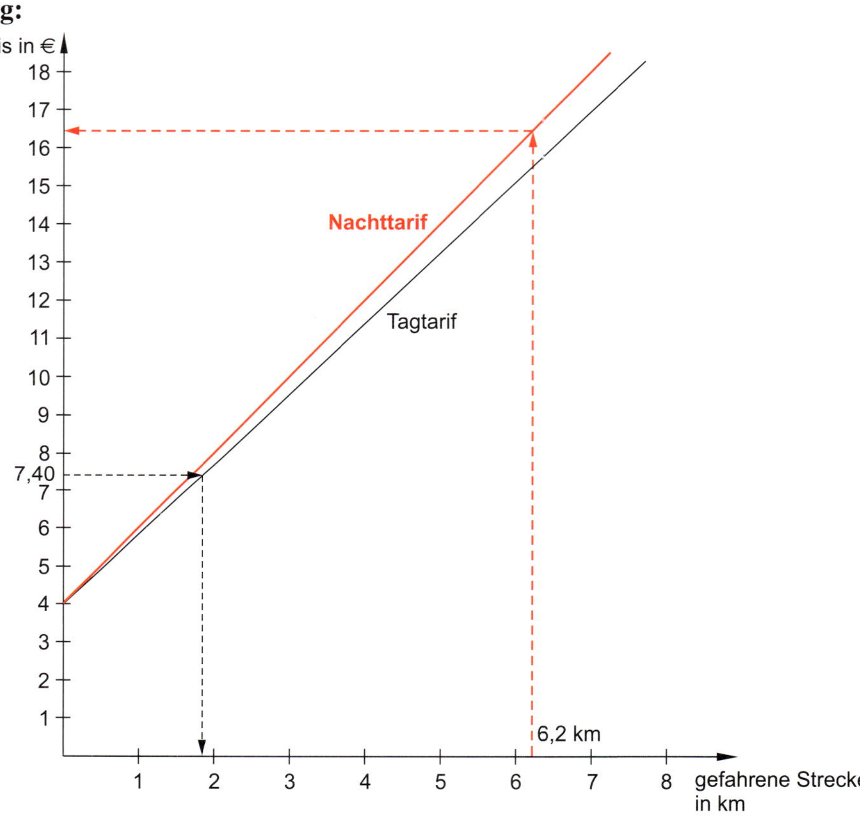

b) Herr Walter zahlt (im Nachttarif) etwa 16,50 € (Ablesen aus dem Diagramm).
Rechnung: Preis = Grundpreis + gefahrene Kilometer · Preis pro km
Preis = 4,00 € + 6,2 · 2,00 € = 16,40 €

c) Ablesen aus dem Diagramm: 1,8 km
Rechnung: Kilometerzahl = (Preis − Grundpreis) : Kilometerpauschale
Preis abzüglich Grundpreis: 7,40 € − 4,00 € = 3,40 €
3,40 € : 1,85 € ≈ 1,84

Frau Werner ist also etwa 1,8 km mit dem Taxi gefahren.

Das nächste Beispiel zeigt lineare Abnahme, die in eine konstante Funktion übergeht.

Beispiel

Aus einer zylinderförmigen Wassertonne fließt Wasser aus. Die Tonne ist 1,20 m hoch und vollständig gefüllt; die Abflussöffnung befindet sich in 20 cm Höhe. Stelle den qualitativen Verlauf der Höhe des Wasserstands in der Tonne in Abhängigkeit von der Zeit dar, wenn angenommen wird, dass das Wasser gleichmäßig abfließt.

Lösung:

Da das Wasser gleichmäßig ausfließt und der Querschnitt der Tonne überall gleich groß ist, fließt in jeder Zeiteinheit die gleiche Menge Wasser aus. Dies entspricht einer Abnahme der Höhe des Wasserstandes um jeweils den gleichen Betrag. Wenn der Wasserstand die Höhe der Abflussöffnung erreicht hat, fließt kein Wasser mehr aus, der Wasserstand bleibt also konstant bei 20 cm Höhe.

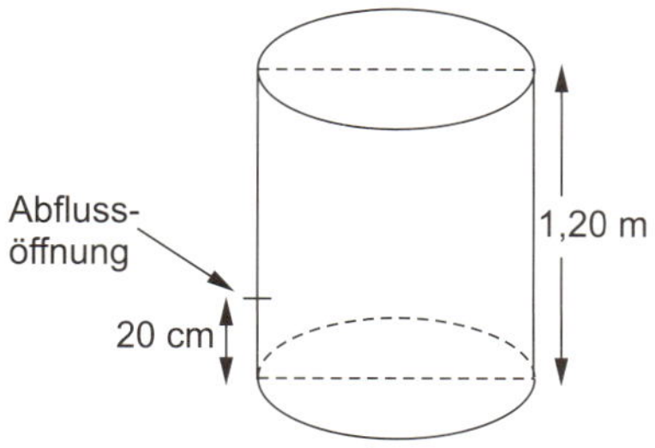

Graph

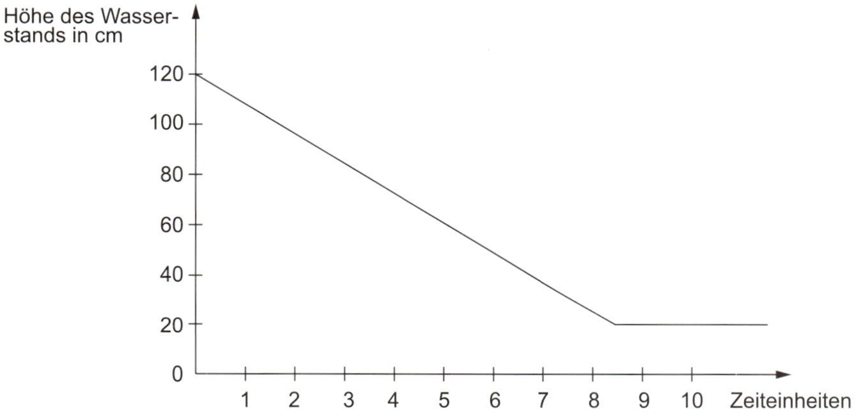

Da der Durchmesser der Wassertonne und die Ausflussgeschwindigkeit nicht bekannt sind, ist keine genauere Darstellung möglich.

Wichtige Beispiele von linearen Funktionsverläufen, bei denen sich Steigung und Bewegungsrichtung abschnittsweise ändern können, sind **Weg-Zeit-Diagramme** bei gleichförmiger, d. h. nicht beschleunigter Bewegung.

Beispiel

Das folgende Diagramm beschreibt Lisas Schulweg an einem bestimmten Tag.

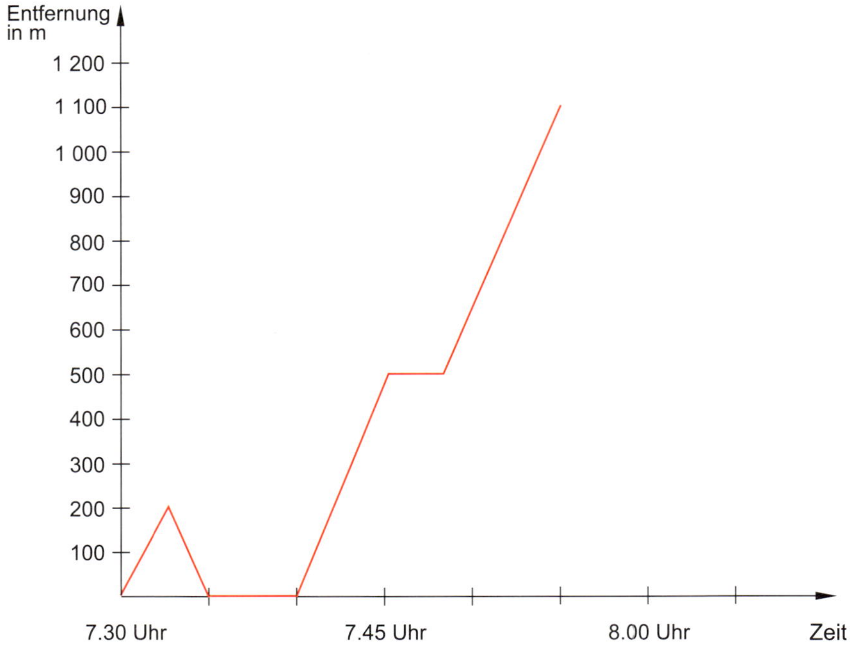

Beantworte folgende Fragen:

a) Wann kommt Lisa in der Schule an?
b) Wie weit ist die Schule von Lisas Wohnung entfernt?
c) Wann geht Lisa das zweite Mal von zu Hause weg?
d) Mit welcher Geschwindigkeit $\left(\text{in } \frac{\text{km}}{\text{h}}\right)$ geht sie dann von zu Hause weg?
e) Schreibe eine kurze Geschichte, die Lisas Schulweg an diesem Tag beschreibt.

Lösung:

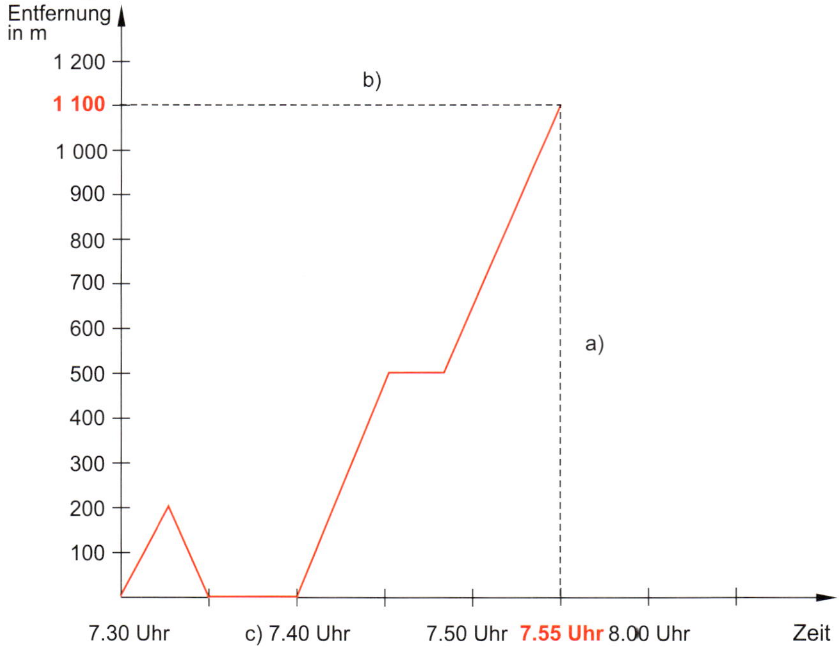

a) Ablesen aus dem Diagramm: Lisa kommt um 7.55 Uhr in der Schule an.
b) Ablesen aus dem Diagramm: Die Schule ist 1 100 m von Lisas Wohnung entfernt.
c) Ablesen aus dem Diagramm: Lisa geht um 7.40 Uhr zum zweiten Mal von zu Hause weg.
d) Ablesen aus dem Diagramm: Lisa legt zwischen 7.40 Uhr und 7.45 Uhr, also in 5 Minuten, 500 m zurück. In 60 min würde sie bei gleich bleibender Geschwindigkeit $12 \cdot 500 \text{ m} = 6\,000 \text{ m} = 6 \text{ km}$ zurücklegen. Ihre Geschwindigkeit beträgt also $6\,\frac{\text{km}}{\text{h}}$.
e) Lisa verlässt um 7.30 Uhr das Haus. Nachdem sie 200 m gegangen ist, fällt ihr ein, dass sie ihr Mathebuch vergessen hat. Sie geht zurück, findet das Buch aber erst nach längerem Suchen unter ihrem Bett. Um 7.40 Uhr verlässt sie das Haus wieder, sie geht jetzt aber rascher als beim ersten Mal. Um 7.45 Uhr trifft sie eine Freundin, mit der sie sich kurz unterhält. Danach geht sie etwas gemächlicher weiter. Um 7.55 Uhr kommt Lisa in der Schule an.

Gelegentlich werden bei grafischen Darstellungen einzelne Messwerte durch ein Kurvenstück miteinander verbunden und damit ein funktionaler Zusammenhang vorgetäuscht. Häufig geschieht dies, um den Verlauf besser sichtbar zu machen, etwa bei einer Fieberkurve oder bei der Darstellung der Umsatzentwicklung eines Unternehmens. Durch **geschickte Wahl der Skalen auf den Achsen** können **Daten** so **manipuliert werden**, dass beim Betrachter ein bestimmter, gewünschter, Eindruck entsteht.

Beispiel

Vertreter Apel und Vertreter Berner haben ihre Umsätze im vergangenen halben Jahr in Diagrammen dargestellt:

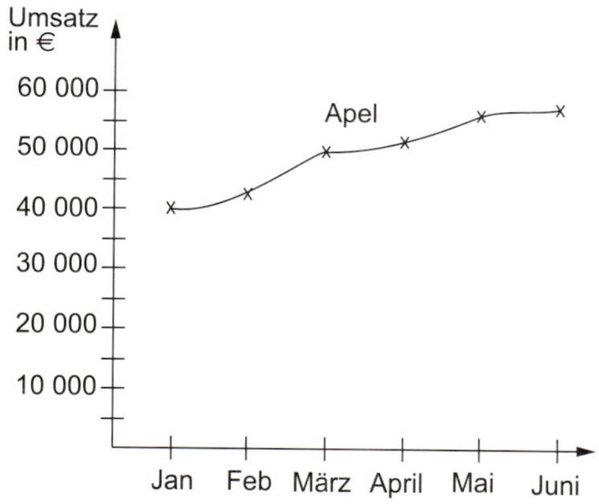

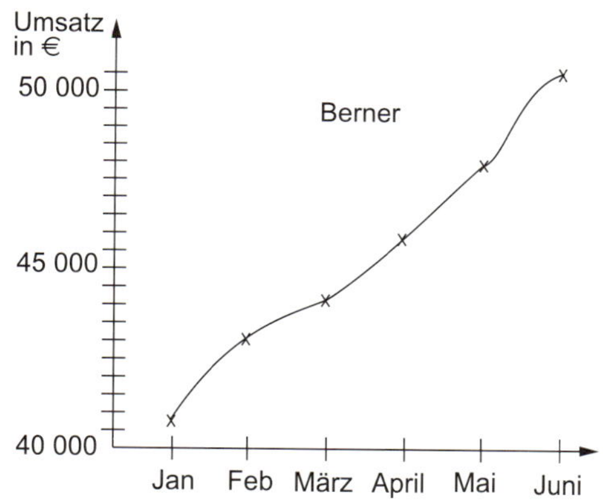

Beantworte folgende Fragen:
a) Welcher der beiden Vertreter hat scheinbar die größere Umsatzsteigerung erzielt?
b) Welchen Umsatz haben Herr Apel und Herr Berner in den Monaten Januar und Juni erzielt?
c) Wie groß ist jeweils die prozentuale Umsatzsteigerung im Juni gegenüber dem Umsatz im Januar?
d) Welcher der beiden Vertreter hat die größere Umsatzsteigerung erzielt?
e) Warum hat Herr Berner die Beschriftung der Achsen so gewählt wie oben angegeben?
f) Welche Art der grafischen Darstellung wäre für die Darstellung der Umsatzentwicklung besser geeignet?

Lösung:

a) Auf den ersten Blick scheint Herr Berner die größere Umsatzsteigerung erzielt zu haben, da seine Kurve steil ansteigt, während die von Herrn Apel eher flach verläuft.

b) Herr Apel: 40 000 € im Januar, 57 000 € im Juni
Herr Berner: 41 000 € im Januar, 51 000 € im Juni.

c) Herr Apel: Umsatzsteigerung um $p\,\% = \frac{(57\,000\,€ - 40\,000\,€) \cdot 100\,\%}{40\,000\,€} = 42{,}5\,\%$

Herr Berner: Umsatzsteigerung um $p\,\% = \frac{(51\,000\,€ - 41\,000\,€) \cdot 100\,\%}{41\,000\,€} \approx 24{,}39\,\%$

d) Die größere Umsatzsteigerung hat demnach Herr Apel erzielt.

e) Herr Berner möchte seine Ergebnisse in einem möglichst guten Licht erscheinen lassen. Daher wählt er die Beschriftung der y-Achse so, dass die Umsatzsteigerung als möglichst steile Kurve erscheint; insbesondere beginnt er nicht bei 0 €, sondern bei 40 000 €.

f) Zwischen den Monaten und dem Umsatz besteht eigentlich kein funktionaler Zusammenhang. Hier wäre ein Balkendiagramm besser geeignet.

Aufgaben

Grundwissen

115 Die Firma Leihfix bietet für kleinere Wohnungsumzüge Kleintransporter zu den Tarifen „Nah" und „Fern" an.

a) Für den Umzug innerhalb eines Ortes oder einer Stadt kostet der Transporter im Tarif „Nah" pro Tag nur die Benzinkosten (bei Rückgabe muss das Fahrzeug vollgetankt sein) und für jeden gefahrenen Kilometer 2,00 €.
Ergänze in der Tabelle die Leihgebühr ohne Benzinkosten.

Gefahrene Kilometer	0	1	2	5	10	20	50
Kosten in €	0	2					

b) Stelle die Werte aus Teilaufgabe a mithilfe eines Graphen dar (x-Achse: Strecke in km, y-Achse: Kosten in €).

c) Die entstehenden Kosten lassen sich auch als Funktionsgleichung angeben. Begründe, warum die Gleichung $y = 2{,}00\,\frac{€}{\text{km}} \cdot x$ sinnvoll ist.

d) Für Umzüge mit längeren Fahrtstrecken empfiehlt Leihfix den Tarif „Fern" für 75 € pro Tag und für jeden gefahrenen Kilometer 0,20 € zuzüglich Benzinkosten. Ergänze in der Tabelle die Leihgebühr ohne Benzinkosten.

Gefahrene Kilometer	0	1	2	5	10	20	50
Kosten in €							

e) Stelle die Werte aus Teilaufgabe d mithilfe eines Graphen im gleichen Koordinatensystem wie den Graphen von Teilaufgabe b dar.

f) Gib eine Gleichung mit Einheiten an, mit deren Hilfe man die Leihgebühr (ohne Benzinkosten) für den Tarif „Fern" bestimmen kann.

g) Entscheide und begründe, welcher der beiden Tarife bei einer Gesamtumzugsstrecke von 45 km günstiger ist.

h) Bestimme, ab welcher Wegstrecke der Tarif „Fern" günstiger ist und begründe, warum die Benzinkosten beim Vergleich der Tarife nicht beachtet werden müssen.

116 Ein Diesel-Pkw kostet pro Jahr 1 000 € an Steuer und Versicherung. Pro 100 km benötigt das Fahrzeug 5 Liter Dieselkraftstoff, 1 Liter davon kostet 1,30 €.
Das gleiche Modell mit einem Benzinmotor kostet 500 € an Steuer und Versicherung. Der Benziner braucht 7 Liter Super auf 100 km, 1 Liter Super kostet 1,50 €.

a) Gib die jährlichen Kosten für den Diesel-Pkw an, wenn man damit 10 000 km (15 000 km, 20 000 km) zurücklegt.
b) Welche Kosten entstehen pro Jahr, wenn man mit dem Fahrzeug mit Benzinmotor 10 000 km (15 000 km, 20 000 km) zurücklegt?
c) Übertrage die Werte für die zurückgelegte Strecke und die entstehenden Kosten pro Jahr für die beiden Fahrzeuge in ein Koordinatensystem (x-Achse: Fahrleistung in km, y-Achse: Kosten in €). Bestimme mithilfe der eingezeichneten Graphen die Strecke, bei der die entstehenden Kosten für die beiden Fahrzeuge gleich sind.
d) Der Diesel-Pkw kostet neu 33 500 €, ein gleich ausgestatteter Pkw mit Benzinmotor kostet 30 000 €.
Wie viele Jahre muss man den Diesel-Pkw bei einer jährlichen Strecke von 20 000 km mindestens fahren, bis sich die Mehrkosten in der Anschaffung (beim Kauf) gelohnt haben?

Interaktive Aufgaben

1. Kleinflugzeug
2. Schwimmbecken

Nicht lineares Wachstum

Sehr viele Vorgänge, die Wachstum oder Abnahme beschreiben, lassen sich nicht durch lineare Funktionen darstellen. Dazu gehören Füllgraphen von Gefäßen mit nicht konstantem Querschnitt bei gleichmäßiger Flüssigkeitszufuhr, Weg-Zeit-Diagramme beschleunigter Bewegungen, das Anwachsen eines Kapitals mit Zinseszinsen oder radioaktiver Zerfall.
Häufig sollen aus einer gegebenen grafischen Darstellung Informationen entnommen werden. Dabei ist es oft hilfreich, sich anzuschauen, wie ein Graph steigt oder fällt: Ist die Steigung am Anfang klein (der Graph verläuft flach) und wächst dann (der Graph wird steil) oder ist es umgekehrt? Dies kann man feststellen, indem man ein Lineal oder Geodreieck so am Graphen entlangführt, dass das Lineal den Graphen berührt.
Außerdem ist es von Vorteil, den Verlauf quadratischer Funktionen und von Exponentialfunktionen im Kopf zu haben, s. auch die entsprechenden Abschnitte.

Beispiele

1. Ein Wasserbehälter hat die Form eines auf der Spitze stehenden Kegels. Welcher der folgenden Graphen beschreibt die Füllhöhe im Gefäß richtig, wenn das Gefäß zunächst leer ist und das Wasser gleichmäßig zufließt?

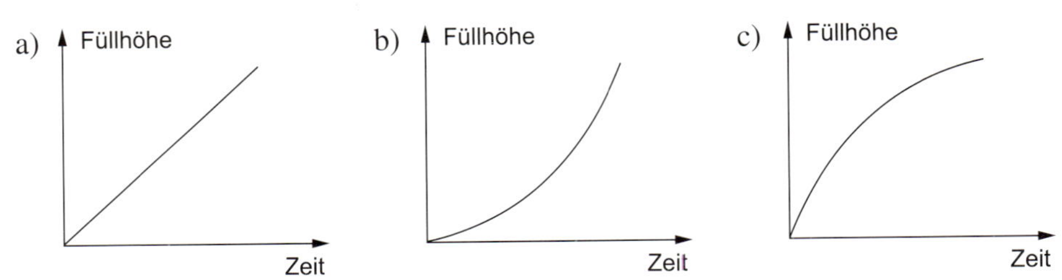

Lösung:
Da der Wasserbehälter die Form eines auf der Spitze stehenden Kegels hat, ändert sich der Querschnitt des Gefäßes ständig: Er ist zunächst klein und wird immer größer. Daher steigt die Füllhöhe am Anfang stärker und dann schwächer. Die Steigung des zugehörigen Graphen muss also zuerst groß sein und dann mit der Zeit abnehmen. Daher ist c) der richtige Graph.

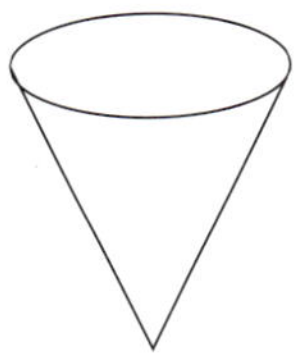

2. Die folgende grafische Darstellung zeigt die Bewegung eines Steins, der von einer Felswand fallen gelassen wird. Beantworte die folgenden Fragen:

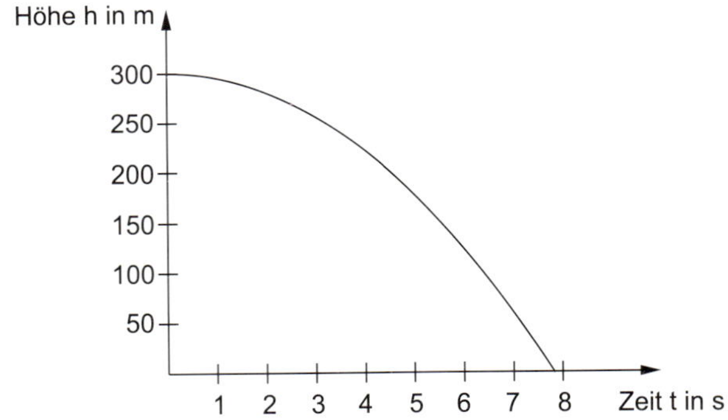

   a) Aus welcher Höhe fällt der Stein?
   b) Nach wie vielen Sekunden kommt der Stein am Boden auf?
   c) Welchen Weg legt der Stein in der vierten Sekunde zurück?
   d) Welchen Weg legt der Stein in der siebten Sekunde zurück?
   e) Um welche Art von Bewegung handelt es sich? Durch welche Funktionsgleichung kann die Bewegung annähernd beschrieben werden?

Lösung:

a) Der Stein fällt aus einer Höhe von 300 m.

b) Nach 7,8 s kommt der Stein am Boden auf.

c) Der Stein legt in der vierten Sekunde etwa 30 m zurück.

d) Der Stein legt in der siebten Sekunde etwa 60 m zurück.

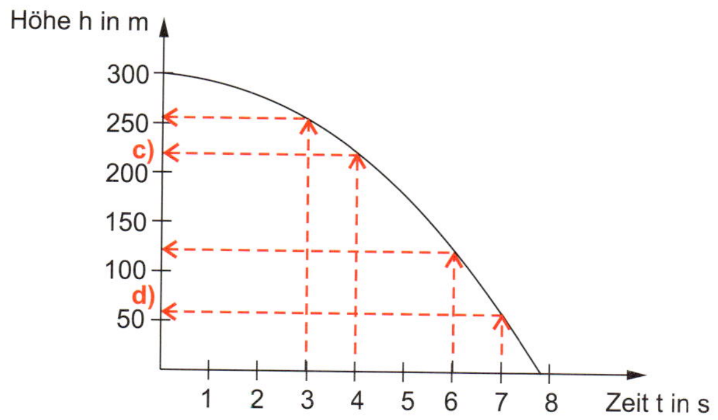

e) Es handelt sich um eine beschleunigte Bewegung. Die Funktionsgleichung ist eine quadratische Funktion mit dem Scheitel (0|300); die zugehörige Parabel ist nach unten geöffnet. Daher hat die Gleichung die Form $y = h = 300 - at^2$; mit $h = 0$ für $t = 7{,}8$ s ergibt sich $300 - a \cdot 7{,}8^2 = 0$, also $a = \frac{300}{7{,}8^2} \approx 4{,}9 \left(\frac{m}{s^2}\right)$.

In der Physik schreibt man üblicherweise für die Fallhöhe $h = \frac{1}{2} \cdot g \cdot t^2$, wobei $g = 9{,}81 \frac{m}{s^2}$ die Fallbeschleunigung ist; diese Fallhöhe ist jeweils von der Höhe der Felswand abzuziehen.

3. Bei kurzer Trinkzeit (etwa eine halbe Stunde) ergibt sich ungefähr der folgende Verlauf der Blutalkoholkonzentration (nach W. Schwerd (Hrsg.), Kurzgefaßtes Lehrbuch der Rechtsmedizin für Mediziner und Juristen, Deutscher Ärzte-Verlag, 3. Auflage 1979):

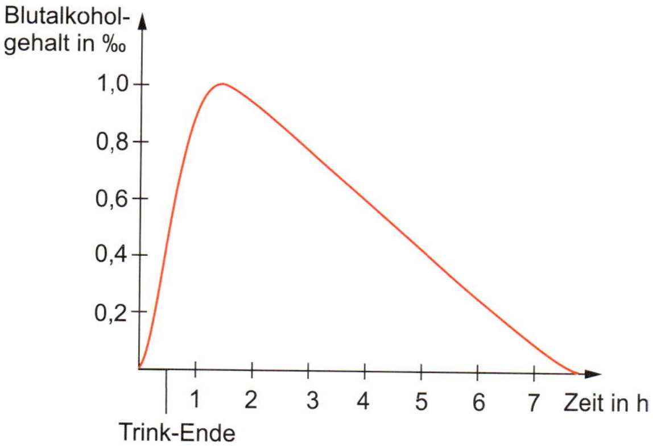

Beantworte folgende Fragen:

a) Welche Blutalkoholkonzentration wird hier maximal erreicht?

b) Nach welcher Zeit ist das Maximum erreicht?

c) Beschreibe den Verlauf der Kurve.

Lösung:

a) Der maximale Blutalkoholgehalt beträgt 1,0 ‰.

b) Das Maximum ist etwa eineinhalb Stunden nach Beginn des Trinkens erreicht.

c) Die Kurve steigt zunächst rasch an; nach eineinhalb Stunden ist das Maximum von 1,0 ‰ erreicht. Danach fällt die Kurve annähernd linear.

Aufgabe 117

Grundwissen

In der Tabelle ist die durchschnittliche Körpergröße von Mädchen im Alter bis 14 Jahren angegeben:

Alter (in Jahren)	0	1	2	3	4	5	7	10	11	12	13	14
Durchschnittliche Körpergröße von Mädchen (in cm)	48	75	87	96	103	111	122	142	148	154	158	165

Quelle für die Werte ab 1 Jahr: Forschungsinstitut für Kinderernährung, Dortmund

a) Erstelle an Hand der Werte aus der Tabelle einen Graphen (x-Achse: Alter in Jahren, y-Achse: Körpergröße in cm).
b) Lies im Graphen ab, wie groß ein Mädchen durchschnittlich mit 9 Jahren ist!
c) Um wie viel cm wächst ein Mädchen durchschnittlich im ersten Lebensjahr?
d) Begründe, warum die durchschnittliche Größe im Alter *0 Jahre* nicht *0 cm* sein kann.
e) Lies am Graphen ab, in welchem Jahr ein Mädchen durchschnittlich am meisten wächst! Erkläre, woran du dies erkennst!
f) Zwischen dem Alter von 2 und 3 Jahren wächst ein Mädchen durchschnittlich um 9 cm. Wie groß wäre dieses Mädchen, wenn es bis zu einem Alter von 14 Jahren genauso schnell weiter wachsen würde?
g) Um wie viel Prozent wächst ein Mädchen im Alter von 12 bis 14 Jahren?

5.2 Analyse grafischer Darstellungen bei statistischen Datenerhebungen

Statistische Daten werden der besseren Anschaulichkeit wegen häufig in Diagrammen dargestellt. Besonders gebräuchlich sind Block-, Streifen- und Kreis- bzw. Tortendiagramme. Gelegentlich werden Daten jedoch ausgewertet und ein funktionaler Zusammenhang zwischen einzelnen Merkmalen hergestellt. Dies zeigt unser erstes Beispiel.

Beispiel

In einem Lehrbuch der Rechtsmedizin (W. Schwerd (Hrsg.), Kurzgefaßtes Lehrbuch der Rechtsmedizin für Mediziner und Juristen, Deutscher Ärzte-Verlag, 3. Auflage 1979) findet sich folgende Grafik:

Zunahme der Gefährlichkeit alkoholbeeinflusster Verkehrsteilnehmer mit steigender Blutalkoholkonzentration

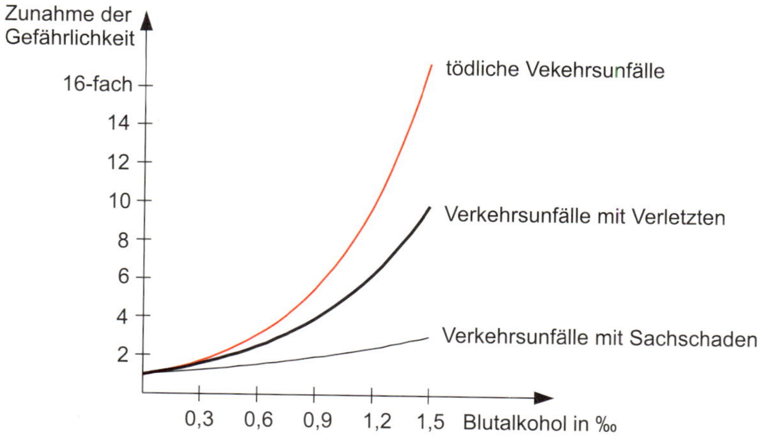

Beantworte folgende Fragen:

a) Wie hoch – im Vergleich zu einem Nüchternen – ist das Risiko einer Person mit einem Blutalkoholgehalt von 1,2 ‰ dafür, einen Verkehrsunfall mit Verletzten zu verursachen?
b) Bei welchem Blutalkoholgehalt steigt das Risiko für einen tödlichen Verkehrsunfall auf das 12-fache an?
c) Für welche Art von Unfällen steigt das Risiko mit steigendem Blutalkoholgehalt besonders stark an?
d) Welche Art von Funktionen gibt den hier gezeigten Sachverhalt wieder?
e) Stelle die Steigerung des Risikos für einen tödlichen Unfall für 0,3 ‰, 0,5 ‰, 0,8 ‰ und 1 ‰ in einem Säulendiagramm dar. Bei welcher Diagrammart zeigt sich die Erhöhung des Risikos deutlicher?

Lösung:

a) Das Risiko für einen Unfall mit Verletzten versechsfacht sich.
b) Bei 1,3 ‰ steigt das Risiko für einen tödlichen Verkehrsunfall auf das 12-fache.
c) Das Risiko für tödliche Verkehrsunfälle steigt besonders stark an.
d) Es handelt sich um Exponentialfunktionen.

e)

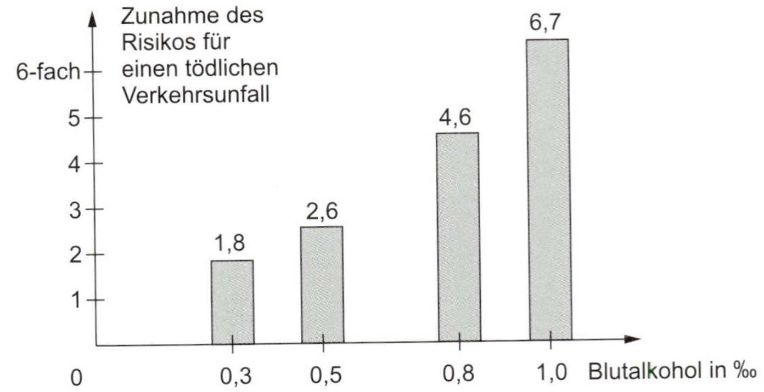

Die Darstellung der Erhöhung des Unfallrisikos durch eine Kurve macht den Zusammenhang deutlicher.

Statistische Daten werden häufig in Säulendiagrammen dargestellt. Es empfiehlt sich, genau auf die Beschriftung der Achsen zu achten.

Beispiel

Die folgenden Diagramme zeigen die durchschnittlichen Klassenstärken in Grundschulen und weiterführenden Schulen nach Bundesland.

Anzahl der Schüler*innen je Klasse an Grundschulen im Jahr 2012

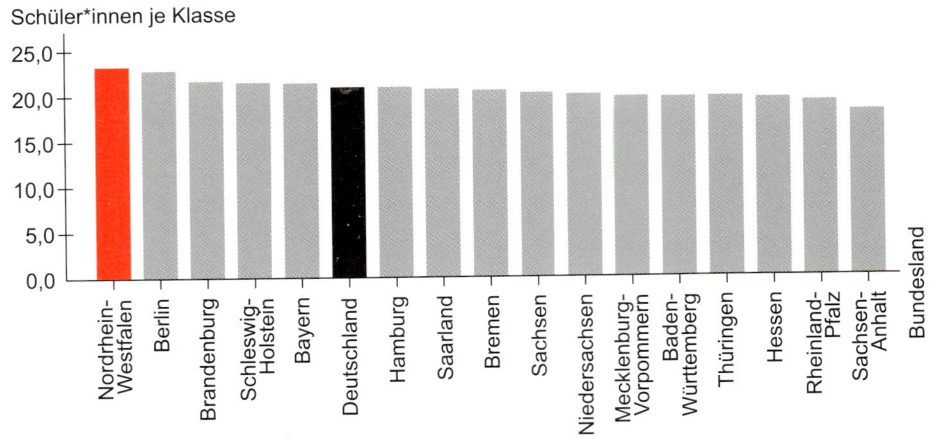

Anzahl der Schüler*innen je Klasse an weiterführenden Schulen im Jahr 2012

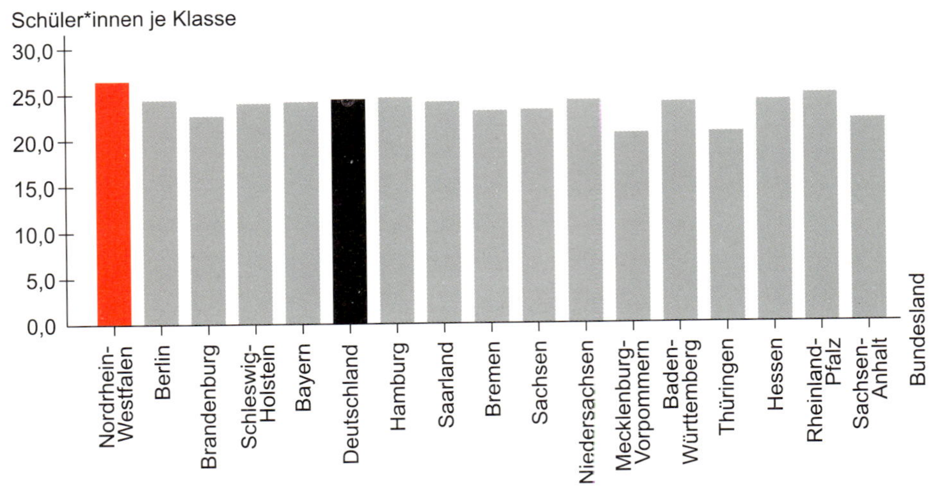

(eigene Darstellung, Daten nach: Bildungsbericht: Bildung in Deutschland 2014, Seite 265)

Beantworte anhand der Diagramme die folgenden Fragen:

a) Wie viele Schüler*innen sind in Nordrhein-Westfalen durchschnittlich in einer Grundschulklasse? Sind es mehr als im Bundesdurchschnitt?

b) In welchem Bundesland sind die Grundschulklassen am kleinsten, wo am größten?

c) Sind die durchschnittlichen Klassenstärken in der Grundschule und an weiterführenden Schulen in Nordrhein-Westfalen gleich?

d) In welchen Bundesländern hat eine Grundschulklasse durchschnittlich weniger als 20 Schüler*innen?

e) In welchen Bundesländern hat eine Klasse an weiterführenden Schulen durchschnittlich weniger als 20 Schüler*innen?

f) Wie groß sind die Klassenstärken an Grundschulen und an weiterführenden Schulen im Bundesdurchschnitt?

Lösung:

a) In Nordrhein-Westfalen sind durchschnittlich 23 Schüler*innen in einer Grundschulklasse, im Bundesdurchschnitt sind es dagegen nur 21.

b) In Sachsen-Anhalt sind die Grundschulklassen mit einer Klassenstärke von durchschnittlich 18 am kleinsten, in Nordrhein-Westfalen mit durchschnittlich 23 am größten.

c) Grundschule: 23 Schüler*innen weiterführende Schulen: 26 Schüler*innen
Die durchschnittliche Klassenstärke ist also an weiterführenden Schulen größer.

d) In einer Grundschulklasse sind in Mecklenburg-Vorpommern, Baden-Württemberg, Thüringen, Hessen, Rheinland-Pfalz und Sachsen-Anhalt durchschnittlich weniger als 20 Schüler*innen.

e) Das ist in keinem Bundesland der Fall.

f) Grundschule: 21 Schüler*innen weiterführende Schulen: 24 Schüler*innen

Gelegentlich werden statistische Aussagen in bildhafte Darstellungen verpackt. In solchen Fällen sind Manipulationen besonders verbreitet.

Beispiel

Ein Versandhaus möchte den Umsatz, den es durch den Versand von Weinen aus aller Welt erzielt, nochmals steigern und plant eine Sonderaktion. Der Geschäftsleitung liegen zwei Entwürfe vor.

Entwurf 1:

Entwurf 2:

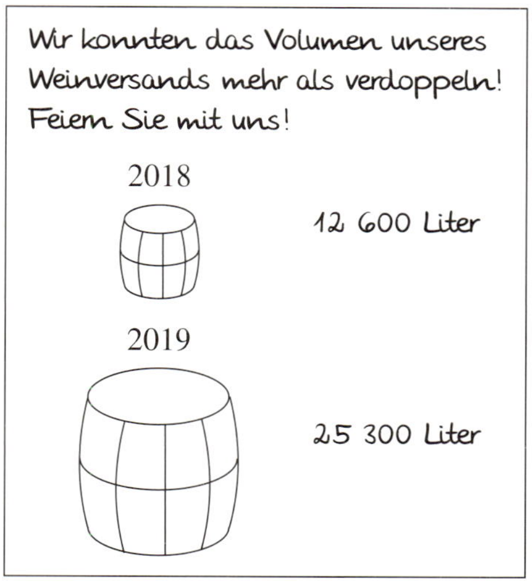

Für welchen Entwurf wird sich die Geschäftsleitung wahrscheinlich entscheiden und warum?

Lösung:
Vermutlich wird die Geschäftsleitung den zweiten Entwurf wählen, da dort das Anwachsen des Umfangs des Weinversands deutlicher wird. Allerdings täuscht das große Fass eine erheblich größere Steigerung der Menge vor als tatsächlich vorhanden: Das große Fass ist etwa doppelt so breit und doppelt so hoch wie das kleine, bedeckt also einen viermal so großen Flächeninhalt! Bedenkt man, dass es sich bei einem Fass um ein dreidimensionales Gebilde handelt, so wird sogar der achtfache Rauminhalt vorgetäuscht.

Manchmal besteht die Manipulation statistischer Daten nur aus der Kunst des Weglassens. Dies zeigt das folgende Beispiel:

Beispiel

Ein Pharmakonzern hat ein neues Medikament gegen eine bestimmte Krebsart entwickelt und gibt eine Langzeitstudie in Auftrag, die über einen Zeitraum von fünf Jahren laufen soll. Dabei wird das neue Medikament (N) mit dem herkömmlichen (H) verglichen. Die Forschergruppe fasst ihre Ergebnisse hinsichtlich der Überlebensrate in folgendem Diagramm zusammen:

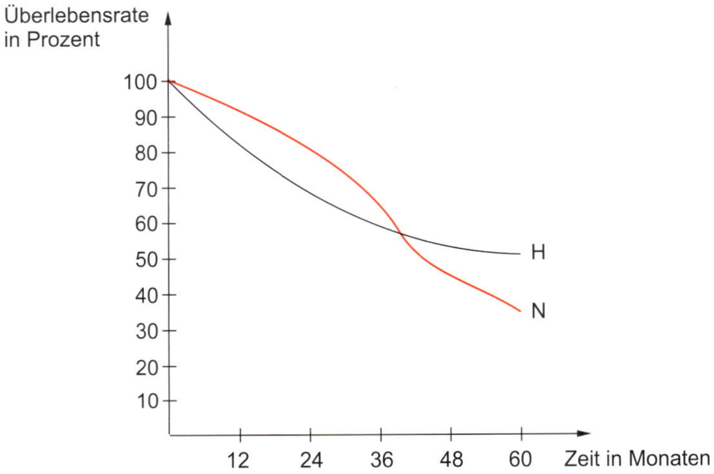

Die Überlebensrate z. B. nach 12 Monaten gibt an, wie viel Prozent der ursprünglich vorhandenen Patienten dann noch leben.

Im Ärzteprospekt für das Medikament N erscheint die folgende Grafik:

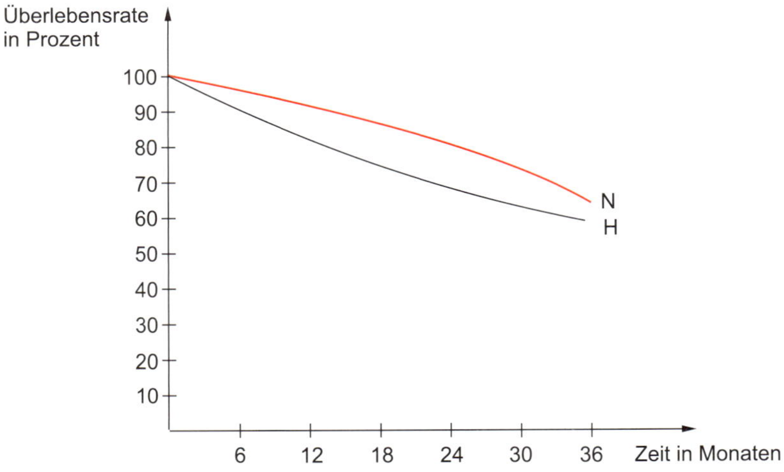

Beantworte die folgenden Fragen:

a) Welche Rückschlüsse hinsichtlich der Wirksamkeit der Medikamente H und N kann man aus der ersten Grafik ziehen?
b) Wie wird die Wirksamkeit des Medikamentes N in der zweiten Grafik dargestellt? Stimmen die dort angegebenen Überlebensraten mit denen aus der ersten Grafik überein?
c) Wie wurde die erste Grafik im Ärzteprospekt manipuliert? Welches Ziel verfolgt diese Manipulation?
d) Was könnte der Grund für den starken Abfall der Überlebensrate nach 36 Monaten bei Medikament N sein?

Lösung:

a) Bei Medikament H fällt die Überlebensrate in den ersten 36 Monaten auf etwa 60 % ab; danach scheint sie aber nur langsam zu fallen. Nach 60 Monaten beträgt die Überlebensrate immerhin noch etwa 50 %.
In den ersten 36 Monaten fällt die Überlebensrate bei Medikament N deutlich schwächer ab als bei Medikament H; nach 36 Monaten beträgt die Überlebensrate etwa 66 %. Im vierten Jahr sinkt die Überlebensrate dramatisch ab und ist nach 60 Monaten nur noch bei 35 %.

b) Nach der zweiten Grafik scheint Medikament N deutlich besser zu sein als Medikament H, da die Überlebensrate unter N stets größer ist als unter H. Die Überlebensraten stimmen für beide Medikamente mit denen aus der ersten Grafik überein.

c) Bei der zweiten Grafik wurde auf der Zeitachse ein doppelt so großer Maßstab gewählt. Außerdem endet die Zeitachse bei 36 Monaten. Dadurch wird der drastische Abfall der Überlebensrate bei Medikament N verschwiegen. Zweck dieser Manipulation ist, das neue Medikament N als das bessere darzustellen, damit möglichst viele Ärzte ihren Patienten das Medikament N verschreiben und so Umsatz und Gewinn des Pharmakonzerns steigern helfen. Würde die ursprüngliche Grafik in den Ärzteprospekt aufgenommen, würde wohl kaum ein Arzt seinen Patienten das neue Medikament verordnen, da es längerfristig deutlich schlechter abschneidet als das herkömmliche Medikament H.

d) Das neue Medikament könnte Nebenwirkungen haben, die innere Organe wie Herz oder Leber schädigen und die nach längerer Zeit zum Tod des Patienten führen.

Bei der Aufbereitung statistischer Daten werden häufig Prozentsätze angegeben. Oft beziehen sich diese Prozentsätze auf eine Stichprobe, über deren Umfang nichts ausgesagt wird. Insbesondere ist unbekannt, ob die Stichprobe überhaupt repräsentativ ist. Im obigen Beispiel wird die Anzahl der Patienten, an denen Medikament H bzw. N erprobt wurde, nicht genannt. Sind die Anzahlen sehr klein, lassen sich aus den Ergebnissen der Studie keine gesicherten Erkenntnisse gewinnen.

Aufgabe 118

Grundwissen

In den Häfen in Hamburg, Bremerhaven, Wilhelmshaven und Rostock wurden in den Jahren von 2015 bis 2018 folgenden Gütermengen (Angaben in 1 000 Tonnen) umgeschlagen:

	2015	2016	2017	2018
Hamburg	120 171	120 319	118 761	125 081
Bremerhaven	49 753	52 294	49 292	51 160
Wilhelmshaven	23 202	20 181	22 662	21 154
Rostock	20 328	20 959	20 427	19 635

(Daten nach: Statistisches Bundesamt, Seeschifffahrt 2018)

a) Erstelle aus den gegebenen Daten für den Hamburger Hafen ein Säulendiagramm.
b) Berechne das arithmetische Mittel* und den Zentralwert* des gesamten Güterumschlags für das Jahr 2016. Erkläre die Unterschiede zwischen diesen beiden Werten. (*siehe Kapitel 11.1)
c) Berechne die prozentuale Steigerung des Güterumschlags von 2015 bis 2018 für die Häfen von Hamburg und Bremerhaven.
d) Herr Meier soll den Güterumschlag des Hamburger Hafens im Vergleich zum Hafen von Bremerhaven besonders positiv darstellen und benutzt dazu das abgebildete Diagramm. Erkläre, wie die Darstellung zugunsten Hamburgs „geschönt“ wurde.

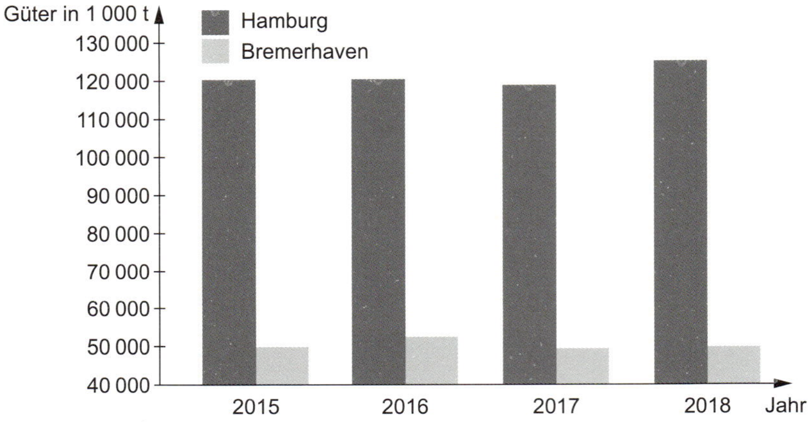

e) Auf der nächsten Pressekonferenz sollen die Ergebnisse wieder positiv präsentiert werden. Um nicht noch einmal den alten Fehler zu wiederholen, hat Herr Meier sich ein neues Diagramm erstellen lassen. Welchen Eindruck erweckt er mit diesem Diagramm?

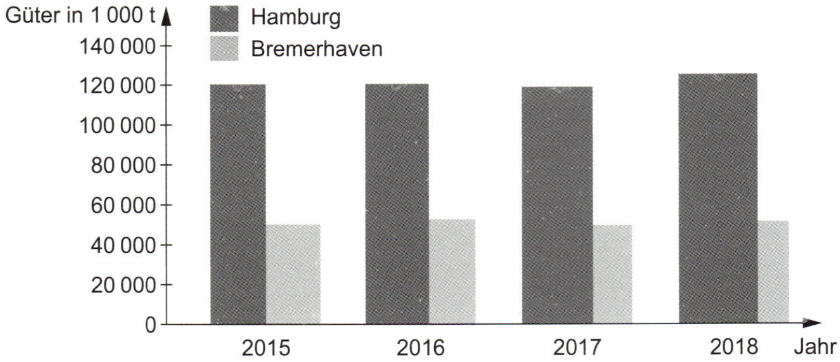

Interaktive Aufgabe

1. Fußballturnier

6 Ähnlichkeit

Maßstabsgetreue Vergrößerungen und Verkleinerungen spielen im Alltag und in der Technik eine bedeutsame Rolle. Die Projektion eines Dias oder der vergrößerte Abzug eines Filmnegativs stellen Beispiele für derartige Vergrößerungen dar. In Bau- oder Grundstücksplänen werden die entsprechenden Objekte jeweils in einem bestimmten Maßstab (z. B. 1 : 500) verkleinert gezeichnet. Beim Modellbau werden maßstabsgetreue, verkleinerte Abbilder von Flugzeugen oder Schiffen konstruiert.

6.1 Ähnliche Figuren

Vergrößerungen oder Verkleinerungen sollen in der Regel maßstabsgetreu sein, d. h. Original- und Bildfigur stimmen in der Gestalt völlig überein, haben jedoch unterschiedliche Größe. Wir sagen dann auch: Original- und Bildfigur sind **ähnlich**.

Merke

Ähnliche Figuren

Zwei ähnliche Figuren F_1 und F_2 ($F_1 \sim F_2$) stimmen

- in den Maßen entsprechender Winkel (Winkeltreue)
- im Verhältnis entsprechender Streckenlängen (Verhältnistreue)

überein.

So ist in der Abbildung die rechte Figur eine Vergrößerung der linken Figur, umgekehrt ist die linke Figur eine Verkleinerung der rechten Figur. Die Figuren sind ähnlich: $F_1 \sim F_2$.
Für den Fall der Vergrößerung gilt für das Verhältnis der Längen entsprechender Strecken:

$$\frac{\overline{ZA'}}{\overline{ZA}} = k$$

$$\overline{ZA'} = k \cdot \overline{ZA}$$

und

$$\frac{\overline{A'B'}}{\overline{AB}} = k$$

$$\overline{A'B'} = k \cdot \overline{AB}$$

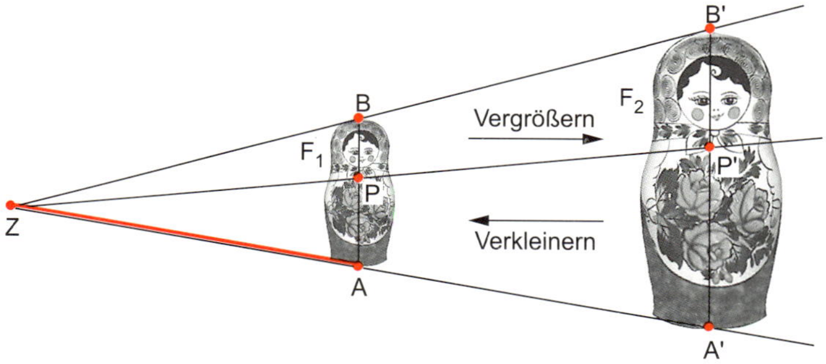

In dieser Abbildung ist der Vergrößerungsfaktor k = 2.

Für den Fall der Verkleinerung gilt für das Verhältnis k' entsprechender Streckenlängen $k' = \frac{1}{k}$ und $0 < k' < 1$.

Aufgabe **119**

Grundwissen

Es sind fünf Dreiecke $D_1 - D_5$ mit den jeweils angegebenen Maßen gegeben.

D_1: $a_1 = 18$ cm; $b_1 = 12$ cm; $c_1 = 24$ cm
D_2: $a_2 = 6$ cm; $b_2 = 4$ cm; $c_2 = 8$ cm
D_3: $a_3 = 7{,}5$ cm; $b_3 = 5$ cm; $c_3 = 9$ cm
D_4: $\alpha_4 = 78°$; $\gamma_4 = 47°$
D_5: $\beta_5 = 78°$; $\gamma_5 = 47°$

Prüfe, ob die Dreiecke D_1 und D_2, D_2 und D_3, D_4 und D_5 jeweils ähnlich sind.

6.2 Zentrische Streckung

Das **Vergrößern (Strecken)** oder **Verkleinern (Stauchen)** einer Figur erfolgt von einem festen Punkt, dem **Zentrum Z**, aus nach folgender Vorschrift:

Merke

Zentrische Streckung

Zu jedem Punkt P der Originalfigur erhält man den entsprechenden Bildpunkt P', indem man die Strecke $\overline{ZP}$ mit einem Faktor $|k|$ multipliziert.

Das Ergebnis ist die Strecke $\overline{ZP'}$, mit $\overline{ZP'} = |k| \cdot \overline{ZP}$ und $P' \in ZP$ (siehe Abbildung).

Originalpunkt P und Bildpunkt P' liegen auf einer Geraden durch das Zentrum Z.

Die Gesamtheit aller Bildpunkte P' ergibt die Bildfigur.

Der Faktor k heißt auch **Streckungsfaktor**, ist eine reelle, von Null verschiedene Zahl und gibt das Verhältnis von Bild- und Originalstrecke an:

$$|k| = \frac{\overline{ZP'}}{\overline{ZP}}$$

Der Wert des Streckungsfaktors k bestimmt den Maßstab der Vergrößerung bzw. der Verkleinerung sowie die gegenseitige Lage von Original- und Bildfigur.

Merke

Eigenschaften der zentrischen Streckung

$k > 1$	und	$k < -1$	Vergrößerung
$k = 1$	und	$k = -1$	gleiche Größe
$-1 < k < 0$	und	$0 < k < 1$	Verkleinerung.

Für **positive k** liegen Original- und Bildpunkt auf der Geraden durch Z auf der gleichen Seite von Z.

Für **negative k** liegen Original- und Bildpunkt auf der Geraden durch Z auf verschiedenen Seiten von Z.

Die Vorschrift, nach der wir eine Originalfigur punktweise auf eine Bildfigur verkleinert oder vergrößert abbilden, wird auch als **zentrische Streckung** bezeichnet.

Beispiele

1. $k = 2$: **Vergrößerung**
   Alle Bildstrecken sind 2-mal so lang wie die entsprechenden Originalstrecken.

$\Delta ABC \sim \Delta A'B'C'$

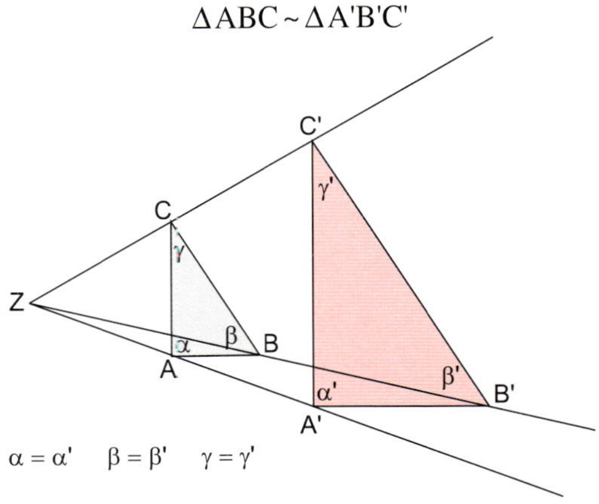

2. $k=\frac{1}{2}$: **Verkleinerung**

Alle Bildstrecken sind $\frac{1}{2}$-mal so lang wie die entsprechenden Originalstrecken.

$\Delta ABC \sim \Delta A'B'C'$

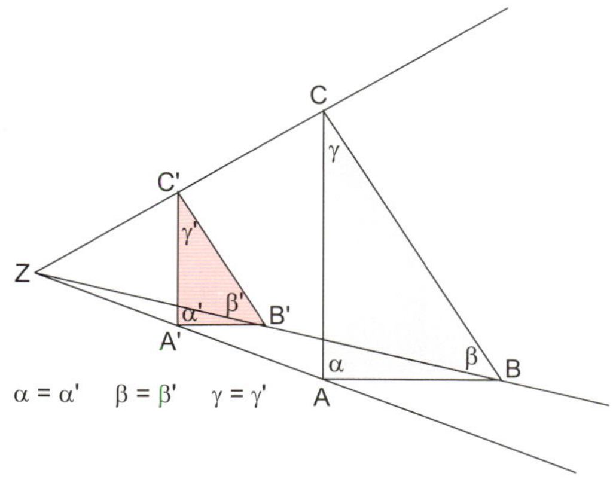

3. $k=-2$: **Vergrößerung**

Alle Bildstrecken sind 2-mal so lang wie die entsprechenden Originalstrecken. Original- und Bildpunkt liegen jeweils auf verschiedenen Seiten des Zentrums Z.

$\Delta ABC \sim \Delta A'B'C'$

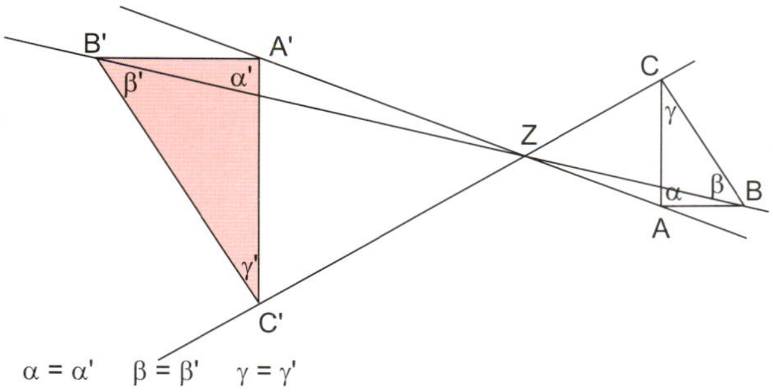

4. Ein rechtwinkliges Dreieck ABC mit den Seitenlängen $\overline{AB}=5$ cm, $\overline{AC}=3$ cm und $\overline{BC}=4$ cm wird auf das Bilddreieck A'B'C' vergrößert. Zentrum ist der Eckpunkt A und $k=3$.

- Seitenlängen des Dreiecks A'B'C'.

$\overline{A'B'}=k\cdot\overline{AB}$ $\quad$ $\overline{A'C'}=k\cdot\overline{AC}$ $\quad$ $\overline{B'C'}=k\cdot\overline{BC}$

$\overline{A'B'}=3\cdot 5$ cm $\quad$ $\overline{A'C'}=3\cdot 3$ cm $\quad$ $\overline{B'C'}=3\cdot 4$ cm

$\overline{A'B'}=15$ cm $\quad$ $\overline{A'C'}=9$ cm $\quad$ $\overline{B'C'}=12$ cm

- Flächeninhalte der Dreiecke ABC und A'B'C':
Beide Dreiecke sind bei C bzw. bei C' rechtwinklig.

$A_{\Delta ABC}=\frac{1}{2}\cdot\overline{AC}\cdot\overline{BC}$ $\quad$ $A_{\Delta A'B'C'}=\frac{1}{2}\cdot\overline{A'C'}\cdot\overline{B'C'}$

$A_{\Delta ABC}=\frac{1}{2}\cdot 3\text{ cm}\cdot 4\text{ cm}$ $\quad$ $A_{\Delta A'B'C'}=\frac{1}{2}\cdot 9\text{ cm}\cdot 12\text{cm}$

$A_{\Delta ABC}=6\text{ cm}^2$ $\quad$ $A_{\Delta A'B'C'}=54\text{ cm}^2$

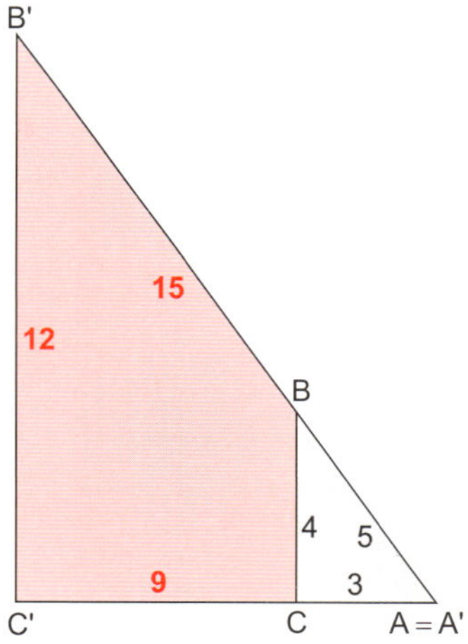

- Verhältnis der beiden Flächeninhalte:

$$\frac{A_{\Delta A'B'C'}}{A_{\Delta ABC}}=\frac{54\text{ cm}^2}{6\text{ cm}^2}=9=3^2=k^2$$

Dieses Ergebnis gilt allgemein für alle Dreiecke:

$$A_{\Delta A'B'C'}=\frac{1}{2}\cdot g'\cdot h' \xrightarrow[\text{und } h'=k\cdot h]{\text{mit } g'=k\cdot g} A_{\Delta A'B'C'}=\frac{1}{2}\cdot \mathbf{k}\cdot g\cdot \mathbf{k}\cdot h$$

$$A_{\Delta A'B'C'}=\mathbf{k^2}\cdot\underbrace{\frac{1}{2}\cdot g\cdot h}$$

$$A_{\Delta A'B'C'}=k^2\cdot A_{\Delta ABC}$$

Da man Vielecke in Dreiecke zerlegen kann und auch die Kreisfläche durch Dreiecksflächen beliebig genau angenähert werden kann, gilt das erhaltene Ergebnis allgemein für alle ebenen Figuren.

Merke

Veränderung des Flächeninhalts bei der zentrischen Streckung

Für das Verhältnis der Flächeninhalte A_{F_2} und A_{F_1} zweier ähnlicher Figuren F_1 und F_2 gilt:

$$\frac{A_{F_2}}{A_{F_1}} = k^2$$

Dabei ist k der Streckungsfaktor der zentrischen Streckung.

Beispiele

1. Vergrößerung (Streckung) des Vierecks ABCD mit dem Zentrum Z und k = 2.
   Man trägt von Z aus auf den Halbgeraden ZA, ZB, ZC und ZD Strecken der Länge $k \cdot \overline{ZA} = 2 \cdot \overline{ZA}$, $k \cdot \overline{ZB} = 2 \cdot \overline{ZB}$, $k \cdot \overline{ZC} = 2 \cdot \overline{ZC}$ und $k \cdot \overline{ZD} = 2 \cdot \overline{ZD}$ ab und erhält damit die Eckpunkte A', B', C' und D' des vergrößerten Vierecks A'B'C'D'.

   Es ist: $\overline{A'B'} = 2 \cdot \overline{AB}$ und $\alpha' = \alpha$
   $\overline{B'C'} = 2 \cdot \overline{BC}$ $\quad \beta' = \beta$
   $\overline{C'D'} = 2 \cdot \overline{CD}$ $\quad \gamma' = \gamma$
   $\overline{D'A'} = 2 \cdot \overline{DA}$ $\quad \delta' = \delta$

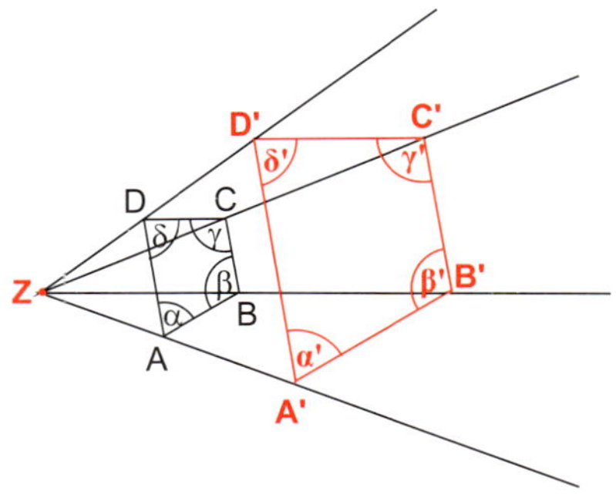

2. Das Dreieck ABC mit A(0|2), B(3|0) und C(3|2) wird vom Zentrum Z(0|0) aus mit dem Faktor k = 3 auf das Bilddreieck A'B'C' vergrößert.
   a) Konstruiere das Dreieck A'B'C' und berechne die Koordinaten der Eckpunkte A', B' und C'.
   b) Bestimme die Flächeninhalte der beiden Dreiecke.

Lösung:

a) Konstruktion:

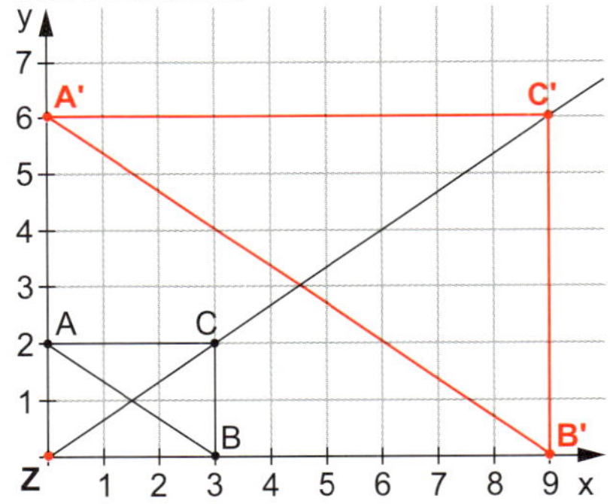

(verkleinerte Darstellung)

Berechnung der Koordinaten:

Mit A'(x'|y') und $A\binom{x=0}{y=2}$ folgt:

$x' = k \cdot x = 3 \cdot 0 = 0$
$y' = k \cdot y = 3 \cdot 2 = 6$ $\quad \rightarrow \quad$ A'(0|6)

Mit B'(x'|y') und $B\binom{x=3}{y=0}$ folgt:

$x' = k \cdot x = 3 \cdot 3 = 9$
$y' = k \cdot y = 3 \cdot 0 = 0$ $\quad \rightarrow \quad$ B'(9|0)

Mit C'(x'|y') und $C\binom{x=3}{y=2}$ folgt:

$x' = k \cdot x = 3 \cdot 3 = 9$
$y' = k \cdot y = 3 \cdot 2 = 6$ $\quad \rightarrow \quad$ C'(9|6)

b) ΔABC: $\overline{AC} = 3\text{ cm}$; $\overline{BC} = 2\text{ cm}$

$A_{\Delta ABC} = \frac{1}{2} \cdot \overline{AC} \cdot \overline{BC}$

$A_{\Delta ABC} = \frac{1}{2} \cdot 3\text{ cm} \cdot 2\text{ cm}$

$A_{\Delta ABC} = 3\text{ cm}^2$

ΔA'B'C': $A_{\Delta A'B'C'} = k^2 \cdot A_{\Delta ABC}$

$A_{\Delta A'B'C'} = 9 \cdot 3\text{ cm}^2$

$A_{\Delta A'B'C'} = 27\text{ cm}^2$

Merke

Hintereinanderausführung von zentrischen Streckungen

Mehrere nacheinander ausgeführte Vergrößerungen oder Verkleinerungen mit den Faktoren $k_1, k_2, \ldots, k_n$ können durch eine einzige Vergrößerung oder Verkleinerung mit dem Faktor $k = k_1 \cdot k_2 \cdot \ldots \cdot k_n$ ersetzt werden. Dabei müssen alle Vergrößerungen bzw. Verkleinerungen vom selben Zentrum Z erfolgen.

Beispiel

Nachdem das Dreieck ABC aus obigem Beispiel mit $A(0|2)$, $B(3|0)$ und $C(3|2)$ vom Zentrum $Z(0|0)$ aus mit dem Faktor $k_1 = 3$ auf das Bilddreieck A'B'C' vergrößert wurde, wird nun das Bilddreieck A'B'C' wieder vom Zentrum $Z(0|0)$ aus mit dem Faktor $k_2 = \frac{1}{2}$ auf das Dreieck A"B"C" verkleinert.

a) Konstruiere das Dreieck A"B"C" und berechne die Koordinaten der Eckpunkte A", B" und C" sowie den Flächeninhalt ausgehend von Dreieck A'B'C'.

b) Berechne noch einmal den Flächeninhalt des Dreiecks A"B"C", aber diesmal mithilfe des Flächeninhalts von Ausgangsdreieck ABC.

Lösung:

a) Konstruktion:

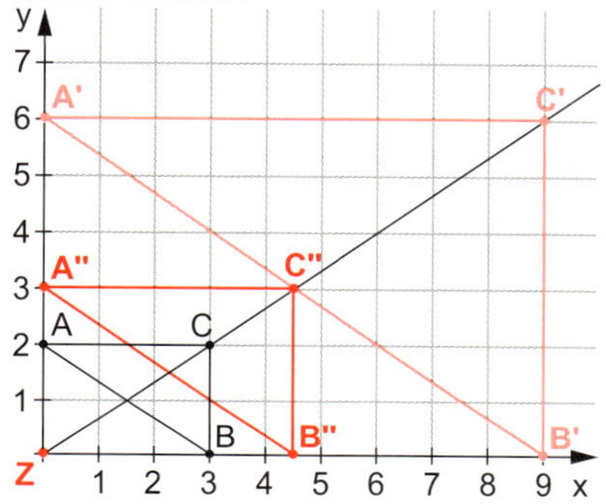

(verkleinerte Darstellung)

Berechnung der Koordinaten:

$x'' = \frac{1}{2} \cdot x' \quad y'' = \frac{1}{2} \cdot y'$

$A'(0|6) \rightarrow A''(0|3)$

$B'(9|0) \rightarrow B''(4{,}5|0)$

$C'(9|6) \rightarrow C''(4{,}5|3)$

Berechnung des Flächeninhalts:

$A_{\Delta A''B''C''} = k_2^2 \cdot A_{\Delta A'B'C'}$

$A_{\Delta A''B''C''} = \left(\frac{1}{2}\right)^2 \cdot 27 \text{ cm}^2$

$A_{\Delta A''B''C''} = 6{,}75 \text{ cm}^2$

b) Das Ausgangsdreieck ABC wird durch eine zentrische Streckung vom Zentrum $Z(0|0)$ aus mit dem Faktor $k_3 = k_1 \cdot k_2 = 3 \cdot \frac{1}{2} = \frac{3}{2}$ auf das Dreieck A"B"C" abgebildet. Es gilt also:

$$A_{\Delta A''B''C''} = k_3^2 \cdot A_{\Delta ABC} = \left(\frac{3}{2}\right)^2 \cdot 3 \text{ cm}^2 = 6{,}75 \text{ cm}^2$$

Merke

Umkehrung der zentrischen Streckung

Die Umkehrung einer Vergrößerung/Verkleinerung mit dem Faktor k ist eine Verkleinerung/Vergrößerung mit dem Faktor $\frac{1}{k}$. (Jeweils gleiches Zentrum).

Beispiel

Ein Dreieck ABC wird vom Zentrum $Z(1|4)$ aus mit dem Faktor $k = \frac{5}{2}$ auf das Dreieck A'B'C' vergrößert. $A'(4|2)$, $B'(8|2)$, $C'(7|5)$

a) Konstruiere das Dreieck ABC.

b) Berechne den Flächeninhalt des Dreiecks ABC.

Lösung:

a) $c' = k \cdot c$

$c' = \frac{5}{2} \cdot c \quad \Big| : \frac{5}{2}$

$\frac{2}{5} \cdot c' = c$

$c = 0{,}4 \cdot c'$

Man trägt von Z aus auf den Halbgeraden ZA', ZB' und ZC' jeweils Strecken der Länge $\overline{ZA} = 0{,}4 \cdot \overline{ZA'}$, $\overline{ZB} = 0{,}4 \cdot \overline{ZB'}$ und $\overline{ZC} = 0{,}4 \cdot \overline{ZC'}$ ab. Die Endpunkte dieser Strecken A, B und C sind Eckpunkte des Ausgangsdreiecks ABC.

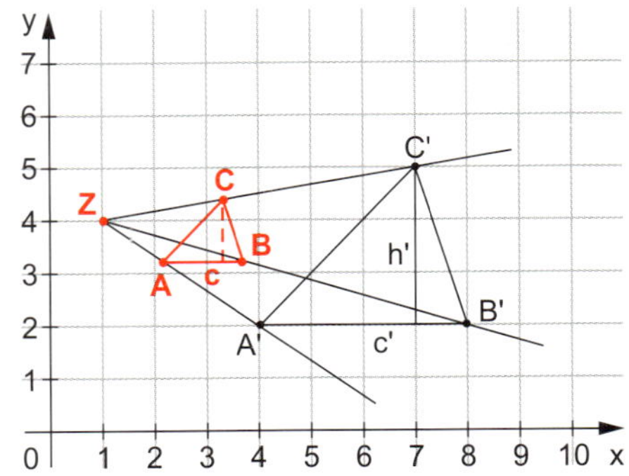

b) $A_{\Delta ABC} = \left(\frac{1}{k}\right)^2 \cdot A_{\Delta A'B'C'}$

$A_{\Delta ABC} = \left(\frac{2}{5}\right)^2 \cdot \frac{1}{2} \cdot c' \cdot h'$

$A_{\Delta ABC} = 0{,}4^2 \cdot \frac{1}{2} \cdot 4\text{ cm} \cdot 3\text{ cm}$

$A_{\Delta ABC} = 0{,}96\text{ cm}^2$

Aufgaben

Grundwissen

120 Ein Dreieck ABC hat die Seitenlängen $\overline{AB} = 12$ cm, $\overline{AC} = 5$ cm und $\overline{BC} = 13$ cm. Bestimme die Seitenlänge eines zum Dreieck ABC ähnlichen Dreiecks A'B'C', wobei das Verhältnis entsprechender Seiten $k = \frac{1}{2}$ ist.
Berechne danach den Flächeninhalt des Dreiecks A'B'C'.

121 Zeichne ein Dreieck ABC mit $a = 3$ cm, $b = 4$ cm und $c = 5$ cm. Vergrößere/verkleinere dieses Dreieck, wobei

a) Zentrum der Eckpunkt A und $k = \frac{3}{2}$ ist,
b) Zentrum der Schnittpunkt S der Seitenhalbierenden und $k = 3$ ist,
c) Zentrum ein Punkt Z außerhalb des Dreiecks und $k = \frac{2}{3}$ ist.

Bestimme jeweils die Längen der Seiten des Dreiecks A'B'C' sowie dessen Flächeninhalt.

d) Mit welchem Faktor k muss das Dreieck ABC vergrößert werden, sodass der Flächeninhalt verdoppelt wird?

122 Das Dreieck ABC mit A(2 | 3), B(8 | 3) und C(4 | 8) wird vom Zentrum Z(0 | 0) aus mit $k_1 = 1{,}5$ auf das Dreieck A'B'C' vergrößert. Anschließend wird das Dreieck A'B'C' von Z(0 | 0) aus mit $k_2 = \frac{1}{2}$ auf das Dreieck A"B"C" verkleinert.

a) Konstruiere in einem Koordinatensystem die Dreiecke A'B'C' und A"B"C".
b) Berechne den Flächeninhalt für die Dreiecke ABC, A'B'C' und A"B"C".
c) Durch welche Vergrößerung/Verkleinerung kann das Dreieck A"B"C" wieder in das Ausgangsdreieck ABC übergeführt werden?

123 Ein Quadrat mit der Seitenlänge $a = 4$ cm wird von einem Eckpunkt als Zentrum mit dem Faktor $k = 2{,}5$ vergrößert.

a) Konstruiere das vergrößerte Quadrat und gib dessen Seitenlänge a' an.
b) Bestimme den Inkreisradius r_i' und den Umkreisradius r_u' des vergrößerten Quadrats.
c) Begründe, warum bei einer maßstabsgetreuen Streckung oder Stauchung ein Kreis wieder zu einem Kreis wird.

124 Ein rechtwinkliges Dreieck mit den Seiten a, b, c und dem Winkel $\gamma = 90°$ hat einen Flächeninhalt von 36 cm^2. Dieses Dreieck wird mit dem Faktor $k = 2$ gestreckt.
Welche der folgenden Aussagen sind wahr, welche falsch? Kreuze an und begründe.

Aussage	wahr	falsch
1. Die Seiten a' und b' könnten jeweils 6 cm lang sein.		
2. Die Seite a könnte 6 cm lang sein, die Seite b könnte 3 cm lang sein.		
3. Die Seite a könnte 12 cm lang sein, die Seite b könnte 6 cm lang sein.		
4. Die Seite a' könnte 12 cm lang sein, die Seite b' könnte 6 cm lang sein.		
5. Durch diese zentrische Streckung verdoppelt sich der Flächeninhalt.		

Interaktive Aufgaben

1. Ähnliche Dreiecke
2. Dreieck zeichnen

7 Sätze am rechtwinkligen Dreieck

Merke

Bezeichnungen im rechtwinkligen Dreieck
Ein Dreieck mit einem rechten Winkel (=90°) wird als **rechtwinkliges Dreieck** bezeichnet. Die Dreieckseite (in der Abb. Seite c), die dem rechten Winkel gegenüber liegt, heißt **Hypotenuse**.

Die beiden anderen Seiten a und b, die den rechten Winkel einschließen, werden als **Katheten** bezeichnet.

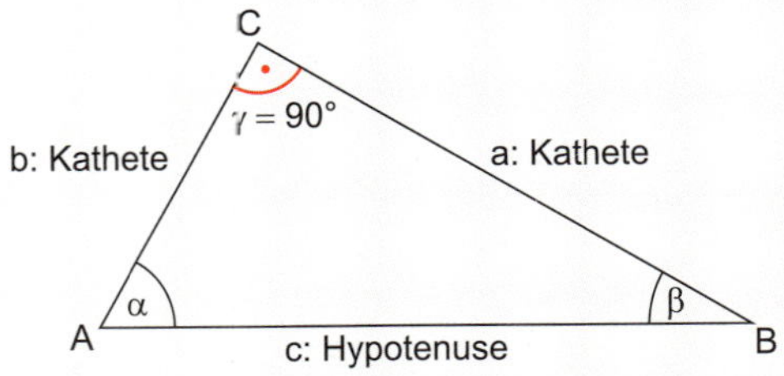

In jedem rechtwinkligen Dreieck gelten die folgenden wichtigen Sätze, die als Flächensätze oder zusammen als Satzgruppe des Pythagoras bezeichnet werden.

7.1 Der Satz des Pythagoras

Merke

Der Satz des Pythagoras
Die **Quadrate über den Katheten** eines rechtwinkligen Dreiecks haben **zusammen** den **gleichen Flächeninhalt** wie das **Quadrat über der Hypotenuse**.

$\mathbf{a^2 + b^2 = c^2}$

Umgekehrt ist **jedes Dreieck**, für das **diese Beziehung erfüllt** ist, **rechtwinklig.**

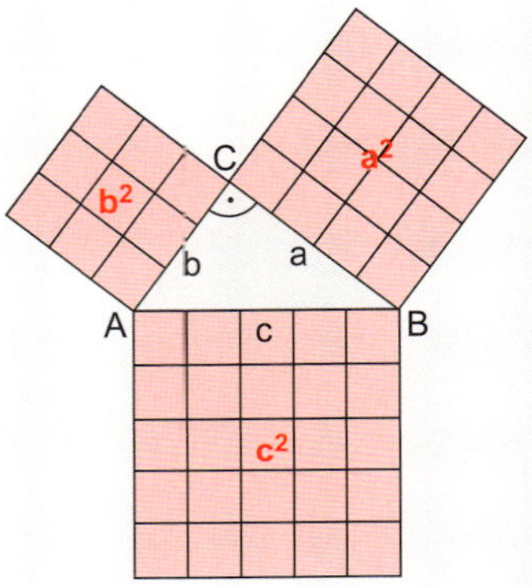

Beispiele

1. Ein rechtwinkliges Dreieck hat die Hypotenuse c = 13 cm und die Kathete a = 5 cm.

$c^2 = a^2 + b^2$	$\vert -a^2$	Satz des Pythagoras
$b^2 = c^2 - a^2$	$\vert \sqrt{}$	Äquivalenzumformung
$b = \sqrt{c^2 - a^2}$		Wurzelziehen
$b = \sqrt{(13\text{ cm})^2 - (5\text{ cm})^2}$		Werte für a und c einsetzen
$b = \sqrt{169\text{ cm}^2 - 25\text{ cm}^2}$		
$b = \sqrt{144\text{ cm}^2}$		
$b = 12\text{ cm}$		Da $b > 0$ sein muss, scheidet die 2. Lösung $b = -12$ cm aus.

2. Prüfe durch Rechnung, ob das Dreieck rechtwinklig ist:
   a) a = 8 cm; b = 6 cm; c = 10 cm (Hypotenuse c)
   b) a = 8 cm; b = 4 cm; c = 6 cm (Hypotenuse a)
   c) a = 4 cm; b = 5 cm; c = 3 cm (Hypotenuse b)
   d) a = 13 cm; b = 10 cm; c = 9 cm (Hypotenuse a)

Lösung:

a) $64\text{ cm}^2 + 36\text{ cm}^2 = 100\text{ cm}^2$ Das Dreieck ist **rechtwinklig**.
b) $16\text{ cm}^2 + 36\text{ cm}^2 < 64\text{ cm}^2$ Das Dreieck ist **nicht rechtwinklig**.
c) $16\text{ cm}^2 + 9\text{ cm}^2 = 25\text{ cm}^2$ Das Dreieck ist **rechtwinklig**.
d) $100\text{ cm}^2 + 81\text{ cm}^2 > 169\text{ cm}^2$ Das Dreieck ist **nicht rechtwinklig**.

3. Berechne die Länge der Raumdiagonalen $\overline{BH}$ des Quaders wenn gilt:
$a = 10$ cm; $b = 6$ cm; $c = 8$ cm

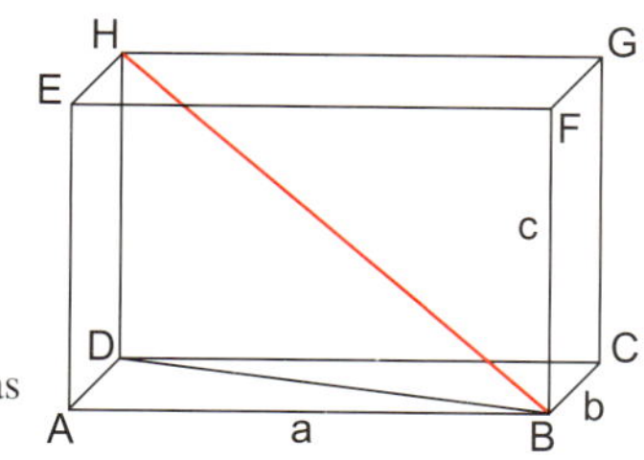

Lösung:

Dreieck ABD ist bei A rechtwinklig.

$\overline{BD}^2 = \overline{AB}^2 + \overline{AD}^2 \quad |\sqrt{\ }$ Satz des Pythagoras im Dreieck ABD

$\overline{BD} = \sqrt{\overline{AB}^2 + \overline{AD}^2}$

$\overline{BD} = \sqrt{(10\text{ cm})^2 + (6\text{ cm})^2}$

$\overline{BD} = \sqrt{136}\text{ cm}$

$\overline{BD} \approx 11{,}66\text{ cm}$

Die Diagonale $\overline{BD}$ des Rechtecks ABCD (Grundfläche des Quaders) hat die Länge 11,66 cm.

Dreieck DBH ist bei D rechtwinklig.

$\overline{BH}^2 = \overline{BD}^2 + \overline{HD}^2 \quad |\sqrt{\ }$ Satz des Pythagoras im Dreieck DBH

$\overline{BH} = \sqrt{\overline{BD}^2 + \overline{HD}^2}$

$\overline{BH} = \sqrt{(11{,}66\text{ cm})^2 + (8\text{ cm})^2}$

$\overline{BH} = \sqrt{199{,}9556}\text{ cm}$

$\overline{BH} \approx 14{,}14\text{ cm}$

Die Raumdiagonale $\overline{BH}$ des Quaders hat die Länge 14,14 cm.

4. Berechne den Abstand der beiden Punkte P(–4|–2) und Q(6|4).

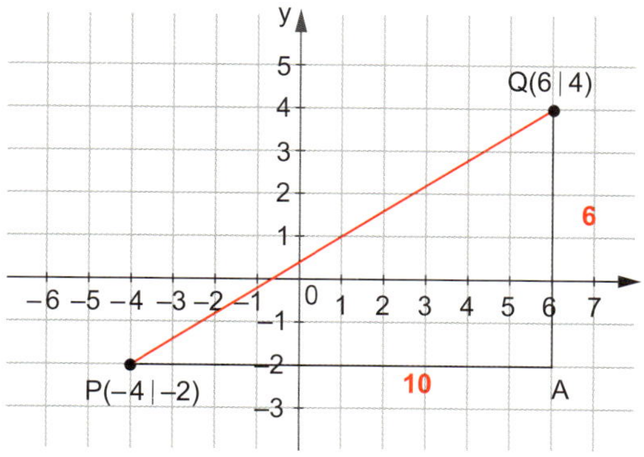

Lösung:

Im rechtwinkligen Koordinatendreieck PAQ ist $\overline{PQ}$ die Hypotenuse.
Die beiden Katheten haben die Längen 10 und 6 LE.

$\overline{PQ}^2 = (10\text{ LE})^2 + (6\text{ LE})^2 \quad |\sqrt{\ }$ Satz des Pythagoras im Koordinatendreieck PAQ

$\overline{PQ} = \sqrt{136}$

$\overline{PQ} \approx 11{,}66\text{ LE}$

Aufgaben

Grundwissen

125 In der folgenden Tabelle sind von einem rechtwinkligen Dreieck ABC jeweils zwei Größen gegeben. Berechne die anderen. (Der rechte Winkel liegt bei C.)

	a	b	c
a)	5,9		6,7
b)		12	13
c)	12,8	6,6	

126 Berechne jeweils die Länge der fehlenden Dreiecksseite.

a)
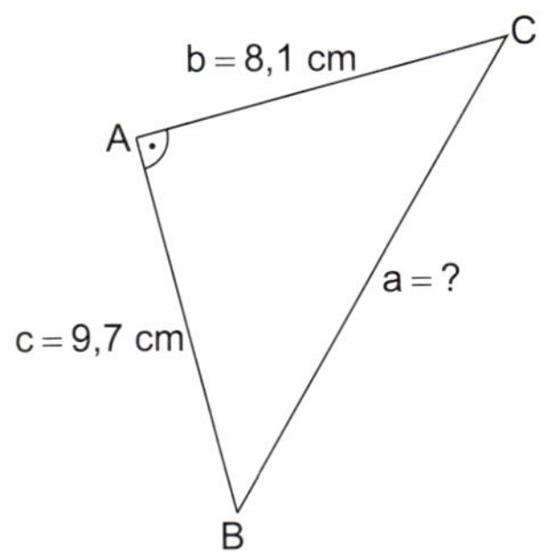

b)
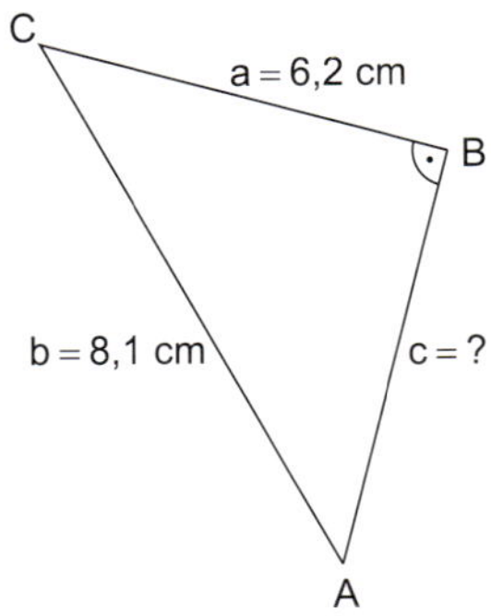

c)
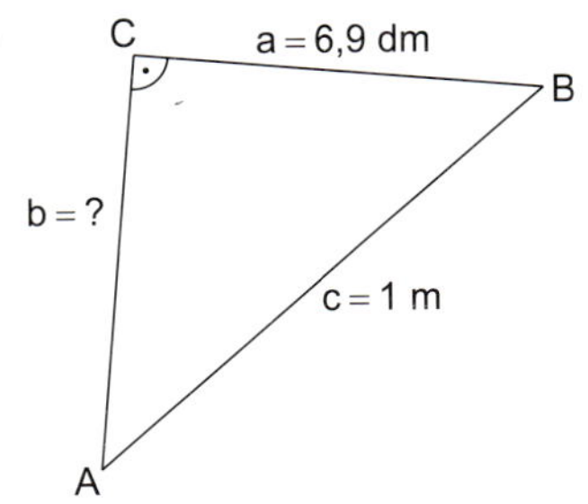

127 Zeichne die Strecke $\overline{AB}$ im Koordinatensystem mit A(1 | 1) und B(7 | 5) und berechne die Länge mithilfe des Satzes von Pythagoras.

128
a) Berechne die Länge der Raumdiagonale für einen Würfel mit der Kantenlänge a = 10 cm. Berechne dafür zunächst die Grundflächendiagonale ohne zu runden.
b) Berechne die Länge der Raumdiagonale für einen Quader mit den Kantenlängen a = 8 cm, b = 10 cm und c = 12 cm. Berechne dafür zunächst die Grundflächendiagonale ohne zu runden.
c) Berechne die Länge der Raumdiagonale allgemein für einen Würfel mit der Kantenlänge a. Berechne dafür zunächst die Grundflächendiagonale ohne zu runden.

129
a) Zeichne das Dreieck ABC mit A(–2 | –4), B(4 | 0) und C(–2 | 9).
b) Bestimme die Längen der drei Dreiecksseiten.
c) Beweise, dass es sich um ein rechtwinkliges Dreieck handelt.

Interaktive Aufgaben

1. Hypotenuse bestimmen
2. Kathete bestimmen
3. Zweimal Pythagoras
4. Ist das Dreieck rechtwinklig?
5. Seite gesucht

Anwendungsaufgaben

130 Die Breite eines Flusses kannst du mit folgender Methode (angenähert) bestimmen. Von einem Standort S_1 visierst du genau gegenüber (senkrecht zur Uferlinie) einen Gegenstand, z. B. einen Baum, an. An der Uferlinie suchst du einen zweiten Standort S_2, von dem aus du den Gegenstand unter einem Winkel von 60° anvisieren kannst. Die Strecke, die du dabei von S_1 nach S_2 zurückgelegt hast, hat die Länge s (z. B. 45 m).

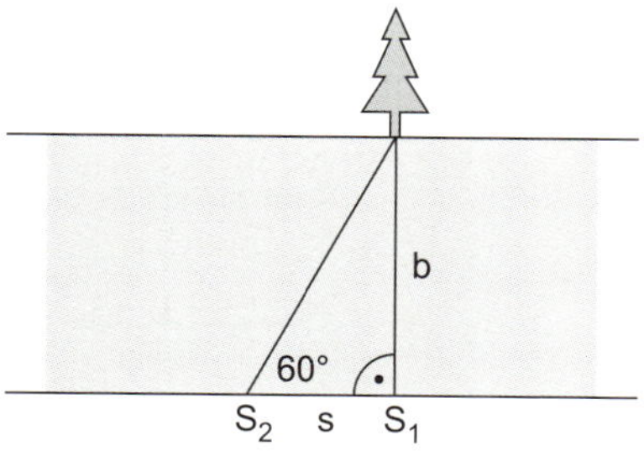

a) Berechne mit diesen Angaben die Breite b des Flusses.
b) Paul sagt: „Du kannst die Flussbreite auch auf eine andere Weise bestimmen. Von S_1 ausgehend bewegst du dich entlang des Ufers Richtung S_2 bis du den gegenüberliegenden Baum unter einem Winkel von 45° (Standort S_3) anvisieren kannst." Welche Strategie verfolgt Paul? Beschreibe wie er die Flussbreite bestimmt.

131 Die Klasse 9a übt auf dem Schulhof für einen 5-km-Lauf. Für eine Runde wurden auf dem Schulhof Fähnchen „rechteckig" aufgestellt. Die durchgezogene Linie gibt die Laufrichtung für eine „Schulhofrunde" an.
Wie viele Runden müssen gelaufen werden, um mindestens 5 km zurückzulegen? Begründe rechnerisch.

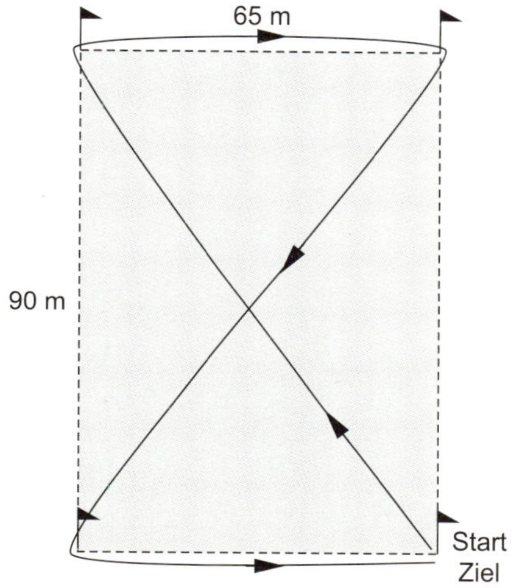

132 Ein Architekturstudent hat ein Grundstück vermessen, das angeblich rechteckig sein soll. Dazu hat er die Länge der vier Seiten gemessen (siehe Skizze).
Sein Professor sagt, dass er zur Kontrolle noch zwei weitere Strecken messen muss, um die Rechteckigkeit des Grundstücks zu bestätigen.
Welche Strecken meint der Professor und welche Länge müssen diese Strecken haben?

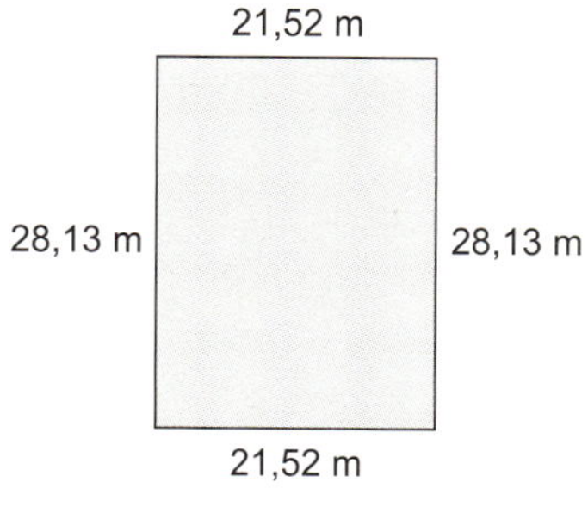

Interaktive Aufgaben
- 6. Spielplatz
- 7. Fernseher

7.2 Der Satz des Thales

Merke

Der Satz des Thales
Ein Dreieck ist in einem Eckpunkt genau dann rechtwinklig, wenn dieser Eckpunkt auf dem Halbkreis (**Thaleskreis**) liegt, der die Verbindungsstrecke der beiden anderen Eckpunkte als Durchmesser hat.

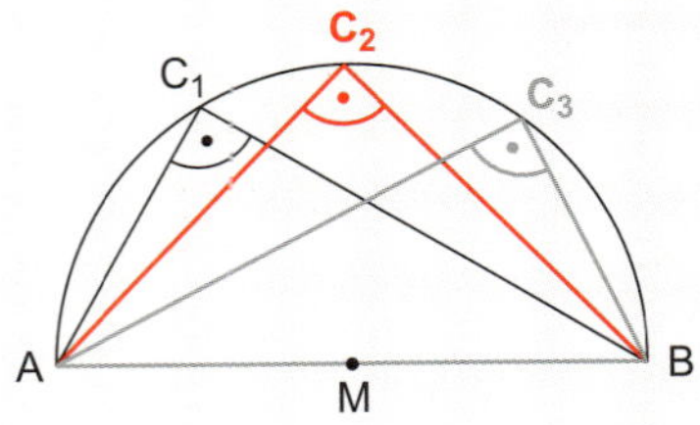

Beispiele

1. In obiger Zeichnung sind die Winkel bei C_1, C_2 und C_3 rechte Winkel, weil die Eckpunkte auf dem Halbkreis über der Dreiecksseite $\overline{AB}$ liegen, der diese als Durchmesser hat.

2. Von einem Punkt R (siehe Skizze unten) außerhalb eines Kreises mit dem Mittelpunkt M und dem Radius r = 3 cm sind die Tangenten an den Kreis gezeichnet. Der Punkt R ist vom Kreismittelpunkt 7 cm entfernt.
Berechne die Länge der Tangentenabschnitte sowie den Flächeninhalt des Vierecks, das von den Punkten M, R und den beiden Berührpunkten gebildet wird.

Lösung:
Da der Radius und der Tangentenabschnitt in den Berührpunkten aufeinander senkrecht stehen, liegen die Berührpunkte P und Q auf dem Thaleskreis über der Strecke $\overline{MR}$.
Nach dem Satz des Pythagoras gilt:

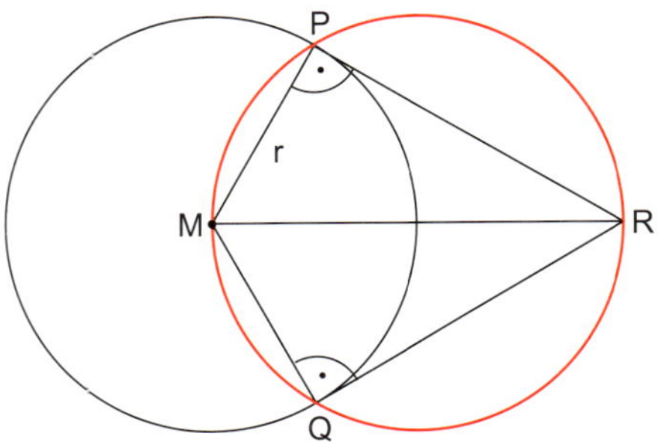

(Abbildung nicht maßstabsgetreu)

$$\overline{MR}^2 = \overline{MP}^2 + \overline{PR}^2$$
$$\overline{MR}^2 = r^2 + \overline{PR}^2 \qquad |-r^2$$
$$\overline{PR}^2 = \overline{MR}^2 - r^2 \qquad |\sqrt{}$$
$$\overline{PR} = \sqrt{\overline{MR}^2 - r^2}$$
$$\overline{PR} = \sqrt{(7\text{ cm})^2 - (3\text{ cm})^2}$$
$$\overline{PR} = \sqrt{40\text{ cm}^2}$$
$$\overline{PR} \approx 6{,}32\text{ cm}$$

Der Flächeninhalt des Drachenvierecks MQRP ist doppelt so groß wie der Flächeninhalt des rechtwinkligen Dreiecks MRP:

$$A = 2 \cdot \frac{1}{2} \cdot \overline{MP} \cdot \overline{PR}$$
$$A = \overline{MP} \cdot \overline{PR}$$
$$A = 3\text{ cm} \cdot 6{,}32\text{ cm}$$
$$A = 18{,}96\text{ cm}^2$$

Aufgabe

133

Über den Strecken $\overline{AB}$, $\overline{BC}$ und $\overline{AC}$ wurden drei Halbkreise eingezeichnet.
Begründe, warum die drei Winkel α, β und γ gleich groß sind.

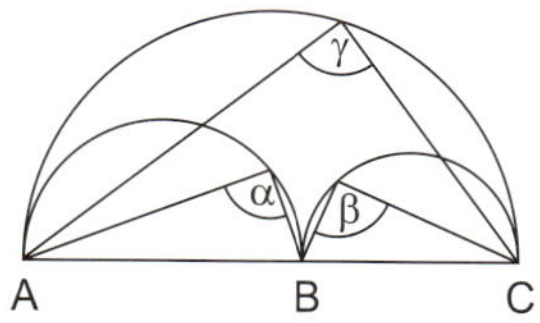

Interaktive Aufgabe

1. Radius bestimmen

8 Trigonometrie

8.1 Trigonometrische Beziehungen in rechtwinkligen Dreiecken

Im rechtwinkligen Dreieck verwendet man folgende Bezeichnungen:

Merke

Trigonometrische Beziehungen im rechtwinkligen Dreieck

$\sin\alpha = \dfrac{\text{Gegenkathete}}{\text{Hypotenuse}}$ $\qquad \sin\alpha = \dfrac{a}{c}$

$\cos\alpha = \dfrac{\text{Ankathete}}{\text{Hypotenuse}}$ $\qquad \cos\alpha = \dfrac{b}{c}$

$\tan\alpha = \dfrac{\text{Gegenkathete}}{\text{Ankathete}}$ $\qquad \tan\alpha = \dfrac{a}{b}$

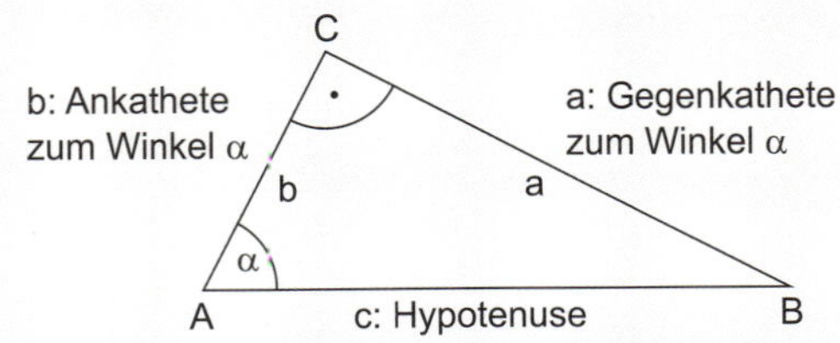

Beispiele

$\sin 36° \approx 0{,}587785$	$\cos 36° \approx 0{,}809017$	$\tan 36° \approx 0{,}726543$
$\sin 60° \approx 0{,}866025$	$\cos 60° = 0{,}5$	$\tan 60° \approx 1{,}732051$
$\sin 90° = 1$	$\cos 90° = 0$	$\tan 90°$ nicht definiert
$\sin 135° \approx 0{,}707107$	$\cos 135° \approx -0{,}707107$	$\tan 135° = -1$

Aufgabe 134

Grundwissen

Bestimme mithilfe des Taschenrechners für die angegebenen Winkelmaße jeweils den Sinus-, Kosinus- und den Tangenswert.

a) 22,5° b) 173° c) 225° d) 263°
e) 90° f) 180° g) 360° h) 270°

Merke

Zurückführung auf spitze Winkel

Zu jedem Sinuswert und zu jedem Kosinuswert gibt es zwischen 0° und 360° zwei Winkelmaße.

$\sin\varphi = \sin(180° - \varphi)$

$\cos\varphi = \cos(360° - \varphi)$

Entsprechendes gilt für die Tangenswerte: $\tan\varphi = \tan(\varphi + 180°)$

Beispiele

$\sin^{-1}(0{,}5678)$	$\varphi_1 \approx 34{,}6°$	$\varphi_2 \approx 145{,}4°$
$\cos^{-1}(0{,}5678)$	$\varphi_1 \approx 55{,}4°$	$\varphi_2 \approx 304{,}6°$
$\sin^{-1}(-0{,}7254)$	$\varphi_1 \approx 226{,}5°$	$\varphi_2 \approx 313{,}5°$
$\cos^{-1}(-0{,}7254)$	$\varphi_1 \approx 136{,}5°$	$\varphi_2 \approx 223{,}5°$
$\sin^{-1}\left(\dfrac{\sqrt{3}}{2}\right)$	$\varphi_1 = 60°$	$\varphi_2 = 120°$
$\cos^{-1}\left(\dfrac{\sqrt{3}}{2}\right)$	$\varphi_1 = 30°$	$\varphi_2 = 330°$
$\tan^{-1}(1)$	$\varphi_1 = 45°$	$\varphi_2 = 225°$
$\tan^{-1}(3{,}7320508)$	$\varphi_1 \approx 75{,}0°$	$\varphi_2 \approx 255{,}0°$
$\tan^{-1}(-0{,}267949192)$	$\varphi_1 \approx 165{,}0°$	$\varphi_2 \approx 345{,}0°$

Aufgabe 135

Grundwissen

Gib die zugehörigen Winkelmaße an ($0° < \varphi < 360°$):

a) $\sin\varphi = 0{,}25$ b) $\sin\varphi = -0{,}25$ c) $\sin\varphi = 0{,}75$
d) $\cos\varphi = 0{,}25$ e) $\cos\varphi = -0{,}25$ f) $\cos\varphi = 0{,}75$
g) $\tan\varphi = -1$ h) $\tan\varphi = 2$ i) $\tan\varphi = 0{,}5$

Interaktive Aufgabe

1. Zurückführung auf stumpfe Winkel

Die trigonometrischen Beziehungen kann man zu Berechnungen an rechtwinkligen Dreiecken verwenden.

Beispiele

1. In einem rechtwinkligen Dreieck sind die Länge der Hypotenuse $c = 9{,}2$ cm und die Länge der Kathete $a = 4{,}2$ cm.
Berechne die Maße der Winkel α und β, die Länge der Kathete b sowie die Längen der Höhe h_c und der Hypotenusenabschnitte p und q.

Lösung:

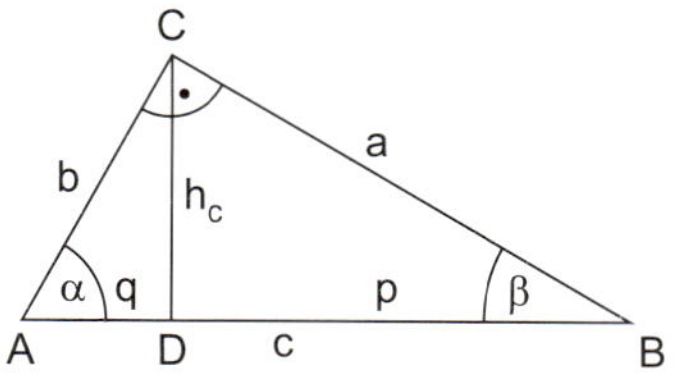

$\sin\alpha = \frac{a}{c}$ $\cos\beta = \frac{a}{c}$

$\sin\alpha = \frac{4{,}2\text{ cm}}{9{,}2\text{ cm}}$ $\cos\beta = \frac{4{,}2\text{ cm}}{9{,}2\text{ cm}}$

$\sin\alpha = 0{,}456522$ $\cos\beta = 0{,}456522$

$\alpha \approx 27{,}2°$ $\beta \approx 62{,}8°$

oder:

$\beta = 180° - \gamma - \alpha$ Winkelsumme im Dreieck

$\beta = 180° - 90° - 27{,}2°$

$\beta = 62{,}8°$

$\cos\alpha = \frac{b}{c} \quad |\cdot c$

$b = c \cdot \cos\alpha$

$b = 9{,}2\text{ cm} \cdot \cos 27{,}2°$

$b \approx 9{,}2\text{ cm} \cdot 0{,}889416$

$b \approx 8{,}18\text{ cm}$

oder:

$\sin\beta = \frac{b}{c} \quad |\cdot c$

$b = c \cdot \sin\beta$

$b = 9{,}2\text{ cm} \cdot \sin 62{,}8°$

$b \approx 8{,}18\text{ cm}$

$\sin\alpha = \frac{h_c}{b} \quad |\cdot b$ Im Teildreieck ADC ist b Hypotenuse und h_c Gegenkathete zum Winke

$h_c = b \cdot \sin\alpha$

$h_c = 8{,}18\text{ cm} \cdot \sin 27{,}2°$

$h_c \approx 8{,}18\text{ cm} \cdot 0{,}457098$

$h_c \approx 3{,}74\text{ cm}$

oder:

$\sin\beta = \frac{h_c}{a} \quad |\cdot a$ Teildreieck DBC

$h_c = a \cdot \sin\beta$

$h_c = 4{,}2\text{ cm} \cdot \sin 62{,}8$

$h_c \approx 3{,}74\text{ cm}$

Teildreieck ADC:

$\cos\alpha = \frac{q}{b} \quad |\cdot b$

$q = b \cdot \cos\alpha$

$q \approx 8{,}18\text{ cm} \cdot 0{,}889416$

$q \approx 7{,}28\text{ cm}$

oder:

$\tan\alpha = \frac{h_c}{q} \quad \left|\cdot \frac{q}{\tan\alpha}\right.$

$q = \frac{h_c}{\tan\alpha}$

$q \approx \frac{3{,}74\text{ cm}}{0{,}513930}$

$q \approx 7{,}28\text{ cm}$

Teildreieck DBC:

$\cos\beta = \frac{p}{a} \quad |\cdot a$

$p = a \cdot \cos\beta$

$p \approx 4,2\text{ cm} \cdot 0,457098$

$p \approx 1,92\text{ cm}$

oder:

$\tan\beta = \frac{h_c}{p} \quad |\cdot \frac{p}{\tan\beta}$

$p = \frac{h_c}{\tan\beta}$

$p \approx \frac{3,74\text{ cm}}{1,945790}$

$p \approx 1,92\text{ cm}$

2. Um die Höhe h eines Turmes zu bestimmen, misst man mit einem Theodoliten (Winkelmessgerät) von einer bestimmten Standweite s aus den Sichtwinkel φ. Die Messung erfolgt dabei in Augenhöhe a.

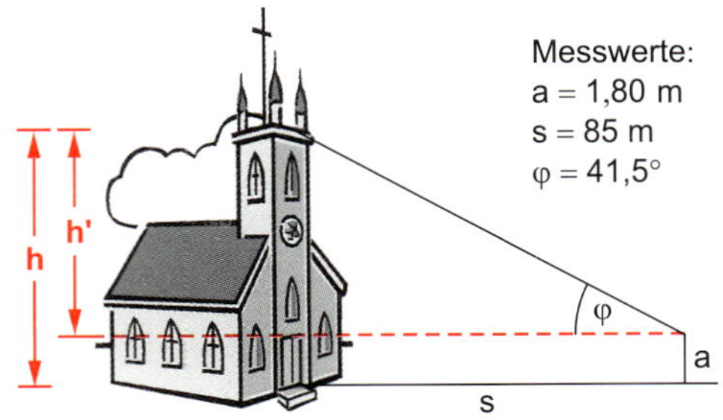

Lösung:

Turmhöhe $h = h' + 1,80\text{ m}$

$\tan\varphi = \frac{h'}{s} \quad |\cdot s$

$h' = s \cdot \tan\varphi$

$h' = 85\text{ m} \cdot \tan 41,5°$

$h' \approx 85\text{ m} \cdot 0,884725$

$h' \approx 75,20\text{ m}$

Höhe des Turms:

$h = 75,20\text{ m} + 1,80\text{ m}$

$h = 77\text{ m}$

3. Von einem Dreieck ABC sind c = 12 cm, a = 8,5 cm und das Maß des Winkels β = 50° gegeben.
Bestimme die Länge der Seite b und das Maß des Winkels α.

Lösung:

Wir zeichnen die Höhe h als Hilfslinie und bestimmen deren Länge im Dreieck DBC.

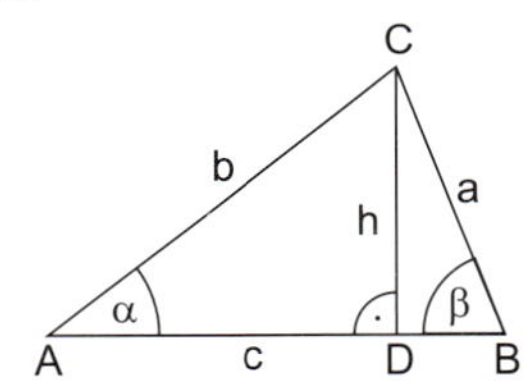

Dreieck DBC:

$\sin\beta = \frac{h}{a} \quad |\cdot a$

$h = a \cdot \sin\beta$

$h = 8,5\text{ cm} \cdot \sin 50°$

$h \approx 6,51\text{ cm}$

$\cos\beta = \frac{\overline{DB}}{a} \quad |\cdot a$

$\overline{DB} = a \cdot \cos\beta$

$\overline{DB} = 8,5\text{ cm} \cdot \cos 50°$

$\overline{DB} \approx 5,46\text{ cm}$

$\overline{AD} = c - \overline{DB}$

$\overline{AD} = 12\text{ cm} - 5,46\text{ cm}$

$\overline{AD} = 6,54\text{ cm}$

Dreieck ADC:

$\tan\alpha = \frac{h}{\overline{AD}}$

$\tan\alpha = \frac{6,51\text{ cm}}{6,54\text{ cm}}$

$\tan\alpha \approx 0,995413$

$\alpha \approx 44,87°$

$\sin\alpha = \frac{h}{b} \quad |\cdot \frac{b}{\sin\alpha}$

$b = \frac{h}{\sin\alpha}$

$b = \frac{6,51\text{ cm}}{\sin 44,87°}$

$b \approx 9,23\text{ cm}$

4. Gegeben ist ein Quader mit den Seitenlängen $a = 12$ cm, $b = 10$ cm und $c = 8$ cm.
   a) Bestimme das Maß des Neigungswinkels ε einer Raumdiagonalen $\overline{BH}$ gegen die Grundfläche ABCD.
   b) Bestimme das Maß des Neigungswinkels α der Seitendiagonalen $\overline{BG}$ gegen die Grundfläche.

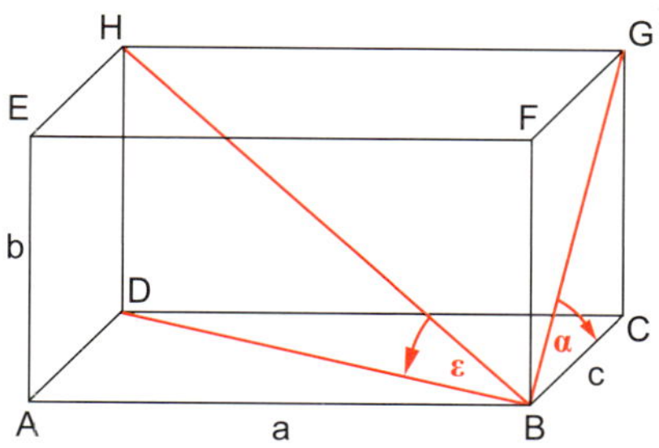

Lösung:

a) Länge der Raumdiagonale $\overline{BH}$:

$$\overline{DB}^2 = a^2 + c^2 \quad |\sqrt{\ }$$ Satz des Pythagoras im Dreieck ABD

$$\overline{DB} = \sqrt{(12\text{ cm})^2 + (8\text{ cm})^2}$$

$$\overline{DB} = \sqrt{208\text{ cm}^2}$$

$$\overline{DB} \approx 14{,}42\text{ cm}$$

$$\overline{BH}^2 = \overline{DB}^2 + b^2 \quad |\sqrt{\ }$$ Satz des Pythagoras im Dreieck DBH

$$\overline{BH} = \sqrt{208\text{ cm}^2 + 100\text{ cm}^2}$$

$$\overline{BH} = \sqrt{308\text{ cm}^2}$$

$$\overline{BH} \approx 17{,}55\text{ cm}$$

Maß des Winkels ε:

$$\sin\varepsilon = \frac{\overline{DH}}{\overline{BH}}$$ Trigonometrische Beziehung Dreieck DBH

$$\sin\varepsilon = \frac{10\text{ cm}}{17{,}55\text{ cm}}$$

$$\sin\varepsilon \approx 0{,}569803$$

$$\varepsilon \approx 34{,}74°$$

oder: $\cos\varepsilon = \frac{\overline{DB}}{\overline{BH}}$, oder: $\tan\varepsilon = \frac{b}{\overline{DB}}$

b) Länge der Seitendiagonale $\overline{BG}$:

$$\overline{BG}^2 = c^2 + b^2 \quad |\sqrt{\ }$$ Satz des Pythagoras im Dreieck BCG

$$\overline{BG} = \sqrt{(8\text{ cm})^2 + (10\text{ cm})^2}$$

$$\overline{BG} = \sqrt{164\text{ cm}^2}$$

$$\overline{BG} \approx 12{,}81\text{ cm}$$

Maß des Winkels α:

$$\cos\alpha = \frac{c}{\overline{BG}}$$ Trigonometrische Beziehung im Dreieck BCG

$$\cos\alpha = \frac{8\text{ cm}}{12{,}81\text{ cm}}$$

$$\cos\alpha \approx 0{,}624512$$

$$\alpha \approx 51{,}34°$$

5. Die Endpunkte A und B des Durchmessers eines Halbkreises sind Eckpunkte von Dreiecken ABC. Der Eckpunkt C liegt auf dem Halbkreis. M ist Mittelpunkt des Halbkreises mit dem Radius x.

   a) Fertige für x = 4 cm eine Zeichnung und trage zwei Dreiecke ABC ein.

   b) Stelle den Flächeninhalt A(x; α) der Dreiecke ABC in Abhängigkeit von x und α dar.

   c) Erstelle eine Wertetabelle für x = 4 cm und α ∈ [0°; 10°; …; 90°] und zeichne den Graphen.

   d) Für welches Winkelmaß α ergibt sich das Dreieck mit größtem Flächeninhalt?

Lösung:

a) Zeichnung:

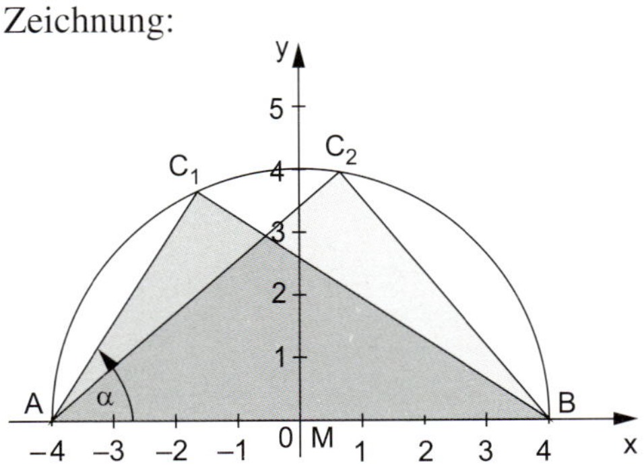

b) Flächeninhalt:

$A = \frac{1}{2} \cdot \overline{AC} \cdot \overline{BC}\ cm^2$, da das Dreieck rechtwinklig ist (Thaleskreis).

$\cos\alpha = \frac{\overline{AC}}{\overline{AB}} \quad | \cdot \overline{AB}$ $\qquad \sin\alpha = \frac{\overline{BC}}{\overline{AB}} \quad | \cdot \overline{AB}$

$\overline{AC} = \overline{AB} \cdot \cos\alpha \quad | \overline{AB} = 2x$ $\qquad \overline{BC} = \overline{AB} \cdot \sin\alpha \quad | \overline{AB} = 2x$

$\overline{AC} = 2x \cdot \cos\alpha\ cm$ $\qquad \overline{BC} = 2x \cdot \sin\alpha\ cm$

$$A(x; \alpha) = \frac{1}{2} \cdot 2x \cdot \cos\alpha \cdot 2x \cdot \sin\alpha\ cm^2$$

$$A(x; \alpha) = 2x^2 \cdot \sin\alpha \cdot \cos\alpha\ cm^2$$

c) $A = A(4; \alpha) = 32 \cdot \sin\alpha \cdot \cos\alpha\ cm^2$

α in °	0	10	20	30	40	50	60	70	80	90
A in cm²	0	5,5	10,3	13,9	15,8	15,8	13,9	10,3	5,5	0

Hinweis: Die Werte sind gegebenenfalls gerundet.

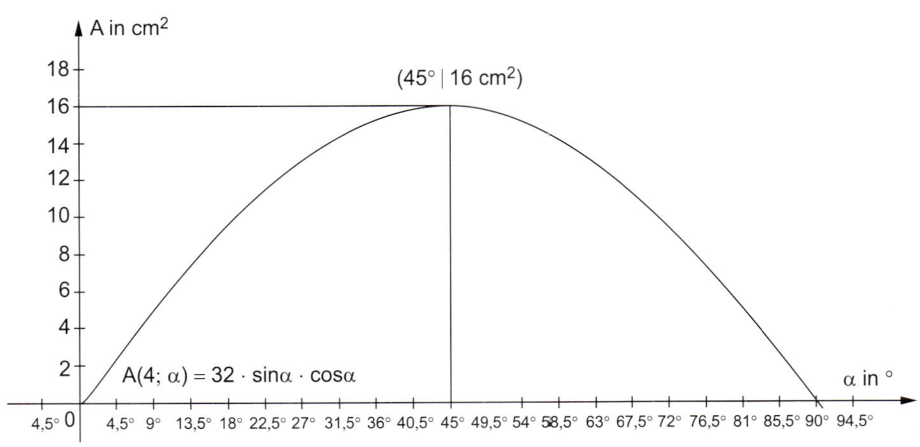

d) Der grafischen Darstellung von $A(4; \alpha)$ können wir entnehmen, dass sich für $\alpha = 45°$ die größte Dreiecksfläche $A_{max} = 16\ cm^2$ ergibt.
Das Dreieck ABC mit maximalem Flächeninhalt ist gleichschenklig rechtwinklig mit $\overline{AC} = \overline{BC}$.

$\overline{AC} = 2x \cdot \cos\alpha$ cm $\qquad \overline{BC} = 2x \cdot \sin\alpha$ cm

$\overline{AC} = 8\ cm \cdot \cos 45° \qquad \overline{BC} = 8\ cm \cdot \sin 45°$

$\overline{AC} \approx 5{,}66\ cm \qquad \overline{BC} \approx 5{,}66\ cm$

6. Für alle Winkelmaße $\varphi \in [0°; 360°]$ gilt eine wichtige Beziehung.
Im rechtwinkligen Dreieck OQP mit $\overline{OP} = 1$ LE gilt:

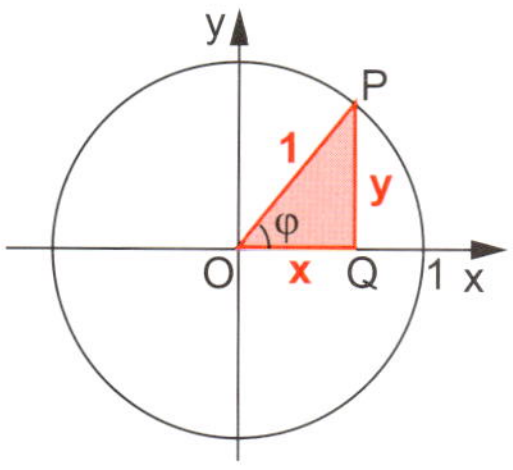

a) $\sin\varphi = \frac{y}{1}$ und $\cos\varphi = \frac{x}{1}$

$y = 1 \cdot \sin\varphi \qquad x = 1 \cdot \cos\varphi$

b) $x^2 + y^2 = 1^2$ Satz des Pythagoras

$(\cos\varphi)^2 + (\sin\varphi)^2 = 1$

$\mathbf{\sin^2\varphi + \cos^2\varphi = 1}$ Schreibweise: $\sin^2\varphi = \sin\varphi \cdot \sin\varphi = (\sin\varphi)^2$

Aufgaben

Grundwissen

136 In einem rechtwinkligen Dreieck sind die Hypotenuse $c = 12$ cm und die Kathete $b = 7$ cm lang. Berechne: α, β, a, A

137 Der Umkreisradius r eines regulären 8-Ecks beträgt 12 cm. Berechne die Seitenlänge des 8-Ecks.

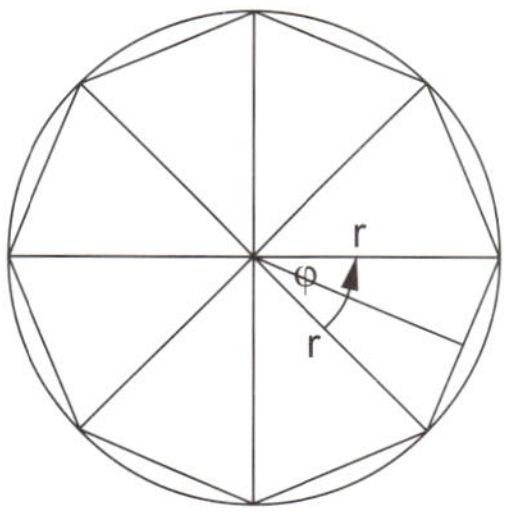

138 Von einem Dreieck ABC (nicht rechtwinklig!) sind bekannt: $\alpha = 48°$, $a = 10{,}5$ cm und $b = 7$ cm. Bestimme β, γ und die Länge der Seite c. (Hinweis: Zeichne als Hilfslinie die Höhe h_c.)

139 Bestimme für die beiden Würfel mit den Kantenlängen 8 cm und 12 cm jeweils den Neigungswinkel ε einer Raumdiagonalen gegen die Grundfläche.

140 Die Schenkel eines gleichschenkligen Dreiecks sind 12 cm lang, der Winkel an der Spitze C hat das Maß 60°. Berechne die Basis c, die Höhe h_c und den Flächeninhalt A des Dreiecks.

Interaktive Aufgaben

- 2. Seite bestimmen
- 3. Seite und Winkel bestimmen

Anwendungsaufgaben

141 Mit einem Theodoliten wird der Sichtwinkel eines der beiden Türme des Kölner Domes mit $\varphi = 72{,}2°$ gemessen, wobei die Augenhöhe $a = 1{,}5$ m ist. Die Entfernung Standort – Fußpunkt des Turmes beträgt $s = 50$ m.

a) Trage die fehlenden Werte aus der Aufgabenstellung in die vorgefertigte Skizze ein.

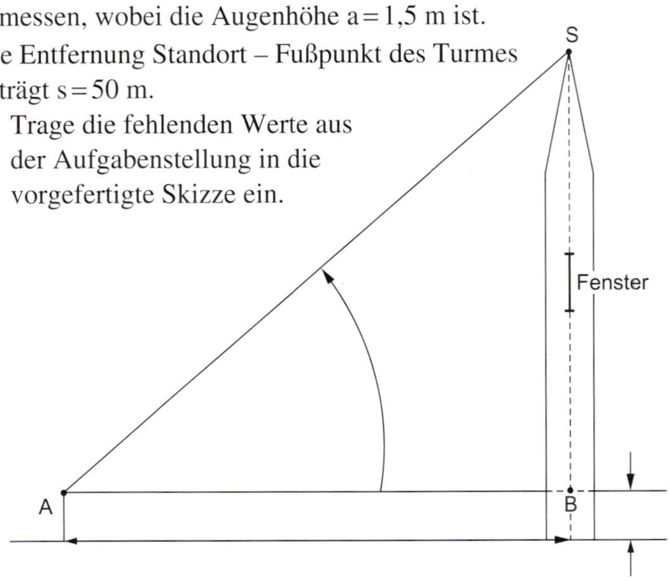

b) Berechne die Höhe des Domturms.

c) Der Domturm hat viele Fenster. Bei unveränderter Augenhöhe und Standweite betragen die Sichtwinkel zur Unterkante und Oberkante eines der Spitzbogenfenster 50,9° und 55,5°. In welcher Höhe beginnt das Fenster?

d) Peter schätzt die Höhe des Fensters auf 12 m. Um wie viel Prozent weicht seine Schätzung von der wirklichen Fensterhöhe ab?

142 Eine Gerade hat die Gleichung g: $y = \frac{1}{2}x - 2$. Bestimme die Maße der Winkel, die der Graph von g mit der x-Achse und der y-Achse einschließt.
Lisa sagt: „Ich brauche das nur für einen der beiden Winkel mithilfe des Tangens zu lösen. Der andere Winkel ergibt sich automatisch.“ Löse die Aufgabe und überprüfe Lisas Behauptung.

143 Um die Breite x eines unzugänglichen Geländebereichs zwischen den Punkten P und Q zu bestimmen, wendet man in der Geländevermessung oft folgende Methode an:
Man sucht zwei Punkte A und B, so dass P, Q und A in einer Sichtlinie liegen und $\overline{AB}$ senkrecht zu $\overline{PQ}$ bzw. zu $\overline{PA}$ verläuft (siehe Skizze). Aus den gemessenen Größen $s = \overline{AB}$, $\alpha = \sphericalangle ABP$ und $\beta = \sphericalangle ABQ$ kann man x berechnen.
Gemessen: $s = 125$ m; $\alpha = 80°$; $\beta = 63°$
Berechne $x = \overline{PQ}$.

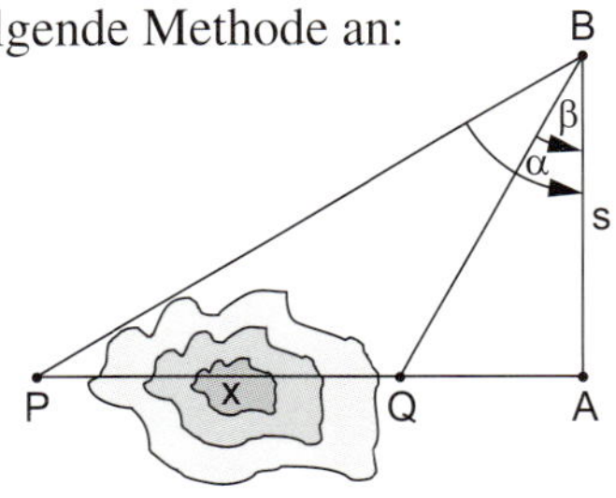

Interaktive Aufgaben

4. Gebäudehöhe bestimmen
5. Hängebrücke

8.2 Berechnungen in beliebigen Dreiecken

Bei Berechnungen in rechtwinkligen Dreiecken kommen mit den trigonometrischen Beziehungen, der Winkelsumme (180°) und dem Satz des Pythagoras oft mehrere Rechenwege infrage.
In **nicht rechtwinkligen Dreiecken, Vierecken** oder anderen **Vielecken** müssen erst Hilfslinien eingezeichnet werden, um **rechtwinklige Teildreiecke** zu erzeugen und dann die trigonometrischen Beziehungen oder den Satz des Pythagoras anwenden zu können. Diese **Hilfslinien** sind in der Regel **Höhen**, **Diagonalen** oder **Parallelen**.

Merke

> Der **Satz des Pythagoras** und die **trigonometrischen Beziehungen** sin, cos und tan dürfen **nur in rechtwinkligen Dreiecken** angewendet werden! In diesen lassen sich alle Strecken und Winkel berechnen, falls zwei Größen, davon mindestens eine Strecke, bekannt sind.

Beispiel

Von einem Dreieck (s. Skizze) sind folgende Angaben bekannt:
$c = 8\text{ cm};\ a = 5\text{ cm};\ \beta = 60°$
Berechne mithilfe der trigonometrischen Beziehungen und mit dem Satz des Pythagoras die Größen b, α, γ und die Dreiecksfläche A. (Als Hilfslinie ist die Höhe h eingezeichnet. Der Fußpunkt H unterteilt die Seite c in die Abschnitte c_1 und c_2.)

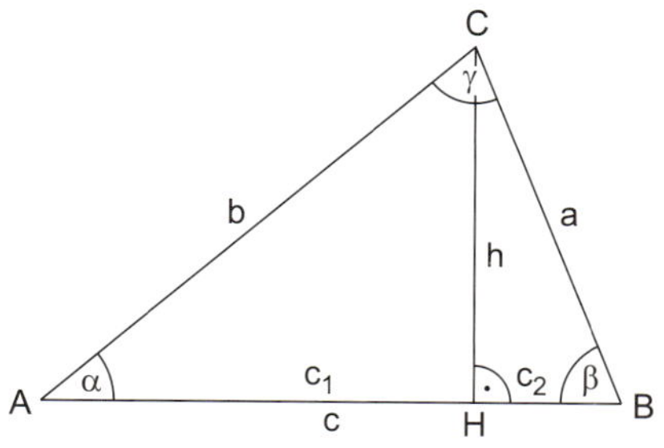

Lösung:

- Zur Berechnung von b im rechtwinkligen Dreieck AHC müssen zunächst die Höhe h und die Strecke c_1 (mithilfe von c_2) berechnet werden.

$$\sin\beta = \frac{h}{a} \quad |\cdot a$$ Trigonometrische Beziehung im Dreieck BCH

$$h = a \cdot \sin\beta$$
$$h = 5\text{ cm} \cdot \sin 60°$$
$$h \approx 4{,}33\text{ cm}$$

$$\cos\beta = \frac{c_2}{a} \quad |\cdot a$$ Trigonometrische Beziehung im Dreieck BCH

$$c_2 = a \cdot \cos\beta$$
$$c_2 = 5\text{ cm} \cdot \cos 60°$$
$$c_2 = 2{,}5\text{ cm}$$

$$c = c_1 + c_2 \quad |-c_2$$
$$c_1 = c - c_2$$
$$c_1 = 8\text{ cm} - 2{,}5\text{ cm}$$
$$c_1 = 5{,}5\text{ cm}$$

$$b^2 = h^2 + c_1^2 \quad |\sqrt{\ }$$ Satz des Pythagoras im Dreieck AHC

$$b = \sqrt{h^2 + c_1^2}$$
$$b = \sqrt{(4{,}33\text{ cm})^2 + (5{,}5\text{ cm})^2}$$
$$b \approx 7{,}00\text{ cm}$$

- Berechnung von α:

$$\sin\alpha = \frac{h}{b}$$

Trigonometrische Beziehung im Dreieck AHC

$$\sin\alpha = \frac{4{,}33\text{ cm}}{7\text{ cm}}$$

$$\alpha \approx 38{,}2°$$

- Berechnung von γ:

$$\alpha+\beta+\gamma = 180° \qquad |-\alpha-\beta$$

Winkelsumme im Dreieck ABC

$$\gamma = 180° - \alpha - \beta$$

$$\gamma = 180° - 38{,}2° - 60°$$

$$\gamma = 81{,}8°$$

- Berechnung von A:

$$A = \frac{c \cdot h}{2}$$

Flächeninhaltsformel für das Dreieck ABC

$$A = \frac{8\text{ cm} \cdot 4{,}33\text{ cm}}{2}$$

$$A \approx 17{,}3\text{ cm}^2$$

Aufgaben

Grundwissen

144 Von einem Dreieck (s. Skizze) sind einige Angaben bekannt. Berechne mithilfe der trigonometrischen Beziehungen und mit dem Satz des Pythagoras die fehlenden Größen. Runde auf 2 Nachkommastellen.

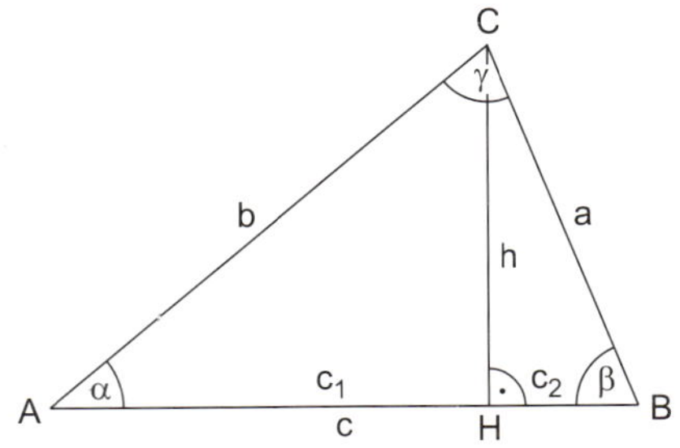

	a	b	c	α	β	γ	A
a)	4 cm		6 cm		40°		
b)		4 cm		50°		70°	
c)		7 cm	10 cm	30°			

Interaktive Aufgabe

1. Winkel berechnen

Anwendungsaufgaben

145 Das rechts abgebildete alte Fabrikgebäude soll saniert werden.
Die Neigungswinkel des Sheddaches $\alpha = 38°$, $\beta = 65°$ und die Länge des langen Dachsparrens (8 m) sind bekannt. Im Rahmen der Sanierung muss zur Stabilität des Gebäudes in den Giebel eine dreieckige Stahlkonstruktion inklusive Stahlträger (s. Abbildung) eingebaut werden.
Welche Gesamtlänge hat die Stahlkonstruktion für einen Giebel?

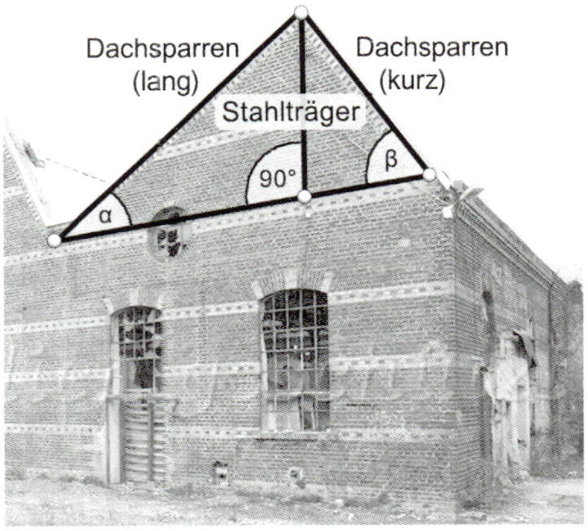

146 Eine dreieckige Pferdeweide muss neu eingezäunt werden. Die Strecke zwischen den Eckpfosten A und B misst 200 m, die zwischen den Eckpfosten A und C misst 250 m. Die Seiten $\overline{AB}$ und $\overline{AC}$ schließen einen Winkel von 80° ein.

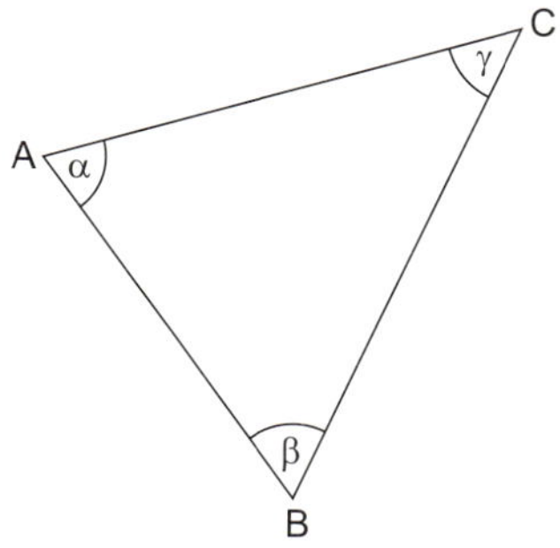

a) Dem Reitstallbesitzer entstehen beim Einzäunen Kosten pro laufendem Meter. Das Unternehmen „Pferde und Reitsport" wirbt mit folgender Sonderaktion: „Bei einer Abnahme von 750 m Weidezaunmaterial gewähren wir einen Rabatt von 25 %."
Milla glaubt nicht, dass der Reitstallbesitzer von der Aktion profitiert.
Hat Milla recht? Begründe deine Entscheidung.

b) Die Weide muss neu mit Grassamen eingesät werden. Man kalkuliert 40 kg Saatgut für 1 ha Weidefläche. Milla kalkuliert, dass 100 kg Saatgut genug sind.
Wie beurteilst du Millas Überlegungen?

Interaktive Aufgabe

2. Feuer

9 Kreis

9.1 Kreisfläche und Kreisumfang, Kreisring

Merke

Kreis

Kreisfläche: $A = \pi \cdot r^2$

Kreisumfang: $u = 2 \cdot \pi \cdot r$

π: Kreiszahl

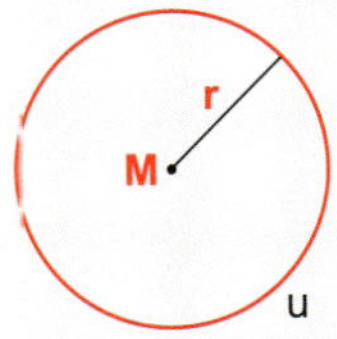

Die Kreiszahl π ist eine irrationale Zahl (nicht als Quotient zweier natürlicher Zahlen darstellbar), besitzt unendlich viele Nachkommastellen und ist nicht periodisch.
Es ist nicht möglich, mit Zirkel und Lineal ein Quadrat zu konstruieren, das den gleichen Flächeninhalt hat wie ein gegebener Kreis.
Für Berechnungen genügt es meistens, für π mit den Näherungswerten 3,14 oder $\frac{22}{7}$ zu rechnen.

Beispiele

1. Zu einem Quadrat mit der Seitenlänge $a = 6$ cm sind der Umkreis (Radius r_u) und der Inkreis (Radius r_i) gezeichnet.
Bestimme die Radien, die Flächeninhalte und die Umfänge des Um- und des Inkreises.

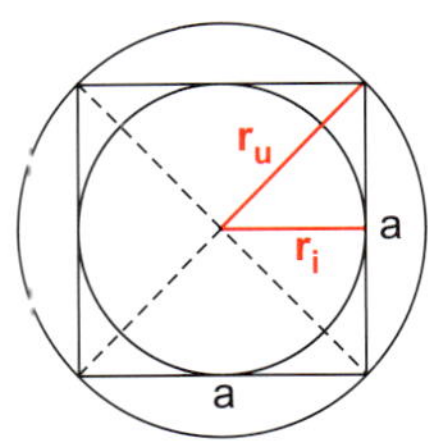

Lösung:

Radien:

$r_i = \frac{a}{2}$ r_i: halbe Quadratbreite

$r_i = 3\text{ cm}$

$r_u^2 = \left(\frac{a}{2}\right)^2 + \left(\frac{a}{2}\right)^2$ r_u: Satz des Pythagoras

$r_u^2 = \frac{a^2}{2}$

$r_u = \frac{a}{2} \cdot \sqrt{2}$

$r_u = r_i \cdot \sqrt{2}$

$r_u = 3\sqrt{2}\text{ cm}$

$(r_u \approx 4{,}24\text{ cm})$

Flächeninhalte:

$A_i = \pi \cdot r_i^2$

$A_i = \pi \cdot \left(\frac{a}{2}\right)^2$

$A_i = 9\pi\text{ cm}^2$

$(A_i \approx 28{,}27\text{ cm}^2)$

$A_u = \pi \cdot r_u^2$

$A_u = \pi \cdot \left(\frac{a}{2} \cdot \sqrt{2}\right)^2$

$A_u = 18\pi\text{ cm}^2$

$(A_u \approx 56{,}55\text{ cm}^2)$

Verhältnis der beiden Flächeninhalte:

$$\frac{A_u}{A_i} = \frac{\pi \cdot \left(\frac{a}{2} \cdot \sqrt{2}\right)^2}{\pi \cdot \left(\frac{a}{2}\right)^2} = \frac{2}{1} = 2 \quad (A_u : A_i = 2:1)$$ Dieses Verhältnis ist unabhängig von a!

Umfänge:

$u_i = 2 \cdot \pi \cdot r_i$

$u_i = 2 \cdot \pi \cdot \frac{a}{2}$

$u_i = 6\pi\text{ cm}$ $(u_i = 18{,}85\text{ cm})$

$u_u = 2 \cdot \pi \cdot r_u$

$u_u = 2 \cdot \pi \cdot \frac{a}{2} \cdot \sqrt{2}$

$u_u = \pi \cdot 6\sqrt{2}\text{ cm}^2$ $(u_u \approx 26{,}66\text{ cm})$

Verhältnis der beiden Umfänge: (Auch dieses Verhältnis ist unabhängig von a!)

$$\frac{u_u}{u_i} = \frac{2 \cdot \pi \cdot \frac{a}{2} \cdot \sqrt{2}}{2 \cdot \pi \cdot \frac{a}{2}} = \sqrt{2} \qquad (u_u : u_i = \sqrt{2} : 1)$$

2. Drei Kreise mit gleichem Radius r (=6 cm) berühren sich gegenseitig. Ein großer Kreis ist den drei kleinen Kreisen so umbeschrieben, dass er diese berührt. Bestimme den Radius R und den Flächeninhalt A des großen Kreises.

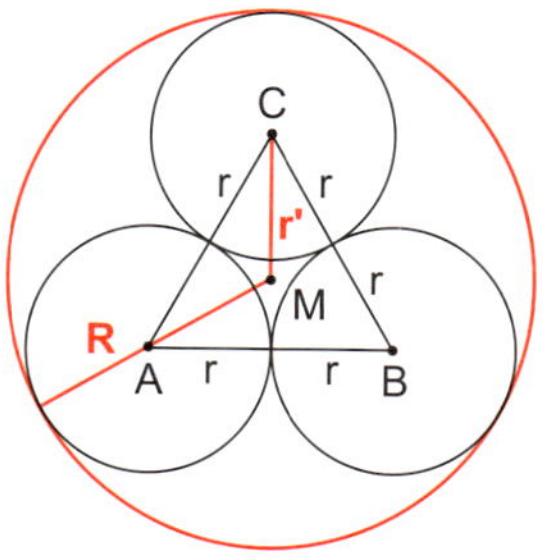

Lösung:

$R = r' + r$

Die Mittelpunkte A, B und C der drei kleinen Kreise bilden ein gleichseitiges Dreieck ABC mit der Seitenlänge $2r = a$.

r' ist Umkreisradius dieses Dreiecks: $r' = \frac{a}{3} \cdot \sqrt{3}$

$r' = \frac{2r}{3} \cdot \sqrt{3}$

$r' = 4 \cdot \sqrt{3}$ cm

$r' \approx 6{,}93$ cm

Radius:

$R = r' + r = \frac{2r}{3} \cdot \sqrt{3} + r$

$R = \left(\frac{2}{3}\sqrt{3} + 1\right) \cdot r$

$R \approx 12{,}93$ cm

Flächeninhalt:

$A = \pi \cdot R^2$

$A = \pi \cdot \left(\frac{2}{3}\sqrt{3} + 1\right)^2 \cdot r^2$

$A \approx 525{,}08\ \text{cm}^2$

Merke

Kreisring

Zwei konzentrische Kreise $k_a(M; r_a)$ und $k_i(M; r_i)$ mit $r_a > r_i$ begrenzen einen Kreisring.

Kreisringfläche: $A_{Ring} = \pi \cdot (r_a^2 - r_i^2)$

Kreisringumfang: $u = 2 \cdot \pi \cdot (r_a + r_i)$

Beispiele

1. Ein Kreisring mit innerem Radius $r_i = 60$ cm hat eine Fläche von 2,4 m². Berechne die Breite b des Rings.

Lösung:

Radius r_a:

$A_{Ring} = \pi \cdot (r_a^2 - r_i^2)$

$2{,}4\ \text{m}^2 = \pi \cdot (r_a^2 - (0{,}60\ \text{m})^2)$

$2{,}4\ \text{m}^2 = \pi \cdot r_a^2 - 1{,}13\ \text{m}^2$ $\quad r_a$ ist gesucht

$r_a^2 = \frac{2{,}4\ \text{m}^2 + 1{,}13\ \text{m}^2}{\pi}$ $\quad$ Äquivalenzumformung

$r_a^2 \approx 1{,}12\ \text{m}^2$

$r_a = \sqrt{1{,}12\ \text{m}^2}$

$r_a \approx 1{,}06$ m

$r_a = 106$ cm

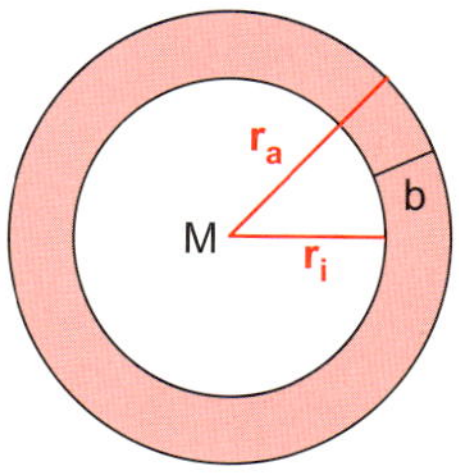

Breite b des Rings:

$b = r_a - r_i$

$b = 46$ cm

2. Wie viele Umdrehungen in der Minute macht das Rad eines Eisenbahnwagens (d = 0,85 m), wenn der Zug mit einer Geschwindigkeit von $90\,\frac{\text{km}}{\text{h}}$ fährt?

Lösung:

$v = 90\,\frac{\text{km}}{\text{h}}$ Umwandlung $\frac{\text{km}}{\text{h}} \rightarrow \frac{\text{m}}{\text{min}}$

$v = \frac{90 \cdot 1\,000\text{ m}}{60\text{ min}}$

$v = 1\,500\,\frac{\text{m}}{\text{min}}$

Der Zug legt in t = 1 Minute die Strecke s = 1 500 m zurück.
Um die Anzahl n der Umdrehungen pro Minute zu erhalten, müssen wir feststellen, wie oft der Umfang u des Rades in der Strecke s enthalten ist.

$u_{Rad} = \pi \cdot d$

$u_{Rad} = \pi \cdot 0{,}85\text{ m}$

$u_{Rad} \approx 2{,}67\text{ m}$

$n = \frac{s}{u_{Rad}}$

$n = \frac{1500\text{ m}}{2{,}67\text{ m}}$

$n \approx 562$

Bei einer Geschwindigkeit von $90\,\frac{\text{km}}{\text{h}}$ macht das Rad 562 Umdrehungen pro Minute.

Aufgaben

Grundwissen

147 Einem Kreis mit Radius r (= 6 cm) ist ein gleichseitiges Dreieck einbeschrieben.
a) Berechne die Länge der Dreiecksseite a.
b) In welchem Verhältnis stehen die Flächeninhalte von Kreis und Dreieck?
c) In welchem Verhältnis stehen die Flächeninhalte bzw. die Umfänge von Umkreis und Inkreis des Dreiecks?

148 Bei einem gleichseitigen Dreieck fallen die Mittelpunkte von Um- und Inkreis zusammen. Berechne den Flächeninhalt des von beiden Kreisen begrenzten Kreisrings in Abhängigkeit von der Seitenlänge a des Dreiecks.

Interaktive Aufgaben
1. Winkelmaß bestimmen
2. In- und Umkreis

Anwendungsaufgaben

149
a) Um einen Fußball mit dem Radius r (= 11 cm) wird straff eine Schnur gespannt. Die Schnur wird um 1 m verlängert und so um den Ball gelegt, dass sie überall gleichen Abstand d hat. Wie groß ist dieser Abstand d?

b) In der gleichen Weise denkt man sich um den Erdäquator der als ideale Kugel angenommenen Erde eine Schnur gespannt und ebenfalls um 1 m verlängert (Erdradius: 6 370 km).
Christina behauptet: „Bei der Größe der Erde wirkt sich eine Verlängerung der Schnur um einen Meter überhaupt nicht aus, da kann nicht mal eine Ameise darunter her kriechen."
Was hältst du von Christinas Aussage? Begründe deine Meinung rechnerisch.

150 Wie groß ist die Rotationsgeschwindigkeit eines Punktes auf dem Erdäquator, vom Standpunkt eines unbewegten Beobachters im Weltraum aus gesehen? ($r_{Erde} = 6\,370$ km)

Interaktive Aufgaben

- 3. Torwand
- 4. Kamerawagen

9.2 Kreisbogen und Kreissektor, Berechnungen am Kreis und an Kreisteilen

Merke

Kreisbogen und Kreissektor

Die Schenkel des Mittelpunktswinkels ∢ AMB mit dem Maß ω schneiden aus der Fläche eines Kreises k (M; r) einen Kreissektor und aus der Kreislinie einen Kreisbogen der Länge b aus.

Länge des Kreisbogens: $b = 2 \cdot \pi \cdot r \cdot \frac{\omega}{360°}$

Flächeninhalt des Sektors: $A = \pi \cdot r^2 \cdot \frac{\omega}{360°}$

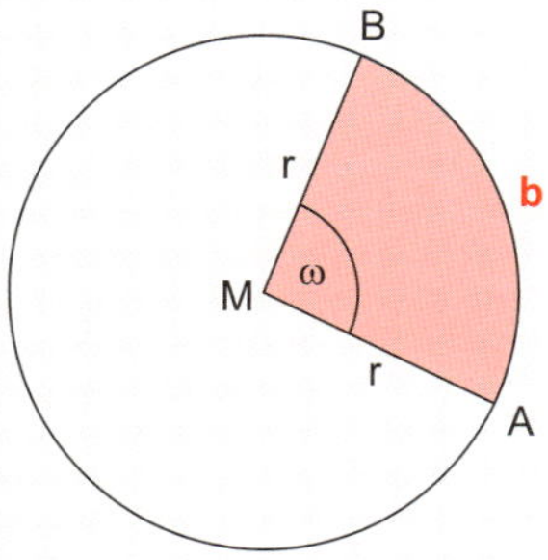

Beispiele

1. Berechne den Flächeninhalt A und den Umfang u der eingefärbten Flächen allgemein in Abhängigkeit von a und speziell für a = 8 cm.

a)

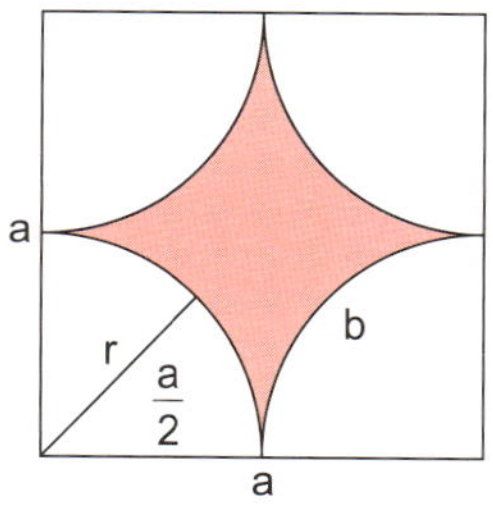

b)

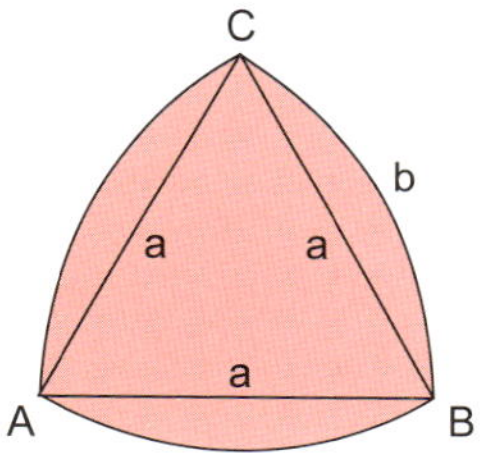

Lösung:

a) Flächeninhalt:

$A = A_{Quadrat} - 4 \cdot A_{Sektor}$

$A = \left(a^2 - 4 \cdot \pi \cdot \left(\frac{a}{2}\right)^2 \cdot \frac{90°}{360°}\right) \text{FE} \quad \text{mit } r = \frac{a}{2}$

$A = \left(a^2 - \frac{a^2}{4} \cdot \pi\right) \text{FE}$

$A = a^2 \cdot \left(1 - \frac{\pi}{4}\right) \text{FE}$

Umfang u:

$u = 4 \cdot b$

$u = 4 \cdot 2 \cdot \pi \cdot r \cdot \frac{90°}{360°} \text{LE}$

$u = 2 \cdot \pi \cdot r \text{ LE} \quad \Big| \; r = \frac{a}{2}$

$u = 2 \cdot \pi \cdot \frac{a}{2} \text{LE}$

$u = a \cdot \pi \text{ LE}$

Für a = 8 cm:

$A = 64 \cdot \left(1 - \frac{\pi}{4}\right) \text{cm}^2$

$A \approx 13{,}73 \text{ cm}^2$

$u = 8 \cdot \pi \text{ cm}$

$u \approx 25{,}13 \text{ cm}$

b) Das Dreieck ABC ist gleichseitig. Die Mittelpunktswinkel der Sektoren haben das Maß 60°.

Flächeninhalt:

$A = 3 \cdot A_{\text{Sektor}} - 2 \cdot A_{\Delta ABC}$

$A = \left(3 \cdot \pi \cdot r^2 \cdot \frac{60°}{360°} - 2 \cdot \frac{1}{2} \cdot r \cdot \frac{\sqrt{3}}{2} \cdot r\right) \text{FE}$

$A = \left(\frac{1}{2} \cdot \pi \cdot r^2 - \frac{\sqrt{3}}{2} \cdot r^2\right) \text{FE}$

$A = \frac{1}{2} \cdot r^2 \cdot (\pi - \sqrt{3}) \text{ FE} \quad | r = a$

$A = \frac{1}{2} a^2 \cdot (\pi - \sqrt{3}) \text{ FE}$

Umfang:

$u = 3 \cdot b$

$u = 3 \cdot 2 \cdot \pi \cdot r \cdot \frac{60°}{360°} \text{ LE}$

$u = \pi \cdot r \text{ LE} \quad | r = a$

$u = \pi \cdot a \text{ LE}$

Für a = 8 cm:

$A = \frac{1}{2}(8 \text{ cm})^2 \cdot (\pi - \sqrt{3}) \text{ cm}^2$

$A \approx 45{,}11 \text{ cm}^2$

$u = 8 \text{ cm} \cdot \pi$

$u \approx 25{,}13 \text{ cm}$

2. a) Der Bogen eines Kreises mit r = 14 cm hat die Länge b = 22 cm. Berechne das Maß des zugehörigen Mittelpunktswinkels ω sowie den Flächeninhalt A des Kreissektors.

b) Welches Maß hat der Mittelpunktswinkel eines Bogens, dessen Länge gleich dem Radius ist?

Lösung:

a) Mittelpunktswinkel:

$2 \cdot \pi \cdot r \cdot \frac{\omega}{360°} = b$

$2 \cdot \pi \cdot 14 \text{ cm} \cdot \frac{\omega}{360°} = 22 \text{ cm}$

$\omega = \frac{22 \text{ cm} \cdot 360°}{2 \cdot \pi \cdot 14 \text{ cm}}$

$\omega = 90°$

Flächeninhalt:

$A = \pi \cdot r^2 \cdot \frac{\omega}{360°}$

$A = \pi \cdot (14 \text{ cm})^2 \cdot \frac{90°}{360°}$

$A \approx 153{,}94 \text{ cm}^2$

b) Mittelpunktswinkel:

$b = r$

$2 \cdot \pi \cdot r \cdot \frac{\omega}{360°} = r$

$2 \cdot \pi \cdot \frac{\omega}{360°} = 1$

$\omega = \frac{360°}{2 \cdot \pi}$

$\omega \approx 57{,}30°$

3. Zeichne zu einem Quadrat mit der Seitenlänge a (= 8 cm) den Umkreis und über jeder Seite den Halbkreis nach außen. Berechne den Flächeninhalt der vier Möndchen.

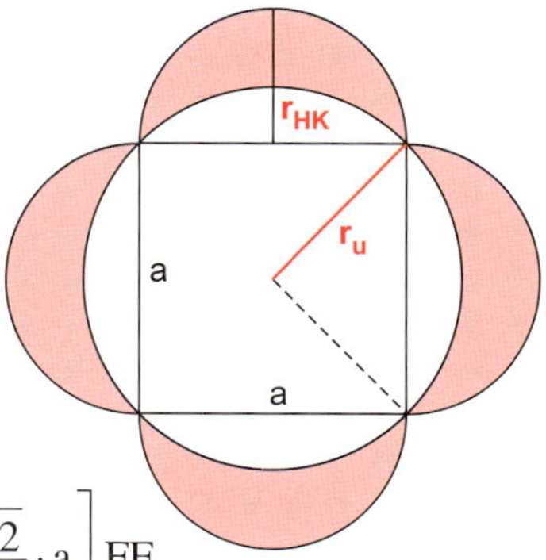

Lösung:

Umkreisradius: $r_u = \frac{\sqrt{2}}{2} \cdot a$

Halbkreisradius: $r_{HK} = \frac{a}{2}$

Summe der Flächeninhalte der vier Möndchen:

$A = 4 \cdot [A_{Halbkreis} - (A_{Sektor} - A_{Dreieck})]$

$$A = 4 \cdot \left[\frac{1}{2}\pi \cdot \left(\frac{a}{2}\right)^2 - \pi \cdot \left(\frac{\sqrt{2}}{2} \cdot a\right)^2 \cdot \frac{90°}{360°} + \frac{1}{2} \cdot \frac{\sqrt{2}}{2} \cdot a \cdot \frac{\sqrt{2}}{2} \cdot a\right] \text{FE}$$

$$A = 4 \cdot \left[\pi \cdot \frac{a^2}{8} - \pi \cdot \frac{a^2}{8} + \frac{a^2}{4}\right] \text{FE}$$

$A = a^2$ FE

Für a = 8 cm:

$A = (8\text{ cm})^2$

$A = 64\text{ cm}^2$

Aufgaben

Grundwissen

151

a) Welche Länge hat der zum Mittelpunktswinkel $\omega = 75°$ gehörige Kreisbogen in einem Kreis mit Radius r = 25 cm?

b) Wie groß sind Bogenlänge, Umfang und Flächeninhalt eines Kreisssektors mit dem Mittelpunktswinkel $\omega = 120°$ (r = 12 cm)?

c) Berechne das Maß des Mittelpunktswinkels eines Kreissektors, dessen Flächeninhalt gleich dem eines dem Kreis einbeschriebenen Quadrats ist.

152

Berechne den Flächeninhalt und den Umfang der rot eingefärbten Fläche (a = 8 cm).

153

Zeige durch Rechnung, dass die beiden eingefärbten Möndchen zusammen den gleichen Flächeninhalt wie das rechtwinklige Dreieck haben. (Möndchen des Hippokrates; um 440 v. Chr.; griechischer Mathematiker. Dieser Satz wurde erst 1671 von dem Jesuiten Paradies bewiesen.)

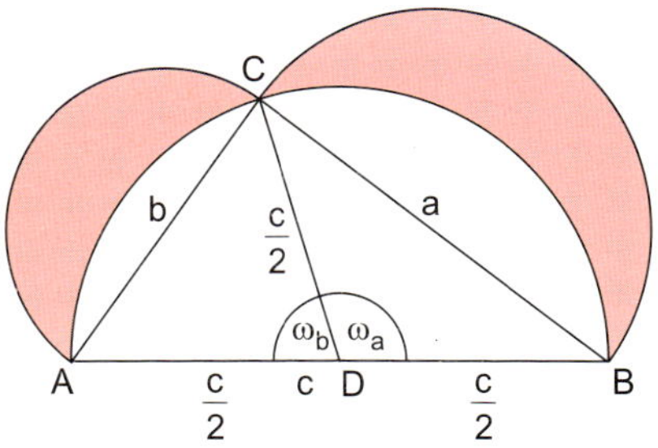

Interaktive Aufgaben

1. Kreisbogenlänge
2. Radius berechnen
3. Fläche berechnen
4. Fläche berechnen
5. Fläche berechnen

Anwendungsaufgaben

154 Welchen Weg legt ein Punkt bzw. ein Ort am Äquator der Erde (Erdradius: 6 370 km) in einer Stunde zurück, betrachtet vom Standpunkt eines unbewegten Beobachters im Weltraum aus?

155 Ein Kinderfahrrad hat eine Reifengröße (Durchmesser) von 22" (1" (Zoll) = 2,54 cm).

a) Welche Weglänge kommt der Fahrer bei einer vollen Radumdrehung voran?
b) Um welchen Mittelpunktswinkel dreht sich das Rad, wenn der Fahrer genau 1 m fährt?
c) Wie viele Radumdrehungen muss er für einen Kilometer machen?
d) Der Radfahrer schafft 120 Radumdrehungen pro Minute. Wie lange braucht er etwa für die Strecke von Ochtrup nach Münster (40 km)?

10 Körper

10.1 Schrägbild und Netz eines Körpers

Geometrische Körper wie Würfel, Quader, Prisma, Pyramide oder Kegel sind **dreidimensionale** Gebilde. Um bei einer **zweidimensionalen** Zeichenebene (z. B. ein Blatt Papier) einen **räumlichen Eindruck** von einem Körper zu erhalten, stellt man diesen in einem **Schrägbild** dar.

Das **Netz** eines Körpers ist eine zweidimensionale Darstellung seiner Oberfläche, die man sich längs der Kanten in geeigneter Weise aufgeschnitten und in die Ebene ausgebreitet vorstellt. Grund-, Deck- und Seitenflächen werden in wahrer Größe wiedergegeben.

Zeichnen eines Schrägbildes

- Auf einer Geraden s, der Schrägbildachse, wird eine Strecke festgelegt, die parallel zur Zeichenebene verläuft: $\overline{AB}$
- Strecken, die parallel zur Zeichenebene verlaufen, werden in wahrer Länge gezeichnet: $\overline{AB}$, $\overline{AE}$ etc.
- Strecken, die auf der Zeichenebene senkrecht stehen, werden unter einem Winkel φ (**Verzerrungswinkel**) gegen die Schrägbildachse und mit einem Faktor **q** (**Verkürzungsfaktor**) verkürzt gezeichnet: $\overline{AD}$, $\overline{BC}$, $\overline{FG}$ etc.
- Die übrigen Strecken können durch Verbinden der so erhaltenen Streckenendpunkte gezeichnet werden: $\overline{AC}$, $\overline{EG}$ etc.
- Der **Verkürzungsfaktor q** gibt das Verhältnis von verkürzt gezeichneter und wahrer Länge einer Strecke an.

  Beispiel:

  $$\frac{\overline{BC}_{\text{gezeichnet}}}{\overline{BC}_{\text{wahr}}} = q$$

  $$\overline{BC}_{\text{gezeichnet}} = q \cdot \overline{BC}_{\text{wahr}}$$

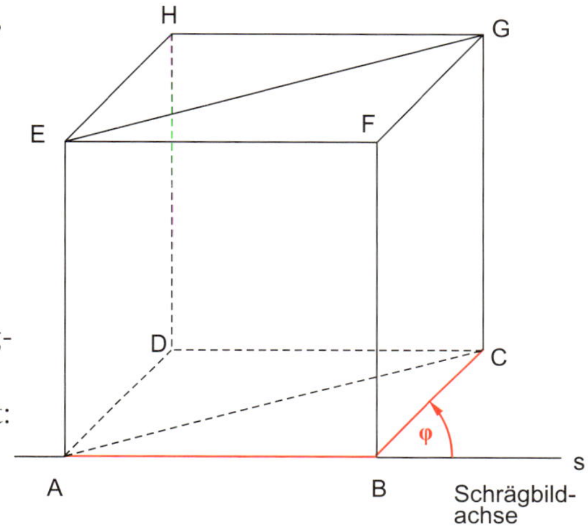

$\measuredangle(\overline{BC}, s) = \varphi$

$\overline{BC}_{\text{gezeichnet}} = q \cdot \overline{BC}_{\text{wahr}}$

- Für den Verzerrungswinkel und den Verkürzungsfaktor gelten in der Regel (wenn nichts anderes vereinbart ist): $\boldsymbol{\varphi = 45°}$ **und** $\boldsymbol{q = \frac{1}{2}}$
- Strecken, die nicht sichtbar sind, werden gestrichelt gezeichnet: $\overline{AD}$, $\overline{DH}$ etc.

Beispiele

1. a) Zeichne das Schrägbild einer Pyramide mit der Höhe h (= 6 cm), deren Grundfläche ein Quadrat mit der Seitenlänge a (= 5 cm) ist. Die Spitze S liegt senkrecht über dem Diagonalenschnittpunkt M des Quadrates ABCD. $\overline{AB}$ liegt auf s. $\varphi = 45°$ und $q = \frac{1}{2}$.
   b) Zeichne das Netz der Pyramide.

Lösung:

a)

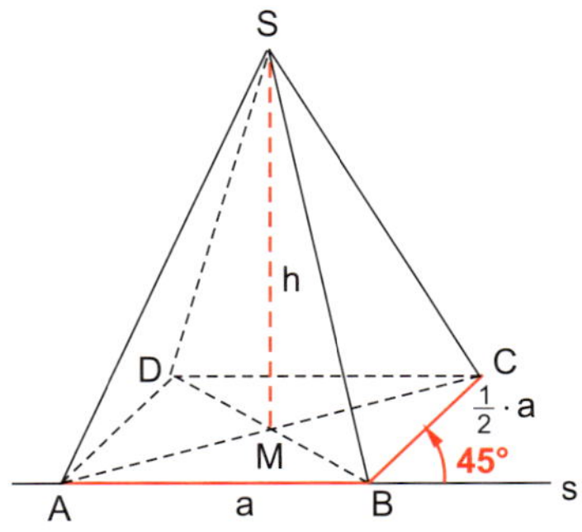

(Abbildung um die Hälfte verkleinert)

- Die Strecke $\overline{AB}$ mit der Länge a = 5 cm wird auf der Schrägbildachse s in wahrer Länge angetragen.
- Die Strecke $\overline{BC}$ wird unter dem Winkel $\varphi = 45°$ gegen die Schrägbildachse s angetragen und mit $q = \frac{1}{2}$ verkürzt gezeichnet: $\overline{BC} = 2{,}5$ cm.
- Da $\overline{DC}$ in wahrer Länge angetragen wird, können der Eckpunkt D und damit das Quadrat ABCD sowie der Diagonalenschnittpunkt M gezeichnet werden.
- Die Höhe $\overline{MS}$ wird in wahrer Länge h = 6 cm gezeichnet.
- Die Spitze S wird mit den Eckpunkten A, B, C und D des Quadrates verbunden.
- Die Strecken $\overline{AD}$, $\overline{CD}$, $\overline{DS}$ sind unsichtbar und werden gestrichelt gezeichnet.

b)

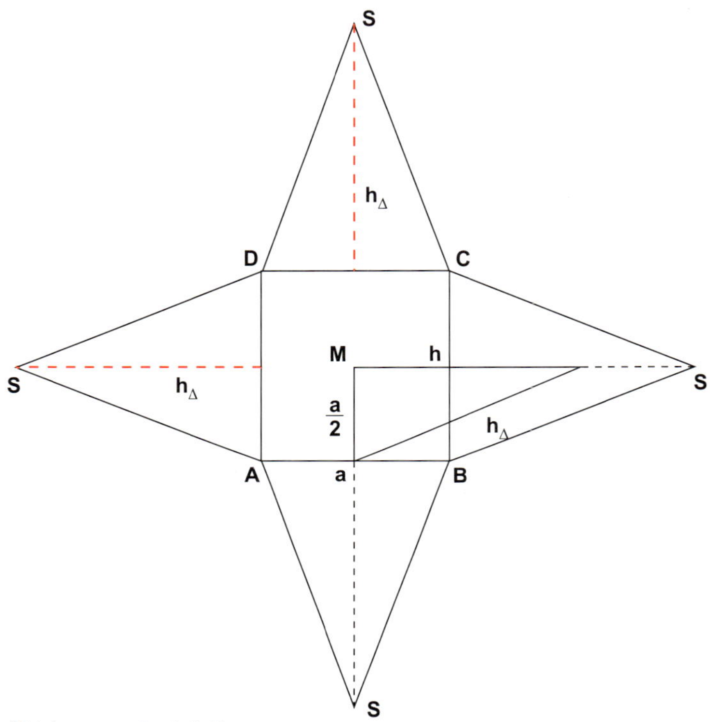

(Zeichnungsmaßstab 1 : 2)

- Zeichne das Quadrat ABCD mit der Seitenlänge a = 5 cm.
- Um die Seitenflächen zeichnen zu können, benötigt man die Höhe h_Δ einer Seitenfläche. Man erhält sie durch Konstruktion eines rechtwinkligen Dreiecks mit den Katheten $\frac{a}{2}$ und h.

  Alternativ kann man die Höhe auch mit dem Satz des Pythagoras berechnen:

  $$h_\Delta^2 = \left(\frac{a}{2}\right)^2 + h^2$$
  $$h_\Delta^2 = (2{,}5\ \text{cm})^2 + (6\ \text{cm})^2$$
  $$h_\Delta^2 = 6{,}25\ \text{cm}^2 + 36\ \text{cm}^2$$
  $$h_\Delta = 6{,}5\ \text{cm}$$
- Errichte die Mittelsenkrechten über den Quadratseiten.

- Schneide jede Mittelsenkrechte mit einem Kreis vom Radius $r = h_\Delta$ um den zugehörigen Seitenmittelpunkt.
- Verbinde den so erhaltenen Punkt S mit den zugehörigen Eckpunkten des Quadrats.

2. Schrägbild und Netz eines geraden Prismas mit der Höhe h (= 8 cm), dessen Grund- und Deckfläche ein gleichseitiges Dreieck mit der Seitenlänge a (= 6 cm) ist.

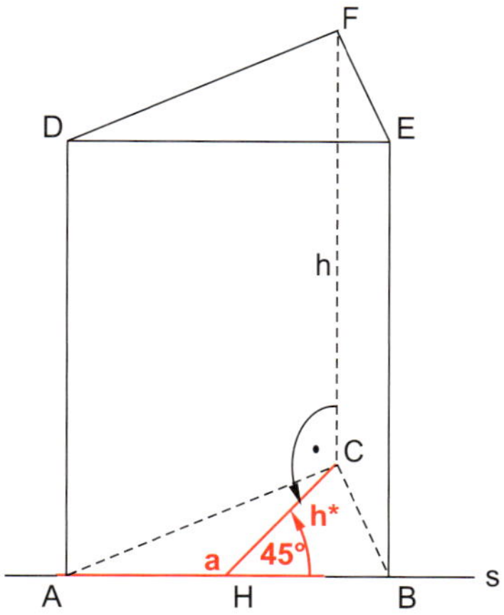

(Abbildung um die Hälfte verkleinert)

Schrägbild:
Die Dreiecksseite $\overline{AB}$ liegt auf s.
$\varphi = 45°$ und $q = \frac{1}{2}$.
Die Höhe $\overline{HC}$ des Dreiecks ABC steht senkrecht zur Zeichenebene. Sie wird unter dem Verzerrungswinkel φ gegen die Schrägbildachse s und mit $q = \frac{1}{2}$ verkürzt gezeichnet.

$$\overline{HC} = \frac{6\text{ cm}}{2}\sqrt{3} \quad \Rightarrow \quad h^* = \frac{1}{2} \cdot \overline{HC}$$

$$h^* = \frac{1}{2} \cdot \frac{6\text{ cm}}{2}\sqrt{3}$$

$$h^* \approx 2{,}6\text{ cm}$$

- Mit $\overline{AB}$ auf der Schrägbildachse und $\overline{HC}$ kann man das Dreieck ABC zeichnen.
- Die Prismenkanten $\overline{AD}$, $\overline{BE}$ und $\overline{CF}$ werden mit ihrer wahren Länge H = 8 cm gezeichnet. Damit kann man das Dreieck DEF sowie das Prisma zeichnen.

Netz:
(Zeichnungsmaßstab 1 : 2)

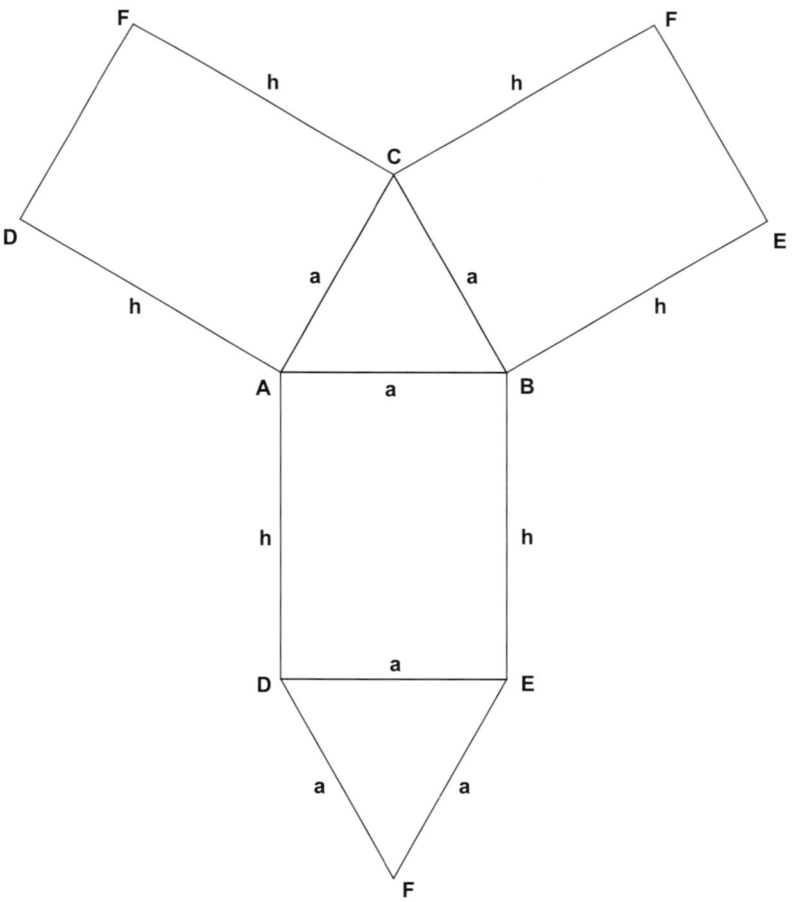

- Zeichne das gleichseitige Dreieck ABC mit der Seitenlänge a = 6 cm.
- Errichte über jeder Dreiecksseite ein Rechteck, dessen zweite Seite h = 8 cm ist.
- Zeichne über einer der kürzeren Rechteckseiten, z. B. über $\overline{DE}$, ein gleichseitiges Dreieck DFE.

Aufgaben

Grundwissen

156 Zeichne das Schrägbild einer Pyramide ABCDS mit der Höhe $\overline{MS} = 12$ cm, deren Grundfläche das Quadrat ABCD mit der Seitenlänge a = 8 cm ist. M ist Diagonalenschnittpunkt im Quadrat ABCD.

a) $\overline{AB} \in s$; $\varphi = 45°$; $q = \frac{1}{2}$

b) $\overline{DC} \in s$; $\varphi = 30°$; $q = \frac{1}{3}$

c) $\overline{AB} \in s$; $\varphi = 45°$; $q = \frac{2}{3}$

157

a) Zeichne das Netzbild eines geraden dreiseitigen Prismas mit der Höhe h = 5 cm. Die Grund- und Deckfläche sind ein gleichseitiges Dreieck mit a = 5 cm.

b) Zeichne ein maßstabsgerechtes Netzbild einer Säule mit quadratischer Grundfläche. Die Grundkante hat eine Länge von a = 40 cm. Die Höhe beträgt 70 cm.

158 Zeichne das Schrägbild eines Zylinders mit r = 4 cm und h = 8 cm, dem ein Kegel mit gleichen Grundkreisradius r und gleicher Höhe einbeschrieben ist. Die Kegelspitze S liegt im Mittelpunkt M des Zylindergrundkreises. ($\varphi = 45°$; $q = \frac{1}{2}$)

10.2 Prisma

Ein **Prisma** ist ein Körper mit kongruenter Grund- und Deckfläche und gleich langen, zueinander parallelen Seitenkanten.
Stehen zusätzlich die Seitenkanten senkrecht auf der Grundfläche, so spricht man von einem **geraden Prisma**.

Merke

Gerades Prisma
Volumen: $V = G \cdot h$ (Produkt aus Flächeninhalt G der Grundfläche und Höhe h)
Oberfläche: $O = 2 \cdot G + M$ (Summe aus doppelter Grundfläche und Mantelfläche M)

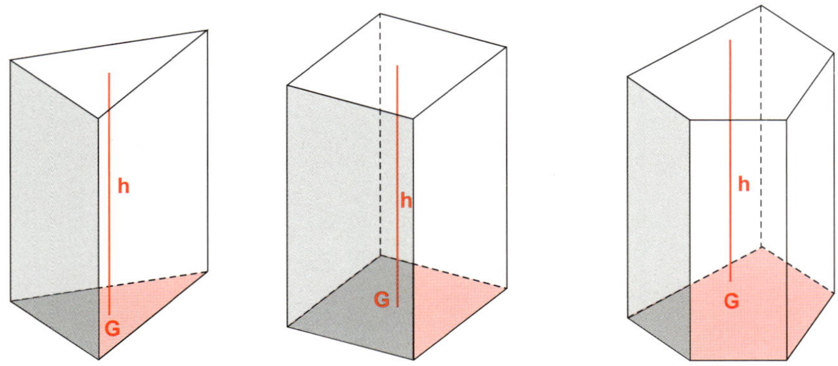

Dreiseitiges Prisma Vierseitiges Prisma Fünfseitiges Prisma

Beispiele

1. Berechne das Volumen V, die Mantelfläche M und die Oberfläche O eines geraden dreiseitigen Prismas mit den in der Zeichnung angegebenen Maßen (in cm).

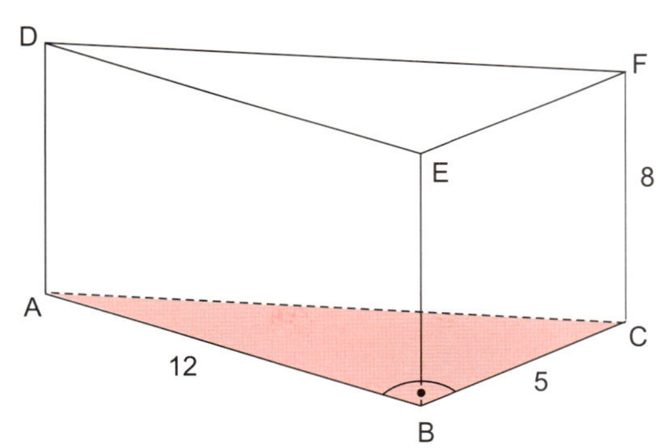

Lösung:
Grundfläche des Prismas ist das rechtwinklige Dreieck ABC mit den Kathetenlängen $\overline{AB} = 12$ cm und $\overline{BC} = 5$ cm.

- Grundfläche:
  $G = \frac{1}{2} \cdot \overline{AB} \cdot \overline{BC}$
  $G = \frac{1}{2} \cdot 12\text{ cm} \cdot 5\text{ cm}$
  $G = 30\text{ cm}^2$
- Volumen:
  $V = G \cdot h$
  $V = 30\text{ cm}^2 \cdot 8\text{ cm}$
  $V = 240\text{ cm}^3$
- Mantel:
  $M = A_{\text{Rechteck ABED}} + A_{\text{Rechteck BCFE}} + A_{\text{Rechteck ACFD}}$
  $M = 12\text{ cm} \cdot 8\text{ cm} + 5\text{ cm} \cdot 8\text{ cm} + \overline{AC} \cdot 8\text{ cm}$

- Länge von $\overline{AC}$:
  $\overline{AC}$ ist Hypotenuse im rechtwinkligen Dreieck ABC:
  $\overline{AC}^2 = \overline{AB}^2 + \overline{BC}^2$ (Satz des Pythagoras)
  $\overline{AC}^2 = (12\text{ cm})^2 + (5\text{ cm})^2$
  $\overline{AC}^2 = 144\text{ cm}^2 + 25\text{ cm}^2$
  $\overline{AC}^2 = 169\text{ cm}^2 \quad |\sqrt{\ }$
  $\overline{AC} = 13\text{ cm}$
- Mantelfläche:
  $M = 96\text{ cm}^2 + 40\text{ cm}^2 + 104\text{ cm}^2$
  $M = 240\text{ cm}^2$
- Oberfläche:
  $O = 2 \cdot G + M$
  $O = 2 \cdot 30\text{ cm}^2 + 240\text{ cm}^2$
  $O = 300\text{ cm}^2$

2. Grundfläche eines geraden Prismas ist ein Drachenviereck ABCD mit den Diagonalenlängen f = 8 cm und e = 12 cm. Ferner sei $\overline{DM}$ = 3 cm. Die Höhe h des Prismas beträgt 10 cm.
   a) Zeichne das Schrägbild des Prismas, wobei die Diagonale $\overline{BD}$ auf der Schrägbildachse s liegt sowie $\varphi = 45°$ und $q = \frac{1}{2}$ sein sollen.
   b) Berechne das Volumen und die Oberfläche des Prismas.

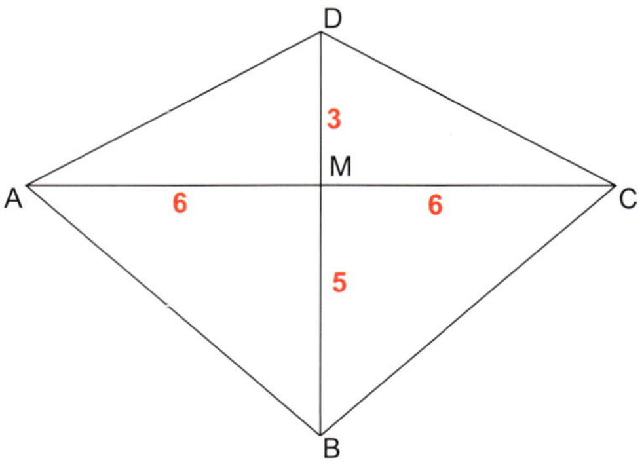

(Zeichnungsmaßstab 1 : 2)

Lösung:

a) Schrägbild:
- $\overline{BD}$ und $\overline{MD}$ liegen auf s und werden mit ihrer wahren Länge angetragen.
- Die Diagonale $\overline{CA}$ steht senkrecht auf s und wird deshalb in M unter dem Winkel $\varphi = 45°$ gezeichnet. Außerdem sind $\overline{MA}$ und $\overline{MC}$ wegen des Verkürzungsfaktors $q = \frac{1}{2}$ jeweils 3 cm lang.
- Damit kann das Drachenviereck im Schrägbild gezeichnet werden.
- Da die Höhe h in wahrer Länge erscheint, kann man das Schrägbild des Prismas fertig zeichnen.

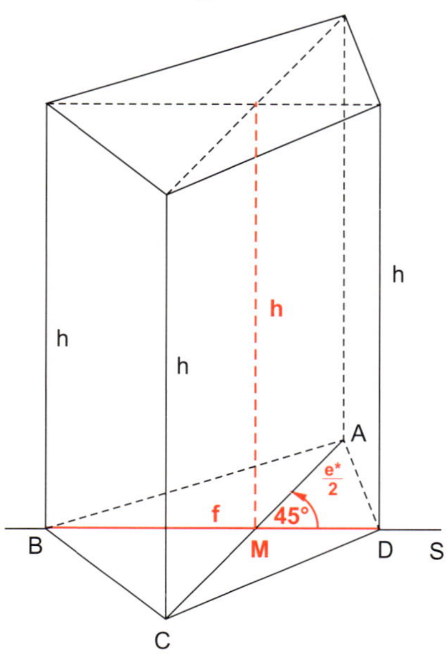

(Zeichnungsmaßstab 1 : 2)

b) • Volumen des Prismas:

$V = G \cdot h$

$V = \frac{1}{2} \cdot e \cdot f \cdot h$

$V = \frac{1}{2} \cdot 8\ \text{cm} \cdot 12\ \text{cm} \cdot 10\ \text{cm}$

$V = 480\ \text{cm}^3$

• Oberfläche des Prismas:

$O = 2 \cdot G + M$

Die Mantelfläche M des Prismas ist gleich der Summe der vier Seitenflächen. Diese sind Rechtecke mit den Seiten $\overline{BC}$, $\overline{CD}$, $\overline{DA}$ und $\overline{AB}$ sowie der gemeinsamen zweiten Seite h. Die Seiten $\overline{BC}$, $\overline{CD}$, $\overline{DA}$ und $\overline{AB}$ sind Hypotenusen der vier Teildreiecke, in die das Drachenviereck durch die beiden Diagonalen zerlegt wird.

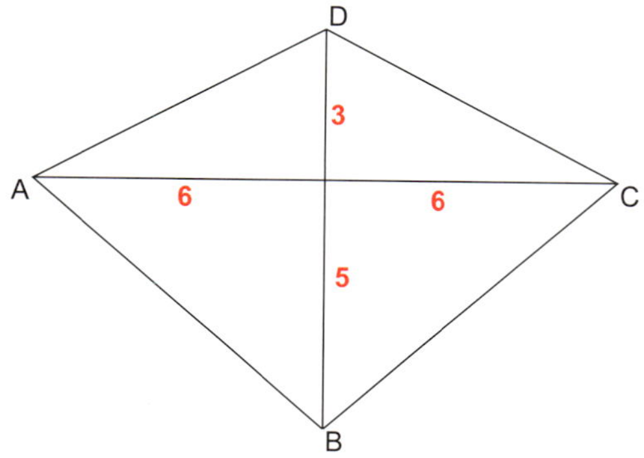

$\overline{BC}^2 = (5\ \text{cm})^2 + (6\ \text{cm})^2 \quad |\sqrt{\ }$

$\overline{BC} \approx 7{,}81\ \text{cm}$

$\overline{AB} = \overline{BC}$

$\overline{AB} \approx 7{,}81\ \text{cm}$

$\overline{CD}^2 = (6\ \text{cm})^2 + (3\ \text{cm})^2 \quad |\sqrt{\ }$

$\overline{CD} \approx 6{,}71\ \text{cm}$

$\overline{DA} = \overline{CD}$

$\overline{DA} \approx 6{,}71\ \text{cm}$

• Mantelfläche:

$M = \overline{BC} \cdot h + \overline{CD} \cdot h + \overline{DA} \cdot h + \overline{AB} \cdot h$

$M = (7{,}81\ \text{cm} + 6{,}71\ \text{cm} + 6{,}71\ \text{cm} + 7{,}81) \cdot 10\ \text{cm}$

$M \approx 290\ \text{cm}^2$

• Grundfläche:

$G = \frac{1}{2} \cdot e \cdot f$

$G = \frac{1}{2} \cdot 8\ \text{cm} \cdot 12\ \text{cm}$

$G = 48\ \text{cm}^2$

• Oberfläche:

$O = 2 \cdot 48\ \text{cm}^2 + 290\ \text{cm}^2$

$O = 386\ \text{cm}^2$

Quader (rechteckige Grundfläche) und **Würfel** (quadratische Grund-, Deck- und Seitenflächen) sind Sonderformen eines geraden Prismas.

Merke

Sonderformen des geraden Prismas

- **Quader mit den Kantenlängen a, b und c:**
  Volumen des Quaders: $V = a \cdot b \cdot c$
  Oberfläche des Quaders: $O = 2 \cdot (a \cdot b + a \cdot c + b \cdot c)$
- **Würfel mit der Kantenlänge a:**
  Volumen des Würfels: $V = a^3$
  Oberfläche des Würfels: $O = 6 \cdot a^2$

Beispiele

1. Ein Quader hat das Volumen $V = 1\,920\ cm^3$ und die Oberfläche $O = 992\ cm^2$. Eine Rechtecksseite der Grundfläche hat die Länge $b = 8$ cm. Berechne die Länge a der zweiten Rechtecksseite sowie die Höhe h.

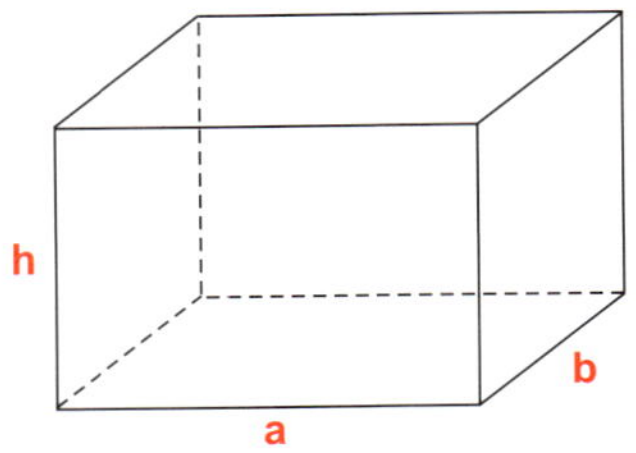

Lösung:

Volumen:
$V = a \cdot b \cdot h$
$V = 8 \cdot a \cdot h\ cm$
$1\,920\ cm^3 = 8 \cdot a \cdot h\ cm$ **(1)**

Oberfläche:
$O = 2 \cdot G + M$
$O = 2 \cdot a \cdot b + 2 \cdot a \cdot h + 2 \cdot b \cdot h$
$O = 2 \cdot a \cdot 8\ cm + 2 \cdot a \cdot h + 2 \cdot 8\ cm \cdot h$
$992\ cm^2 = 16 \cdot a\ cm + 2 \cdot a \cdot h + 16 \cdot h\ cm$ **(2)**

Aus **(1)** erhalten wir:
$$a \cdot h = \frac{1\,920\ cm^3}{8\ cm} = 240\ cm^2$$
Diesen Wert setzen wir für $a \cdot h$ in **(2)** ein und erhalten:

$992\ cm^2 = 16\ a\ cm + 480\ cm^2 + 16\ h\ cm \quad | -480\ cm^2$
$512\ cm^2 = 16\ a\ cm + 16\ h\ cm \quad | :16\ cm$
$32\ cm = a + h \quad | -a$
$h = 32\ cm - a$ **(3)**

Den für h erhaltenen Term setzen wir in **(1)** ein und erhalten:
$8 \cdot a \cdot (32cm - a) = 1\,920\ cm^3$
Oder ohne Einheiten:

$8a(32 - a) = 1920 \quad | :8$
$a(32 - a) = 240 \quad |$ Klammer auflösen
$32a - a^2 = 240 \quad | -240 \quad | \cdot(-1)$
$a^2 - 32a + 240 = 0 \quad |$ quadratische Gleichung mit den Koeffizienten $p = -32$, $q = 240$

Lösung der quadratischen Gleichung:
$a_{1/2} = 16 \pm \sqrt{256 - 240}$
$a_{1/2} = 16 \pm 4$
$a_1 = 20$ oder $a_2 = 12$

Somit erhalten wir 2 mögliche Quader mit den Maßen:

Quader 1	Quader 2
$a_1 = 20$ cm	$a_2 = 12$ cm
$b = 8$ cm	$b = 8$ cm
$h_1 = 12$ cm	$h_2 = 20$ cm

- Volumen:
  $V_1 = 20\text{ cm} \cdot 8\text{ cm} \cdot 12\text{ cm}$
  $V_1 = 1920\text{ cm}^3$
  $V_2 = 12\text{ cm} \cdot 8\text{ cm} \cdot 20\text{ cm}$
  $V_2 = 1920\text{ cm}^3$
- Grundfläche:
  $G_1 = 20\text{ cm} \cdot 8\text{ cm}$
  $G_1 = 160\text{ cm}^2$
  $G_2 = 12\text{ cm} \cdot 8\text{ cm}$
  $G_2 = 96\text{ cm}^2$
- Mantelfläche:
  $M_1 = 2 \cdot 20\text{ cm} \cdot 12\text{ cm} + 2 \cdot 8\text{ cm} \cdot 12\text{ cm}$
  $M_1 = 672\text{ cm}^2$
  $M_2 = 2 \cdot 12\text{ cm} \cdot 20\text{ cm} + 2 \cdot 8\text{ cm} \cdot 20\text{ cm}$
  $M_2 = 800\text{ cm}^2$
- Oberfläche:
  $O_1 = 2 \cdot 160\text{ cm}^2 + 672\text{ cm}^2$
  $O_1 = 992\text{ cm}^2$
  $O_2 = 2 \cdot 96\text{ cm}^2 + 800\text{ cm}^2$
  $O_2 = 992\text{ cm}^2$

2. Aus dem Quader 1 erhält man neue Quader, indem man die Seite a um x cm verkürzt und dafür die Höhe h um x cm verlängert.
   a) Welche Werte kommen für x in Frage?
   b) Stelle das Volumen der Quader in Abhängigkeit von x dar.
   c) Bestimme x so, dass das Volumen des zugehörigen Quaders maximal wird.
   d) Bestimme x so, dass die Oberfläche des zugehörigen Quaders am größten wird.

Lösung:

a) $0\text{ cm} < x < 20\text{ cm}$

b) $V(x) = 8 \cdot (20 - x) \cdot (12 + x)\text{ cm}^3$

$V(x) = 8 \cdot [240 + 20x - 12x - x^2]\text{ cm}^3$

$V(x) = -8[x^2 - 8x - 240]\text{ cm}^3$

$V(x) = -8\left[x^2 - 8x + \left(\frac{8}{2}\right)^2 - 240 - \left(\frac{8}{2}\right)^2\right]\text{cm}^3$ Quadratische Ergänzung

$V(x) = -8[(x-4)^2 - 256]\text{ cm}^3$

$V(x) = -8(x-4)^2 + 2\,048\text{ cm}^3$

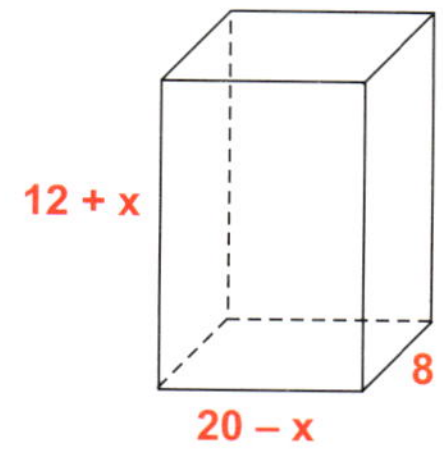

c) Der Volumenterm V(x) hat als Graphen eine nach unten geöffnete Parabel mit dem Scheitel $(4\,|\,2\,048)$. Für $x = 4$ cm hat der zugehörige Quader das größte Volumen von $2\,048\text{ cm}^3$.
Dieser Quader hat die Maße: $a = 16$ cm, $b = 8$ cm, $h = 16$ cm

d) $O(x) = (2 \cdot 8 \cdot (20 - x) + 2 \cdot 8 \cdot (12 + x) + 2\,(20 - x) \cdot (12 + x))\text{ cm}^2$

$O(x) = (320 - 16x + 192 + 16x + 480 + 40x - 24x - 2x^2)\text{cm}^2$

$O(x) = (-2x^2 + 16x + 992)\text{ cm}^2$

Der Graph des Oberflächenterms O(x) ist wieder eine nach unten geöffnete Parabel.

Um den Quader mit der größten Oberfläche zu finden, bringen wir O(x) durch quadratische Ergänzung auf die Scheitelform.

$O(x) = -2\left[x^2 - 8x + \left(\frac{8}{2}\right)^2 - 496 - \left(\frac{8}{2}\right)^2\right]\text{cm}^2$

$O(x) = -2\,[(x-4)^2 - 512]\text{ cm}^2$

$O(x) = -2\,(x-4)^2 + 1024\text{ cm}^2$

Scheitel $S(4\,|\,1\,024)$

Für $x = 4$ cm hat der zugehörige Quader die größte Oberfläche $O = 1\,024\text{ cm}^2$.
Der Quader mit größtem Volumen hat somit auch die größte Oberfläche.

Aufgaben

Grundwissen

159 Ein gerades Prisma mit rechteckiger Grundfläche ist 4 cm lang und 5 cm hoch. Seine Oberfläche beträgt 184 cm^2. Berechne die Breite und das Volumen des Prismas.

160 Das nebenstehende Bild stellt das Netz eines Prismas dar, wobei die eingefärbte Fläche die Grundfläche ist. Berechne Volumen und Oberfläche des Prismas.

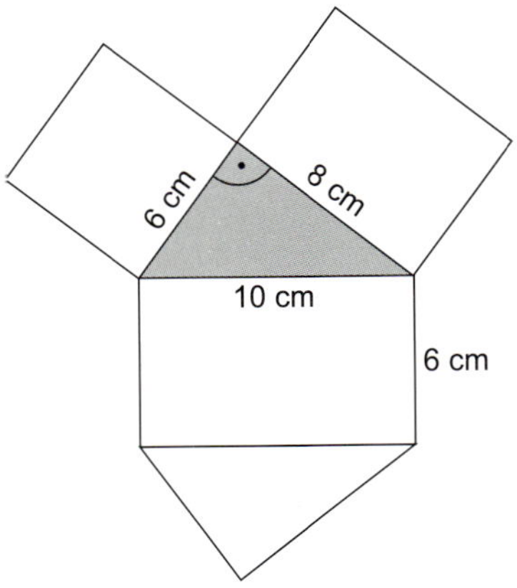

161 Ein gerades Prisma mit der Höhe $h = 10$ cm hat ein regelmäßiges Sechseck mit der Seitenlänge $s = 5$ cm als Grundfläche.
Berechne Volumen, Mantelfläche und Oberfläche des Prismas.

162 Ein gerades Prisma mit der Höhe $h = 6$ cm hat ein gleichschenkliges Trapez mit den parallelen Seiten $a = 8$ cm und $c = 4{,}5$ cm sowie der Höhe $h_T = 4{,}5$ cm als Grundfläche.
Berechne Grundfläche, Mantelfläche, Oberfläche und Volumen.

Anwendungsaufgaben

163 Zu verschiedenen geraden Prismen sind Netzbilder gezeichnet worden.
Sind alle Netzbilder fehlerfrei? Überprüfe und zeichne gegebenenfalls neu.

a)
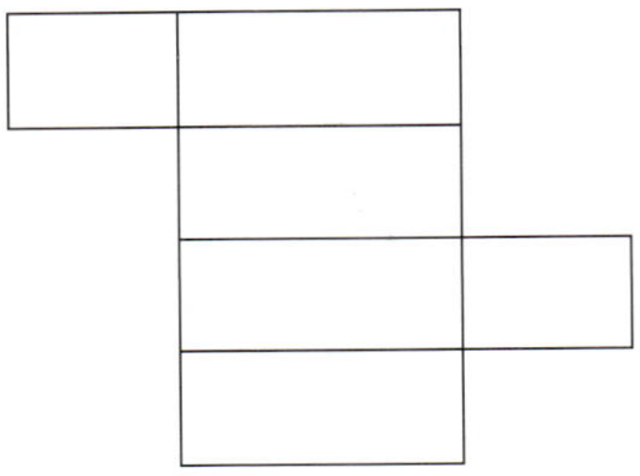

b)
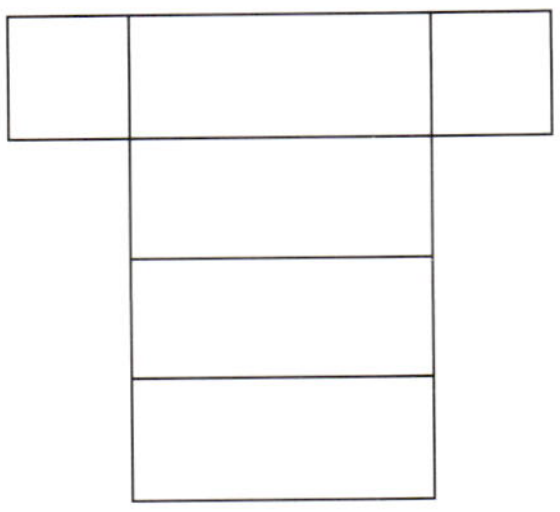

c)
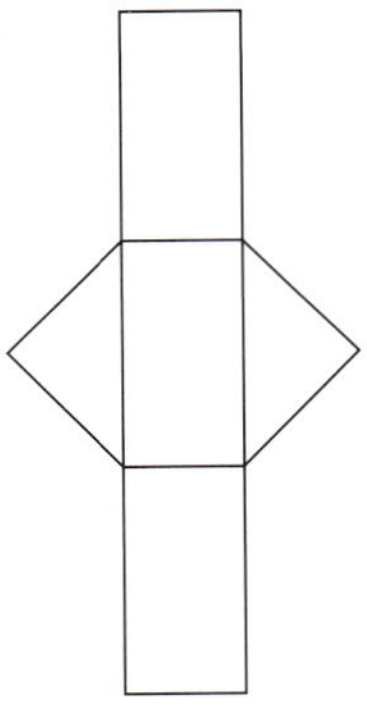

164 Die Firma Schokoba stellt ein leckeres Schokoladenprodukt her. Die Verpackung hat die Form eines Prismas mit einem gleichseitigen Dreieck mit der Seitenlänge $a = 4$ cm als Grundfläche. Die Körperhöhe h beträgt 16 cm.

a) Zeichne das Schrägbild des Prismas.
b) Berechne das Volumen des Prismas.
c) Die „Schokoba-Prismen“ werden in den Geschäften in größeren Kartons angeliefert. Jeder Karton (Quader) hat die Innenmaße: 12 cm × 11 cm × 16 cm.
Petra sagt: „In jedem Karton können sich nur 15 Schokoba-Prismen befinden.“
Bestätige oder widerlege Petras Aussage durch Rechnung oder Zeichnung.

Interaktive Aufgaben

1. Prisma mit rechteckiger Grundfläche
2. Prisma mit dreieckiger Grundfläche
3. Netz

10.3 Kreiszylinder

Merke

Kreiszylinder

Einen Kreiszylinder kann man sich erzeugt denken, indem man ein Rechteck um eine Achse a rotieren lässt, auf der eine der beiden Rechtecksseiten liegt.

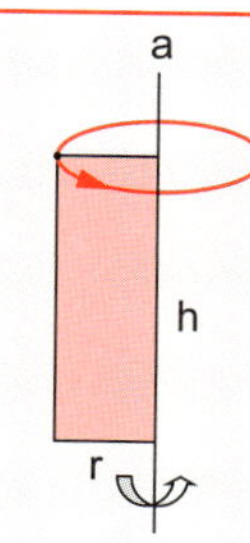

Die Grundfläche des Kreiszylinders ist ein Kreis mit Radius r und dem Flächeninhalt $A = \pi \cdot r^2$.
Der Mantel des Zylinders ist ein Rechteck mit den Seiten Zylinderhöhe h und Kreisumfang $u = 2 \cdot \pi \cdot r$.
Die Zylinderoberfläche besteht aus den zwei Kreisflächen und dem Mantel.

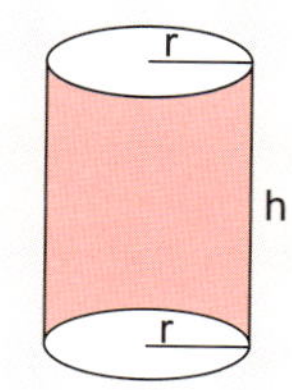

Volumen:	$V = G \cdot h$	$V = \pi \cdot r^2 \cdot h$
Mantelfläche:	$M = u \cdot h$	$M = 2 \cdot \pi \cdot r \cdot h$
Oberfläche:	$O = 2 \cdot G + M$	$O = 2 \cdot \pi \cdot r \cdot (r + h)$

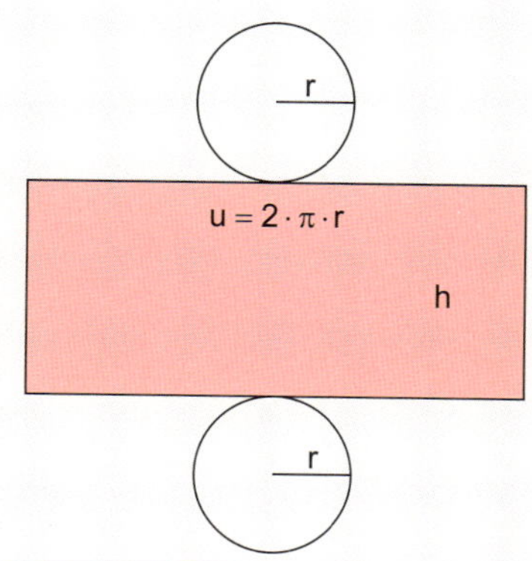

Beispiele

1. Ein Rechteck mit den Seiten $a = 8$ cm und $b = 6$ cm rotiert um eine Achse, die
   a) die Rechtecksseite a,
   b) die Rechtecksseite b

   enthält.
   Berechne für beide Fälle Volumen, Mantelfläche und Oberfläche des jeweils erzeugten Kreiszylinders.

   Lösung:

   a) Der Radius des Zylinders ist b, seine Höhe a.

Volumen:	Mantelfläche:	Oberfläche:
$V = \pi \cdot b^2 \cdot a$	$M = 2 \cdot \pi \cdot b \cdot a$	$O = 2 \cdot \pi \cdot b \cdot (b + a)$
$V = \pi \cdot (6\text{ cm})^2 \cdot 8\text{ cm}$	$M = 2 \cdot \pi \cdot 6\text{ cm} \cdot 8\text{ cm}$	$O = 2 \cdot \pi \cdot 6\text{ cm} \cdot (6\text{ cm} + 8\text{ cm})$
$V = 288\pi\text{ cm}^3$	$M = 96\pi\text{ cm}^2$	$O = 168\pi\text{ cm}^2$
$V \approx 904{,}78\text{ cm}^3$	$M \approx 301{,}59\text{ cm}^2$	$O \approx 527{,}79\text{ cm}^2$

   b) Der Radius des Zylinders ist a, seine Höhe b.

Volumen:	Mantelfläche:	Oberfläche:
$V = \pi \cdot a^2 \cdot b$	$M = 2 \cdot \pi \cdot a \cdot b$	$O = 2 \cdot a \cdot \pi \cdot (a + b)$
$V = \pi \cdot (8\text{ cm})^2 \cdot 6\text{ cm}$	$M = 2 \cdot \pi \cdot 8\text{ cm} \cdot 6\text{ cm}$	$O = 2 \cdot 8\text{ cm} \cdot \pi \cdot (8\text{ cm} + 6\text{ cm})$
$V = 384\pi\text{ cm}^3$	$M = 96\pi\text{ cm}^2$	$O = 224\,\pi\text{ cm}^2$
$V \approx 1206{,}37\text{ cm}^3$	$M \approx 301{,}59\text{ cm}^2$	$O \approx 703{,}72\text{ cm}^2$

2. Der Grundkreisradius eines Messzylinders beträgt 1,5 cm. In welcher Höhe müssen die Markierungen für 20 cm^3, 60 cm^3, 80 cm^3 und 100 cm^3 angebracht werden?

Lösung:

$V = \pi \cdot r^2 \cdot h$ Äquivalenzumformung (nach der gesuchten Größe h auflösen)

$h = \frac{V}{\pi \cdot r^2}$

$h = \frac{V}{\pi \cdot (1{,}5\ cm)^2}$ r = 1,5 cm einsetzen

$h \approx \frac{V}{7{,}07\ cm^2}$ h in Abhängigkeit von V tabellarisieren

V in cm^3	20	40	60	80	100
h in cm	2,83	5,66	8,49	11,32	14,14

(gerundete Werte)

3. Die nebenstehenden zylinderförmigen Konservendosen haben einen Außendurchmesser von 10,4 cm, einen Innendurchmesser von 10 cm und eine Körperhöhe (innen) von 11 cm.

a) Auf den Dosen befinden sich zwei Zahlenangaben (800 und 850), die sich auf das tatsächliche Volumen und auf die Füllmenge beziehen (in cm^3). Weise rechnerisch nach, welcher der beiden Werte das tatsächliche Volumen angibt.

b) Welcher Prozentteil des rechnerischen Volumens wird beim Befüllen nicht genutzt?

c) Die Konservendosen sind außen mit einer 10,5 cm hohen Banderole beklebt, wobei für den Kleberand zusätzlich 1 cm berücksichtigt werden muss. Wie viele Quadratmeter Papier werden für die Produktion von 2,5 Millionen Banderolen benötigt?

d) Das gleiche Produkt wird in einer anderen Konservendose mit 1 cm geringerem Durchmesser und 1 cm größerer Körperhöhe angeboten. Kann der Verkaufspreis der gleiche sein? – Begründe deine Entscheidung.

Lösung:

a) Volumen der Konservendose:

$V = \pi \cdot (5\ cm)^2 \cdot 11\ cm$

$V \approx 863{,}94\ cm^3$

Der Wert 850 muss das tatsächliche Volumen der Dose angeben.

b) $\Delta V = 863{,}94\ cm^3 - 850\ cm^3 = 13{,}94\ cm^3$

$V = 863{,}94\ cm^3$ entsprechen 100 %

$\Delta V = 13{,}94\ cm^3$ entsprechen x

$$\frac{x}{100\ \%} = \frac{13{,}94\ cm^3}{863{,}94\ cm^3}$$

$$x = \frac{13{,}94\ cm^3}{863{,}94\ cm^3} \cdot 100\ \% \approx 1{,}6\ \%$$

Etwa 1,6 % des rechnerischen Volumens der Konservendose wird nicht genutzt.

c) Die Banderole hat die Form eines Rechtecks mit den Seitenlängen:
Breite: 10,5 cm
Länge: Außenumfang der Dose + 1 cm
Umfang:
$u = 2 \cdot \pi \cdot r$
$u = 2 \cdot \pi \cdot 5{,}2\text{ cm}$
$u \approx 32{,}67\text{ cm}$

$\Rightarrow$ Länge $= 32{,}67\text{ cm} + 1\text{ cm} = 33{,}67\text{ cm}$

Fläche (pro Banderole): $A = 10{,}5\text{ cm} \cdot 33{,}67\text{ cm} \approx 353{,}54\text{ cm}^2$

Für eine Produktion von 2,5 Millionen Banderolen ergibt sich ein Papierbedarf von $353{,}54\text{ cm}^2 \cdot 2\,500\,000 = 883\,850\,000\text{ cm}^2 = 88\,385\text{ m}^2$.

d) Das Volumen der anderen Konservendose:
$V = \pi \cdot (4{,}5\text{ cm}^2) \cdot 12\text{ cm}$
$V \approx 763{,}41\text{ cm}^3$

Der Verkaufspreis kann nicht gleich sein, da diese Konservendose ein viel geringeres Volumen hat.

Aufgaben

Grundwissen

165 Das Rechteck mit den Seiten $a = 8$ cm und $b = 5$ cm rotiert um die angegebene Achse z.
Berechne Volumen, Mantelfläche und Oberfläche des Zylinders.

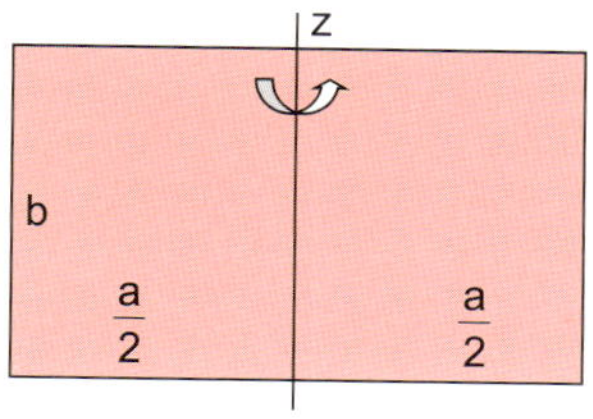

166 Einem Würfel mit der Kantenlänge $a = 10$ cm wird ein Kreiszylinder einbeschrieben.
Bestimme das Volumen und die Mantelfläche des Zylinders.

Anwendungsaufgaben

167 Ein DIN A4-Blatt (Maße: 29,7 cm und 21 cm) ist die Abwicklung der Mantelfläche eines Kreiszylinders. Es gibt zwei mögliche Zylinder.
Welcher der beiden Zylinder hat das größere Volumen?

168 Zylindrische Getränkedosen sollen einen Innendurchmesser von 7,4 cm haben. Welche Höhe müssen die Zylinder haben, wenn in die Dosen 0,75 Liter Flüssigkeit eingefüllt werden und dabei das Dosenvolumen um 5,0 % größer sein soll als das Flüssigkeitsvolumen?

169 Der Zylinder eines Dieselmotors hat eine Bohrung (Innendurchmesser) von 88,0 mm und einen Hub (Abstand zwischen höchster und tiefster Kolbenstellung) von 88,4 mm. Der Motor hat einen Gesamthubraum (alle Zylinder zusammen) von 2687 cm^3.
Wie viele Zylinder hat der Motor?

170 Ein Rohrstück aus Stahl hat einen Innendurchmesser von 60,0 cm und einen Außendurchmesser von 62,4 cm. Die Länge des Rohrs beträgt 8,50 m.
Welche Masse hat das Rohrstück? (Dichte von Stahl: $7{,}8\ \frac{\text{g}}{\text{cm}^3}$)

171 Jan ist Lehrling in einer Autowerkstatt. Er wird von seinem Ausbilder gebeten, ein volles Fass Öl aus dem Lager zu holen. „Nichts ist leichter als das“, prahlt Jan, „ich hole gleich zwei.“ Kann Jan wirklich auf diese Weise die beiden mit Öl gefüllten Fässer tragen? Deine Antwort soll mathematisch begründet sein. (*Hinweis:* 1 Liter Motoröl wiegt knapp 900 g.)

Interaktive Aufgaben

1. Kakaodose
2. Einbeschriebener Zylinder
3. Farbeimer

10.4 Pyramide

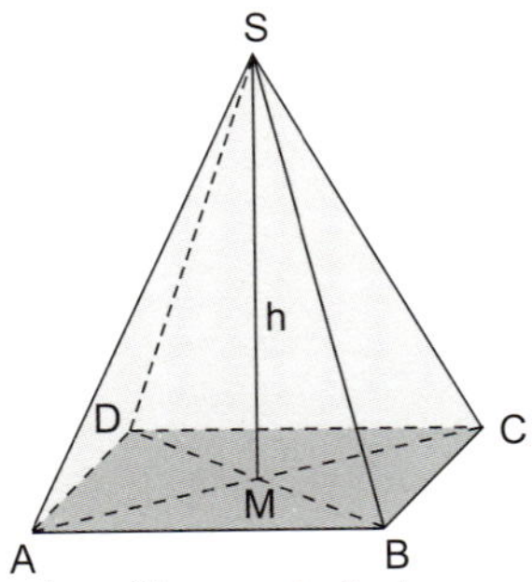

vierseitige quadratische Pyramide

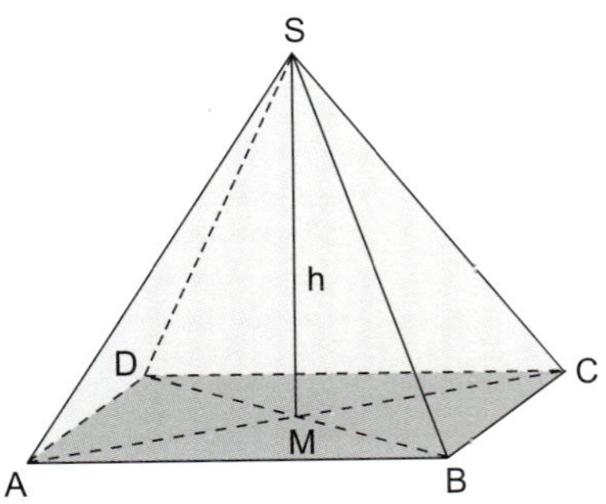

vierseitige rechteckige Pyramide

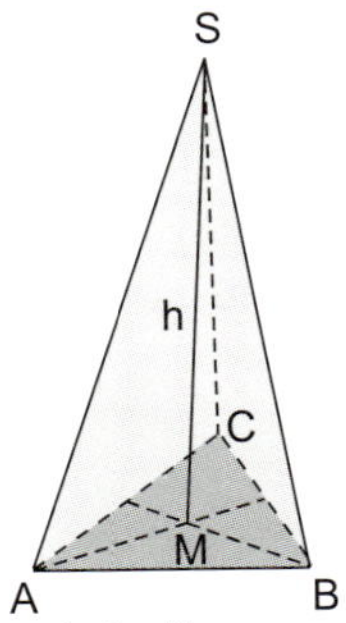

dreiseitige Pyramide

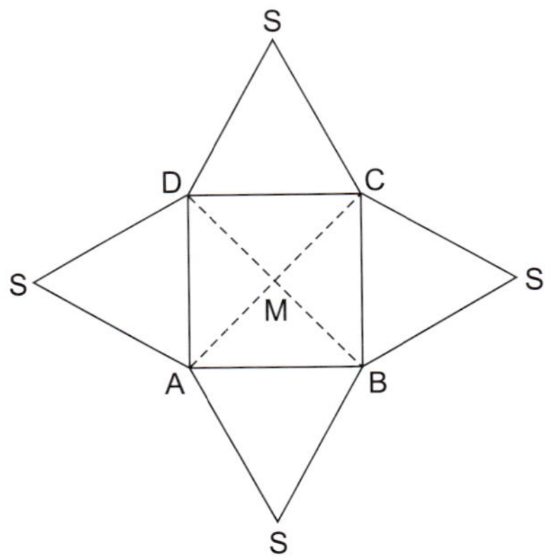

Netz einer vierseitigen quadratischen Pyramide

Pyramiden werden im Allgemeinen nach der Anzahl ihrer Seitenflächen, die den Mantel bilden, benannt. Die Oberfläche einer Pyramide wird wieder von der Summe der begrenzenden Teilflächen, Grundfläche und Mantelflächen gebildet. Die Seitenflächen sind Dreiecke.

Merke

Pyramide
Oberfläche: $O = G + M$

Volumen: $V = \frac{1}{3} \cdot G \cdot h$

Pyramiden mit gleich großer Grundfläche G
und gleicher Höhe h haben das gleiche Volumen V.

Beispiele

1. Die Abbildung zeigt das Netz einer rechteckigen Pyramide ABCDS. (Maßstab 1 : 4)

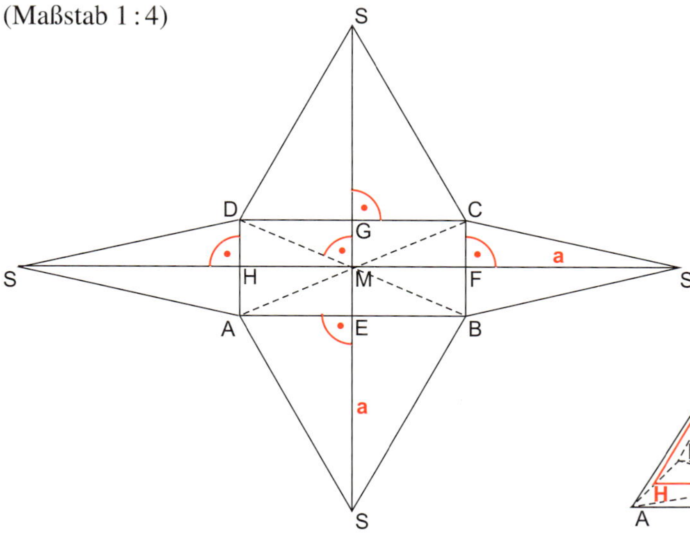

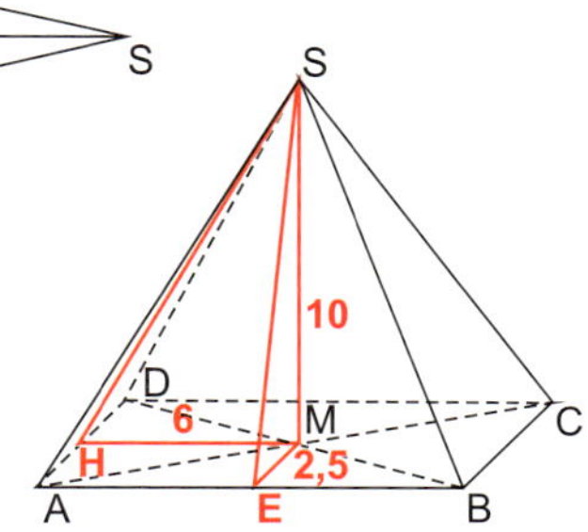

$\overline{AB} = 12\text{ cm} \quad \overline{BC} = 5\text{ cm} \quad \overline{MS} = 10\text{ cm}$

Berechne Volumen, Mantelfläche und Oberfläche dieser Pyramide.

Lösung:

- Volumen:

$$V = \frac{1}{3} \cdot G \cdot h$$

$$V = \frac{1}{3} \cdot \overline{AB} \cdot \overline{BC} \cdot \overline{MS}$$

$$V = \frac{1}{3} \cdot 12\text{ cm} \cdot 5\text{ cm} \cdot 10\text{ cm}$$

$$V = 200\text{ cm}^3$$

- Das Netz und die Schrägbildskizze der Pyramide zeigen, dass der Mantel aus vier Dreiecken besteht, von denen jeweils zwei kongruent sind. Für die Berechnung der Flächeninhalte dieser Dreiecke benötigen wir die Höhen $\overline{HS}$ und $\overline{ES}$.

  Satz des Pythagoras im rechtwinkligen Dreieck HMS:

$$\overline{HS}^2 = \overline{MS}^2 + \overline{MH}^2$$

$$\overline{HS}^2 = 100\text{ cm}^2 + 36\text{ cm}^2 \quad |\sqrt{\ }$$

$$\overline{HS} = \sqrt{136}\text{ cm}$$

$$\overline{HS} \approx 11{,}7\text{ cm}$$

  Satz des Pythagoras im rechtwinkligen Dreieck EMS:

$$\overline{ES}^2 = \overline{MS}^2 + \overline{ME}^2$$

$$\overline{ES}^2 = 100\text{ cm}^2 + 6{,}25\text{ cm}^2 \quad |\sqrt{\ }$$

$$\overline{ES} = \sqrt{106{,}25}\text{ cm}$$

$$\overline{ES} \approx 10{,}3\text{ cm}$$

- Mantelfläche:

$$M = 2 \cdot A_{\Delta ADS} + 2 \cdot A_{\Delta ABS}$$

$$M = 2 \cdot \frac{1}{2} \cdot \overline{AD} \cdot \overline{HS} + 2 \cdot \frac{1}{2} \cdot \overline{AB} \cdot \overline{ES}$$

$$M = 5\text{ cm} \cdot 11{,}7\text{ cm} + 12\text{ cm} \cdot 10{,}3\text{ cm}$$

$$M = 182{,}1\text{ cm}^2$$

- Oberfläche:

$$O = G + M$$

$$O = \overline{AB} \cdot \overline{BC} + M$$

$$O = 12\text{ cm} \cdot 5\text{ cm} + 182{,}1\text{ cm}^2$$

$$O = 242{,}1\text{ cm}^2$$

2. Manche Getränkebehälter haben die Form eines **Tetraeders**. Dies ist eine Pyramide mit einer dreieckigen Grundfläche und lauter gleich langen Kanten.

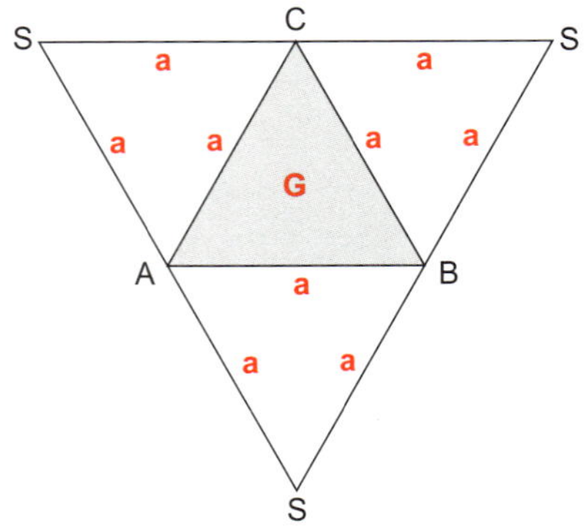

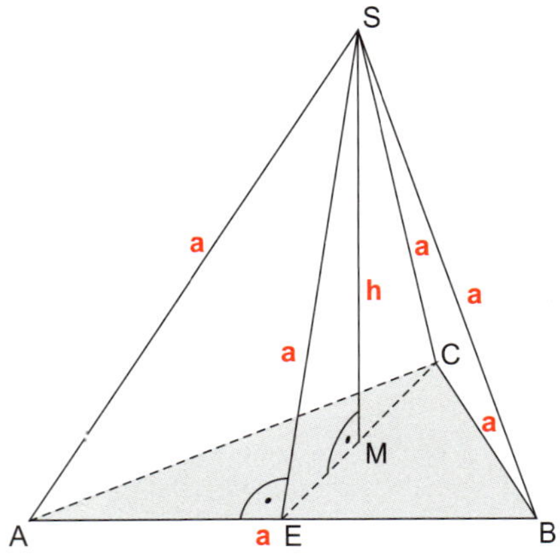

Der Tetraeder hat ein Volumen von 1 Liter bzw. von 1 000 cm^3.
Berechne die Kantenlänge a sowie die Oberfläche O.

Lösung:

- Kantenlänge a:

$$V = \frac{1}{3} \cdot G \cdot h$$

$$V = \frac{1}{3} \cdot \frac{a^2}{4}\sqrt{3} \cdot h$$ Die Grundfläche ist ein gleichseitiges Dreieck mit der Seitenlänge a, also $A = \frac{a^2}{4}\sqrt{3}$.

Wir müssen noch die Höhe des Tetraeders in Abhängigkeit von der Kantenlänge a darstellen:
Im rechtwinkligen Dreieck EMS ist $\overline{MS}$ die Tetraederhöhe.
$\overline{ES}$ ist die Länge der Höhe im gleichseitigen Dreieck ABS: $\overline{ES} = \frac{a}{2}\sqrt{3}$
Satz des Pythagoras im Dreieck EMS:

Der Höhenfußpunkt M ist auch Schwerpunkt des Dreiecks ABC. M teilt deshalb die Strecke [EC] im Verhältnis 1:2.
$\overline{EM} = \frac{1}{3}\overline{EC}$ oder $\overline{EM} = \frac{1}{3}\overline{ES}$

$$\overline{ES}^2 = \overline{MS}^2 + \overline{EM}^2$$

$$\overline{MS}^2 = \overline{ES}^2 - \overline{EM}^2$$

$$\overline{MS}^2 = \left(\frac{a}{2}\sqrt{3}\right)^2 - \left(\frac{a}{6}\sqrt{3}\right)^2$$

$$\overline{MS}^2 = \frac{3a^2}{4} - \frac{3a^2}{36}$$

$$\overline{MS}^2 = \frac{2}{3}a^2 \quad |\sqrt{}$$

$$\overline{MS} = \frac{\sqrt{2}}{\sqrt{3}}a$$

$$\overline{MS} = \frac{\sqrt{2} \cdot \sqrt{3}}{\sqrt{3} \cdot \sqrt{3}} \cdot a$$

$$\overline{MS} = \frac{\sqrt{6}}{3}a$$

$$V = \frac{1}{3} \cdot \frac{a^2}{4}\sqrt{3} \cdot \frac{\sqrt{6}}{3} \cdot a$$

$$V = \frac{\sqrt{3} \cdot \sqrt{6}}{3 \cdot 4 \cdot 3} \cdot a^2$$

$$V = \frac{\sqrt{18}}{36} \cdot a^3$$

$$V = \frac{\sqrt{9} \cdot \sqrt{2}}{3 \cdot 12} \cdot a^3$$

$$V = \frac{\sqrt{2}}{12} \cdot a^3$$

Wegen $V = 1\,000\ cm^3$ folgt:

$$\frac{\sqrt{2}}{12} \cdot a^3 = 1\,000\ cm^3$$

$$a^3 = 1\,000 \cdot \frac{12}{\sqrt{2}}\ cm^3$$

$$a^3 \approx 8\,485\ cm^3 \qquad |\sqrt[3]{\ }$$

$$a = \sqrt[3]{8\,485\ cm^3}$$

$$a \approx 20{,}4\ cm$$

- Oberfläche:

$$O = 4 \cdot A_\Delta$$

$$O = 4 \cdot \frac{a^2}{4}\sqrt{3}$$

$$O = (20{,}4\ cm)^2 \cdot \sqrt{3}$$

$$O \approx 721\ cm^2$$

3. Zeichne einen Würfel mit der Kantenlänge a (= 12 cm) und verbinde die Mittelpunkte (Diagonalenschnittpunkte) der sechs Seitenflächen. Der so erhaltene Körper heißt **Oktaeder**. Berechne die Länge s der Seitenkanten, das Volumen V sowie die Oberfläche O dieses Oktaeders.

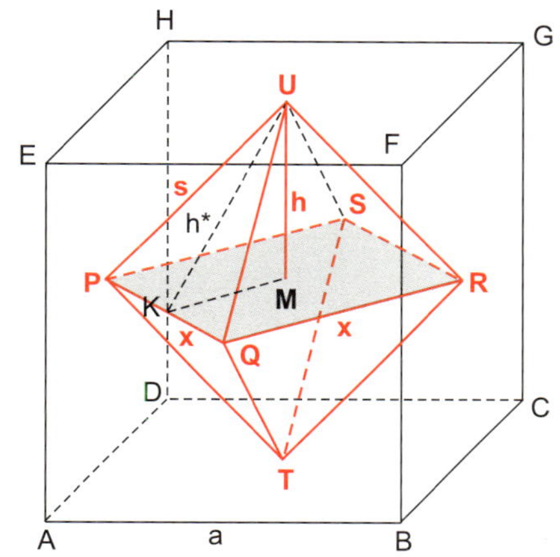

Lösung:

Das Oktaeder PQRSTU ist eine quadratische Doppelpyramide mit demQuadrat PQRS als Grundfläche und acht kongruenten Dreiecken als Seitenflächen.

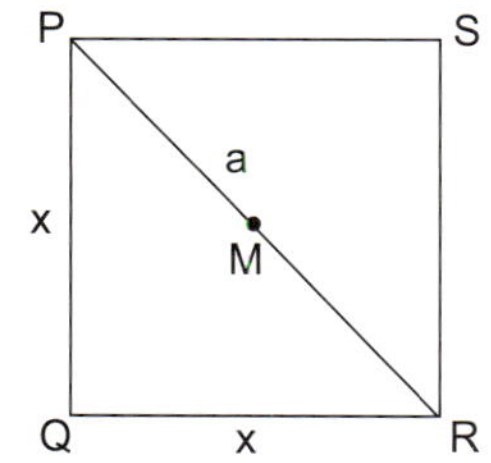

- Länge x der Seite des Grundflächenquadrats:

$$x^2 + x^2 = a^2 \qquad \text{Satz des Pythagoras im Dreieck PQR}$$

$$2x^2 = 144\ cm^2$$

$$x^2 = 72\ cm^2 \qquad |\sqrt{\ }$$

$$x \approx 8{,}49\ cm$$

- Länge s der Oktaederkanten:

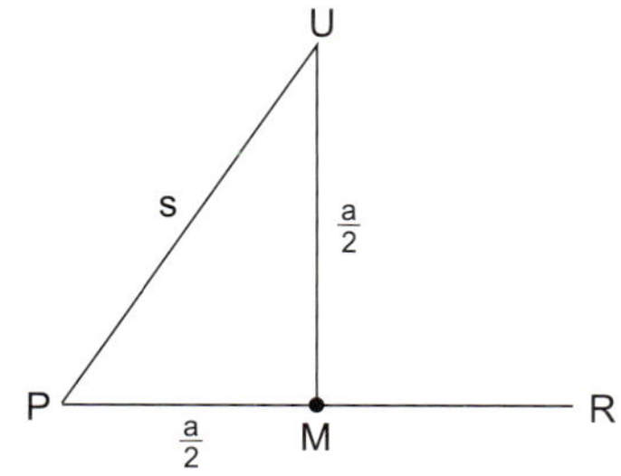

$$s^2 = \left(\frac{a}{2}\right)^2 + \left(\frac{a}{2}\right)^2 \qquad \text{Satz des Pythagoras im Dreieck PMU}$$

$$s^2 = \frac{a^2}{4} + \frac{a^2}{4}$$

$$s^2 = \frac{a^2}{2} \qquad |\sqrt{\ }$$

$$s = \frac{a}{\sqrt{2}}$$

$$s = \frac{a\sqrt{2}}{\sqrt{2}\cdot\sqrt{2}}$$

$$s = \frac{a}{2}\sqrt{2}$$

$$s = 6\sqrt{2}\text{ cm}$$

$$s \approx 8{,}49\text{ cm}$$

Da $s = x$ ist, besitzt das Oktaeder zwölf gleich lange Kanten, d. h., die acht Seitendreiecke sind gleichseitig.

- Volumen:

$$V = 2\cdot\frac{1}{3}\cdot G\cdot h$$

$$V = 2\cdot\frac{1}{3}\cdot x^2\cdot h$$

$$V = 2\cdot\frac{1}{3}\cdot 72\text{ cm}^2\cdot 6\text{ cm} \quad \Big|\ h = \frac{a}{2} = 6\text{ cm}$$

$$V = 288\text{ cm}^3$$

- Oberfläche:

Da es sich um eine Doppelpyramide handelt, gehört die Grundfläche nicht zur Oberfläche, weil diese keine begrenzende Fläche darstellt.

$$O = 8\cdot A_{\Delta PQU}$$

$$O = 8\cdot\frac{1}{2}\cdot x\cdot h^*$$

Die Höhe h^* der Seitendreiecke erhalten wir aus dem Dreieck KMU:

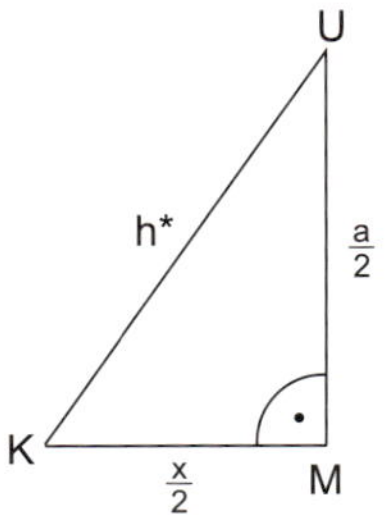

$$h^{*2} = \left(\frac{a}{2}\right)^2 + \left(\frac{a}{4}\sqrt{2}\right)^2 \quad \text{Satz des Pythagoras}$$

$$h^{*2} = \frac{a^2}{4} + \frac{a^2}{8}$$

$$h^{*2} = \frac{3}{8}a^2$$

$$h^{*2} = \frac{3}{8}\cdot 144\text{ cm}^2$$

$$h^{*2} = 54\text{ cm}^2 \quad |\sqrt{\ }$$

$$h^* \approx 7{,}35\text{ cm}$$

$$O = 8\cdot\frac{1}{2}\cdot 8{,}49\text{ cm}\cdot 7{,}35\text{ cm}$$

$$O \approx 249{,}61\text{ cm}^2$$

Aufgaben

Grundwissen

172

Bestimme Volumen und Oberfläche einer Pyramide mit der Höhe $h = 18$ cm, deren Pyramidenspitze S senkrecht über dem Diagonalenschnittpunkt der Grundfläche liegt, und deren Grundfläche

a) ein Quadrat mit der Seitenlänge $a = 12$ cm ist.

b) ein Rechteck mit den Seitenlängen $a = 10$ cm und $b = 8$ cm ist.

c) Zeichne das Netzbild einer quadratischen Pyramide mit der Grundkante $a = 18$ cm und der Raumhöhe $h = 12$ cm im Maßstab 1 : 3.

173 Das Quadrat ABCD ist Grundfläche einer Pyramide mit der Höhe h = 15 cm. Die Länge der Quadratseite beträgt a = 9 cm. Die Pyramidenspitze liegt senkrecht über dem Diagonalenschnittpunkt des Quadrats ABCD.

a) Zeichne ein Schrägbild der Pyramide ABCDS.
$\overline{AB}$ auf der Schrägbildachse; $\varphi = 45°$; $q = \frac{1}{2}$.

b) Bestimme die Länge s der Seitenkanten.

c) Berechne Volumen und Mantelfläche der Pyramide.

Interaktive Aufgaben

1. Tetraeder
2. Volumen quadratische Pyramide
3. Volumen rechteckige Pyramide
4. Höhe quadratische Pyramide
5. Volumen quadratische Pyramide

Anwendungsaufgaben

174 a) Die Cheops-Pyramide ist die größte Pyramide in Gizeh (Ägypten). Als sie erbaut wurde, hatte die Pyramide eine quadratische Grundfläche mit einer Grundkante von 230 m und eine Höhe von 150 m. Berechne das Volumen.

b) Heute, also 4 700 Jahre später, misst die Grundkante der Cheops-Pyramide noch 226 m und ihre Höhe beträgt 137 m. Berechne das heutige Volumen.
Wie viel m^3 Gestein sind im Laufe der Jahrtausende verwittert bzw. abgetragen worden?

c) Könnte man das verwitterte/abgetragene Gestein (wenn es heute noch am Fuße der Pyramide liegen würde) mit 3 000 Lkw-Fahrten abfahren?
Begründe deine Abschätzung.

175 Die Eingangspyramide für ein neues Einkaufszentrum hat eine quadratische Grundfläche mit einer Grundkantenlänge von 30 m und einer Seitenkante von 25 m.
In einem Zeitungsbericht stand zur Eröffnung des Einkaufszentrums: „Fantastischer Eingangsbereich – Pyramide mit 2 000 m^2 Glasfläche führt ins Einkaufszentrum ...“
Stimmt die Berechnung des Redakteurs oder handelt es sich um eine Übertreibung?

176 Petra behauptet: „Ich kann ein Parallelogramm so in Teilflächen zerlegen, dass es dem Netzbild eines Tetraeders entspricht.“

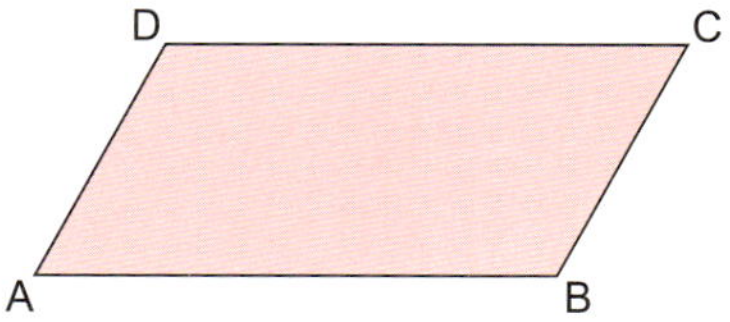

a) Welche besonderen Merkmale hat ein Tetraeder?

b) Zeige, dass Petras Behauptung nur für ein ganz bestimmtes Parallelogramm Gültigkeit hat.
Welche Eigenschaften hat dieses Parallelogramm?

10.5 Kegel

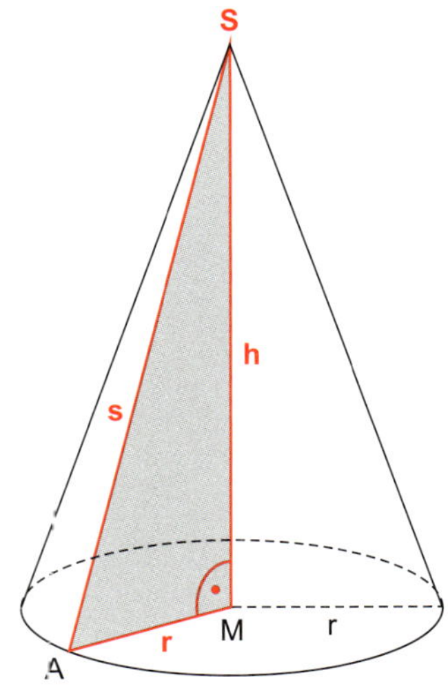

Gerader Kreiskegel:
Die Grundfläche ist ein Kreis mit Radius r.
Die Spitze S liegt senkrecht über dem Mittelpunkt M des Grundflächenkreises.
Schneidet man den Kegel längs einer Mantellinie s auf, so kann man den Mantel in der Zeichenebene abwickeln.
Die Abwicklung des Kegelmantels ist ein Kreissektor mit der Mantellinie s als Radius und der Bogenlänge b, die gleich dem Umfang $u = 2 \cdot \pi \cdot r$ des Grundkreises ist.

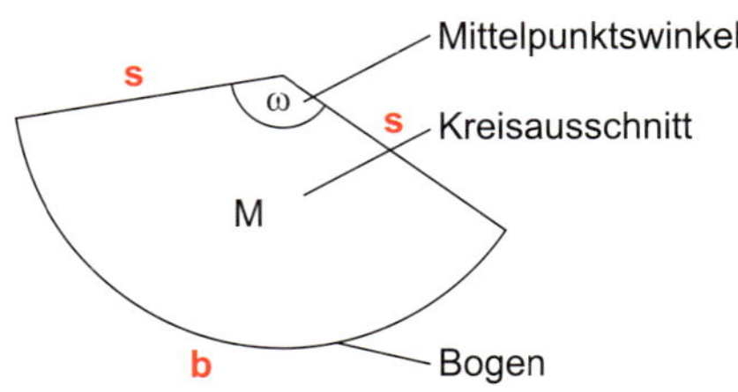

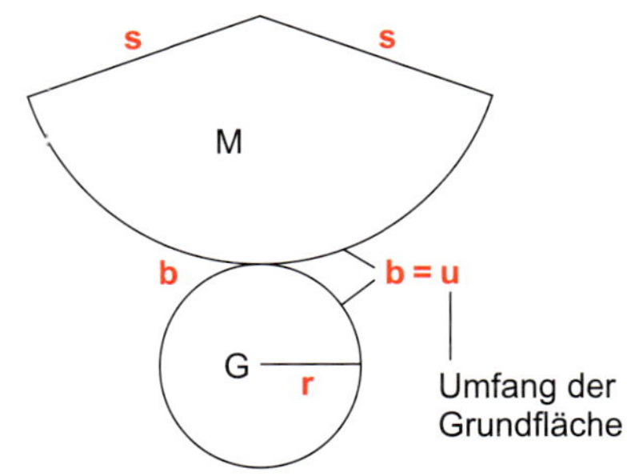

Merke

Kegel

Volumen:	$V = \frac{1}{3} \cdot G \cdot h$	$V = \frac{1}{3} \cdot \pi \cdot r^2 \cdot h$
Mantelfläche:	$M = \frac{1}{2} \cdot b \cdot s$	$M = \pi \cdot r \cdot s$ $M = \pi \cdot s^2 \cdot \frac{\omega}{360°}$
Oberfläche:	$O = G + M$	$O = \pi \cdot r^2 + \pi \cdot r \cdot s$

Beispiele

1. Ein gerader Kreiskegel mit der Höhe $h = 15$ cm hat einen Grundkreisradius $r = 6$ cm.
   - Länge einer Mantellinie:
     $s^2 = h^2 + r^2$ Satz des Pythagoras im rechtwinkligen Dreieck AMS
     $s^2 = (15\text{ cm})^2 + (6\text{ cm})^2$
     $s^2 = 261\text{ cm}^2 \quad |\sqrt{\ }$
     $s \approx 16{,}16\text{ cm}$
   - Maß des Mittelpunktswinkels:
     $\pi \cdot s^2 \cdot \frac{\omega}{360°} = \pi \cdot r \cdot s \quad |: \pi s^2$
     $\frac{\omega}{360°} = \frac{r}{s} \quad | \cdot 360°$
     $\omega = \frac{r}{s} \cdot 360°$
     $\omega = \frac{6\text{ cm}}{16{,}16\text{ cm}} \cdot 360°$
     $\omega \approx 133{,}7°$

- Volumen:

  $V = \frac{1}{3} \cdot \pi \cdot r^2 \cdot h$

  $V = \frac{1}{3} \cdot \pi \cdot (6\text{ cm})^2 \cdot 15\text{ cm}$

  $V \approx 565{,}5\text{ cm}^3$

- Mantelfläche:

  $M = \pi \cdot r \cdot s$

  $M = \pi \cdot 6\text{ cm} \cdot 16{,}16\text{ cm}$

  $M \approx 304{,}6\text{ cm}^2$

- Oberfläche:

  $O = G + M$

  $O = \pi \cdot (6\text{ cm})^2 + M$

  $O \approx 113{,}1\text{ cm}^2 + 304{,}6\text{ cm}^2$

  $O = 417{,}7\text{ cm}^2$

2. Ein Kreissektor mit dem Mittelpunktswinkel $\omega = 120°$ und dem Radius $s = 18\text{ cm}$ ist die Mantelfläche eines geraden Kreiskegels.

- Länge des Grundkreisradius:

  $\pi \cdot s^2 \cdot \frac{\omega}{360°} = \pi \cdot r \cdot s \quad |:\pi \cdot s$

  $s \cdot \frac{\omega}{360°} = r$

  $r = \frac{120°}{360°} \cdot 18\text{ cm}$

  $r = 6\text{ cm}$

- Höhe des Kegels:

  $s^2 = h^2 + r^2$ Satz des Pythagoras im rechtwinkligen Dreieck AMS

  $h^2 = s^2 - r^2$

  $h^2 = (18\text{ cm})^2 + (6\text{ cm})^2$

  $h^2 = 288\text{ cm}^2 \quad |\sqrt{\ }$

  $h \approx 16{,}97\text{ cm}$

- Volumen:

  $V = \frac{1}{3} \cdot \pi \cdot r^2 \cdot h$

  $V = \frac{1}{3} \cdot \pi \cdot (6\text{ cm})^2 \cdot 16{,}97\text{ cm}$

  $V \approx 639{,}75\text{ cm}^2$

- Mantelfläche:

  $M = \pi \cdot r \cdot s$

  $M = \pi \cdot 6\text{ cm} \cdot 18\text{ cm}$

  $M \approx 339{,}29\text{ cm}^2$

  oder:

  $M = \pi \cdot s^2 \cdot \frac{\omega}{360°}$

  $M = \pi \cdot (18\text{ cm})^2 \cdot \frac{120°}{360°}$

  $M \approx 339{,}29\text{ cm}^2$

- Oberfläche:

  $O = G + M$

  $O = \pi \cdot (6\text{ cm})^2 + M$

  $O \approx 113{,}10\text{ cm}^2 + 339{,}29\text{ cm}^2$

  $O = 452{,}39\text{ cm}^2$

3. Der gemeinsame Grundkreis eines Doppelkegels hat einen Durchmesser von 8 cm. Der Doppelkegel hat eine Gesamthöhe von 12 cm. Die Mantellinie des kleineren Kegels s_1 ist 5 cm lang. Berechne Volumen und Oberfläche des Doppelkegels.

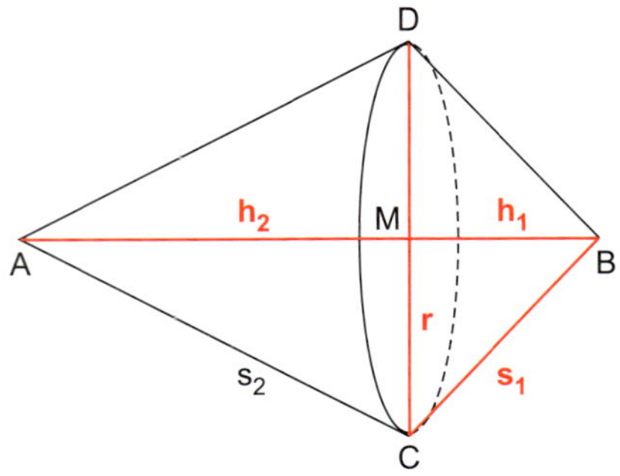

Lösung:

- Höhen h_1 und h_2 der beiden Kegel:

$s_1^2 = r^2 + h_1^2$ Satz des Pythagoras im rechtwinkligen Dreieck MCB

$h_1^2 = s_1^2 - r^2$

$h_1^2 = (5\text{ cm})^2 - (4\text{ cm})^2$

$h_1^2 = 25\text{ cm}^2 - 16\text{ cm}^2$

$h_1^2 = 9\text{ cm}^2 \quad |\sqrt{}$

$h_1 = 3\text{ cm}$

$h_2 = h - h_1$

$h_2 = 12\text{ cm} - 3\text{ cm}$

$h_2 = 9\text{ cm}$

- Volumen:

$V = \frac{1}{3} \cdot G \cdot h_1 + \frac{1}{3} \cdot G \cdot h_2$

$V = \frac{1}{3} \cdot G \cdot (h_1 + h_2)$

$V = \frac{1}{3} \cdot G \cdot h$

$V = \frac{1}{3} \cdot \pi \cdot r^2 \cdot h$

$V = \frac{1}{3} \cdot \pi \cdot (4\text{ cm})^2 \cdot 12\text{ cm}$

$V \approx 201{,}06\text{ cm}^3$

- Mantellinie s_2 des großen Kegels:

$s_2^2 = h_2^2 + r^2$

$s_2^2 = (9\text{ cm})^2 + (4\text{ cm})^2$

$s_2^2 = 97\text{ cm}^2 \quad |\sqrt{}$

$s_2 \approx 9{,}85\text{ cm}$

- Oberfläche:

$O = M_1 + M_2$

$O = \pi \cdot r \cdot s_1 + \pi \cdot r \cdot s_2$

$O = \pi \cdot r \cdot (s_1 + s_2)$

$O = \pi \cdot 4\text{ cm} \cdot 14{,}85\text{ cm}$

$O \approx 186{,}6\text{ cm}^2$

Aufgaben

Grundwissen

177 Berechne Volumen, Oberfläche und Länge der Mantellinie des Kegels.

a) $r = 8$ cm, $h = 10$ cm

b) $r = 5$ cm, $h = 16$ cm

178 Ein Kegel hat als Axialschnitt ein gleichseitiges Dreieck mit der Seitenlänge $a = 8$ cm (s. nebenstehende Skizze)

a) Berechne Volumen und Oberfläche des Kegels.

b) Berechne den Mittelpunktswinkel der Abwicklung des Mantels.

c) Zeichne das Netzbild dieses Kegels im Maßstab 1 : 2.

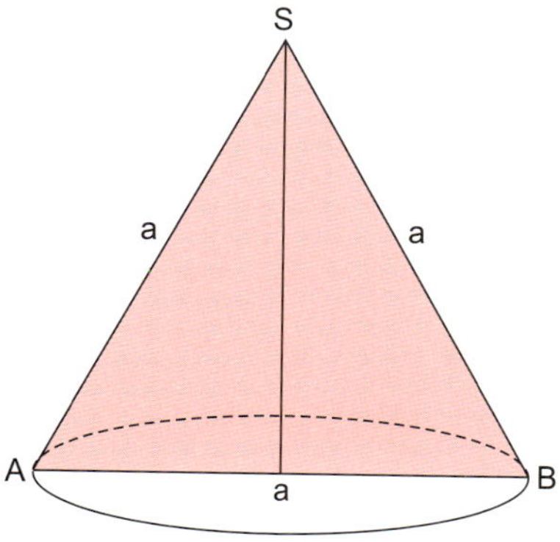

179 Ein Kreissektor mit dem Mittelpunktswinkel $\alpha = 90°$ (Viertelkreis) und dem Radius $r = 16$ cm ist die Mantelfläche eines geraden Kreiskegels.

a) Berechne den Radius der Grundfläche und Höhe h des Kegels.

b) Berechne Volumen und Oberfläche des Kegels.

Interaktive Aufgaben

1. Mantellinie Kegel
2. Oberfläche Kegel

Anwendungsaufgaben

180 Ein Sandberg hat die Form eines Kegels. Er bedeckt eine Bodenfläche mit 5 m Durchmesser und hat eine Höhe von 1,2 m. Ein Fahrer mit Lkw (maximal 18 t Zuladung) soll diesen Sandberg abfahren. Er weiß, dass Sand eine Dichte von 2 600 kg pro m^3 hat. Was wird der Lkw-Fahrer sagen?

181 Ein kegelförmiges Kirchturmdach hat eine Mantellinie von 25 m. Der Turm ist 1,5 mal so hoch wie der Durchmesser des Grundkreises.

a) Fertige eine Skizze an.

b) Bestimme den Radius des kreisförmigen Turmes, auf dem das Kirchturmdach errichtet wurde.

Interaktive Aufgabe

3. Tipi

10.6 Kugel

Jeder Punkt P auf der Oberfläche einer Kugel hat vom Kugelmittelpunkt M den gleichen Abstand r.
Der ebene Schnitt einer Kugel ist ein Kreis.

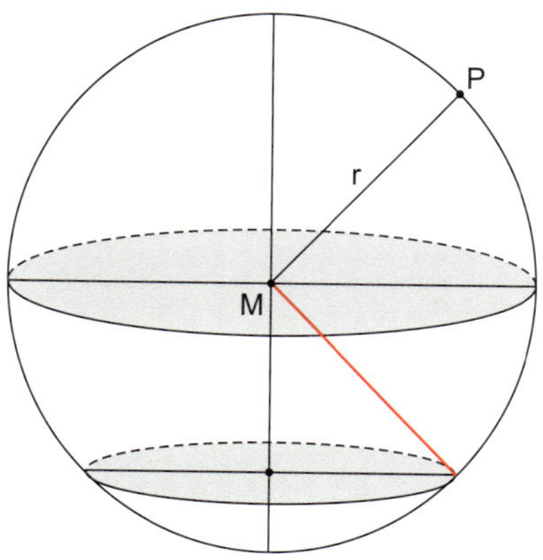

Merke

Kugel

Volumen: $V = \frac{4}{3} \cdot \pi \cdot r^3$

Oberfläche: $O = 4 \cdot \pi \cdot r^2$

Beispiele

1. Berechne Volumen und Oberfläche einer Kugel mit Radius $r = 6$ cm.
   - Volumen:
     $V = \frac{4}{3} \cdot \pi \cdot (6\text{ cm})^3$
     $V = \frac{4}{3} \cdot \pi \cdot 216\text{ cm}^3$
     $V \approx 904{,}78\text{ cm}^3$
   - Oberfläche:
     $O = 4 \cdot \pi \cdot (6\text{ cm})^2$
     $O = 4 \cdot \pi \cdot 36\text{ cm}^2$
     $O \approx 452{,}39\text{ cm}^2$

2. Eine Kugel hat eine Oberfläche von $O = 907{,}92\text{ cm}^2$. Berechne den Radius r und das Volumen der Kugel.
   - Radius:
     $O = 4 \cdot \pi \cdot r^2$
     $r^2 = \frac{O}{4\pi}$
     $r = \sqrt{\frac{O}{4\pi}}$
     $r = \sqrt{\frac{907{,}92\text{ cm}^2}{4\pi}}$
     $r \approx 8{,}50\text{ cm}$
   - Volumen:
     $V = \frac{4}{3} \cdot \pi \cdot (8{,}50\text{ cm})^3$
     $V \approx 2\,572{,}44\text{ cm}^3$

3. Einem Würfel mit der Kantenlänge a (= 6 cm) wird eine Kugel ein- bzw. umbeschrieben. Bestimme die Verhältnisse der Volumina und der Oberflächen beider Kugeln.

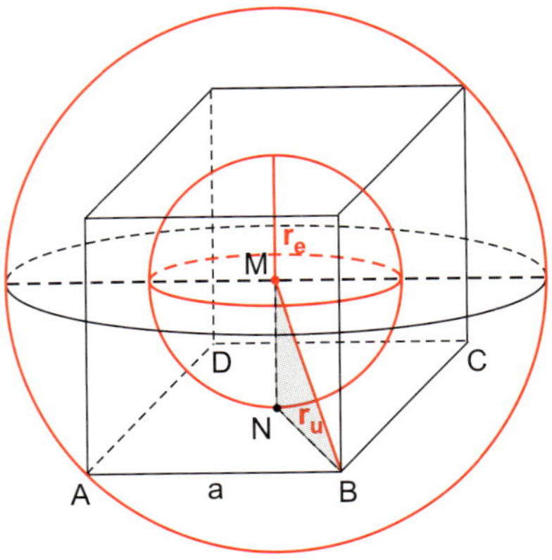

   - Radien der beiden Kugeln:
     Einbeschriebene Kugel:
     $r_e = \frac{a}{2} = 3\text{ cm}$
     Umbeschriebene Kugel:
     $r_u = \overline{MB}$
     $\overline{MB}^2 = \overline{MN}^2 + \overline{NB}^2$ — Satz des Pythagoras im Dreieck MNB
     $r_u^2 = \left(\frac{a}{2}\right)^2 + \left(\frac{a}{2}\sqrt{2}\right)^2$ — $\overline{MN}$ ist gleich der halben Kantenlänge. $\overline{NB}$ ist gleich der halben Länge der Diagonalen der Grundfläche ABCD.
     $r_u^2 = \frac{a^2}{4} + \frac{a^2}{2}$
     $r_u^2 = \frac{3}{4}a^2$
     $r_u = \frac{a}{2}\sqrt{3}$ $\quad |\sqrt{}$
     $r_u = \frac{6\text{ cm}}{2}\sqrt{3}$
     $r_u \approx 5{,}20\text{ cm}$

- Volumen der einbeschriebenen Kugel:
  $V_e = \frac{4}{3} \cdot \pi \cdot {r_e}^3$
  $V_e = \frac{4}{3} \cdot \pi \cdot \left(\frac{a}{2}\right)^3$
  $V_e = \frac{4}{3} \cdot \pi \cdot (3\text{ cm})^3$
  $V_e \approx 113{,}10\text{ cm}^3$
- Volumen der umbeschriebenen Kugel:
  $V_u = \frac{4}{3} \cdot \pi \cdot {r_u}^3$
  $V_u = \frac{4}{3} \cdot \pi \cdot \left(\frac{a}{2}\sqrt{3}\right)^3$
  $V_u = \frac{4}{3} \cdot \pi \cdot (5{,}20\text{ cm})^3$
  $V_u \approx 588\text{ cm}^3$
- Oberfläche der einbeschriebenen Kugel:
  $O_e = 4 \cdot \pi \cdot {r_e}^2$
  $O_e = 4 \cdot \pi \cdot \left(\frac{a}{2}\right)^2$
  $O_e = 4 \cdot \pi \cdot (3\text{ cm})^2$
  $O_e \approx 113\text{ cm}^2$
- Oberfläche der umbeschriebenen Kugel:
  $O_u = 4 \cdot \pi \cdot {r_u}^2$
  $O_u = 4 \cdot \pi \cdot \left(\frac{a}{2}\sqrt{3}\right)^2$
  $O_u = 4 \cdot \pi \cdot (3\sqrt{3}\text{ cm})^2$
  $O_u \approx 339{,}29\text{ cm}^2$
- Verhältnisse:

$$\frac{V_u}{V_e} = \frac{\frac{4}{3} \cdot \pi \cdot \left(\frac{a}{2}\sqrt{3}\right)^3}{\frac{4}{3} \cdot \pi \cdot \left(\frac{a}{2}\right)^3} = 3\sqrt{3} \qquad (V_u : V_e = 3\sqrt{3} : 1)$$

$$\frac{O_u}{O_e} = \frac{4 \cdot \pi \cdot \left(\frac{a}{2}\sqrt{3}\right)^2}{4 \cdot \pi \cdot \left(\frac{a}{2}\right)^2} = 3 \qquad (O_u : O_e = 3 : 1)$$

Aufgaben

Grundwissen

182 Bestimme Volumen und Oberfläche einer Kugel mit $r = 12$ cm.

183 Eine Kugel hat ein Volumen von 4 188,79 cm^3. Berechne den Radius und die Oberfläche der Kugel.

184 In welchem Maße muss der Radius einer Kugel vergrößert werden, damit
a) das Volumen der neuen Kugel,
b) die Oberfläche der neuen Kugel
doppelt so groß ist wie das Volumen bzw. die Oberfläche der alten Kugel?

Anwendungsaufgaben

185 Die Erde hat einen Radius von $r_E = 6\,371$ km, der Mars einen Radius von $r_M = 3\,400$ km (beide als ideale Kugeln gedacht).
In welchem Verhältnis stehen die Volumina der beiden Planeten?

186 **Protestaktion**

Im Juni 2006 hatten Studenten in Münster eine spektakuläre Protestaktion geplant. Sie wollten einen der 3,50 m im Durchmesser messenden und aus Stahlbeton hergestellten „Giant Pool Balls" des Künstlers Claes Oldenburg in den Aasee rollen. Von dieser Idee haben sie aber schnell abgelassen und stattdessen eine nachgebaute Kugel versenkt. Was könnte der Grund für die Planänderung gewesen sein? Stütze deine Antwort auf geeignete Berechnungen.
(*Hinweis:* 1 m^3 Stahlbeton wiegt 2,7 t)

Interaktive Aufgaben

1. Bowlingkugel
2. Planet

10.7 Rotationskörper, zusammengesetzte Körper und Restkörper

Einen Kreiszylinder kann man sich auch auf die Weise entstanden denken, dass man ein Rechteck um eine Rechtecksseite als Rotationsachse dreht. Derartige Körper nennt man auch **Rotationskörper**.
Da sich dabei Punkte des Rechtecks auf Kreisen bewegen, deren Mittelpunkt auf der Rotationsachse liegen, kommen als Rotationskörper nur Körper in Frage, bei denen Schnitte senkrecht zur Rotationsachse Kreise sind. Solche Körper sind Zylinder, Kegel, Kugel und aus diesen zusammengesetzte Körper.

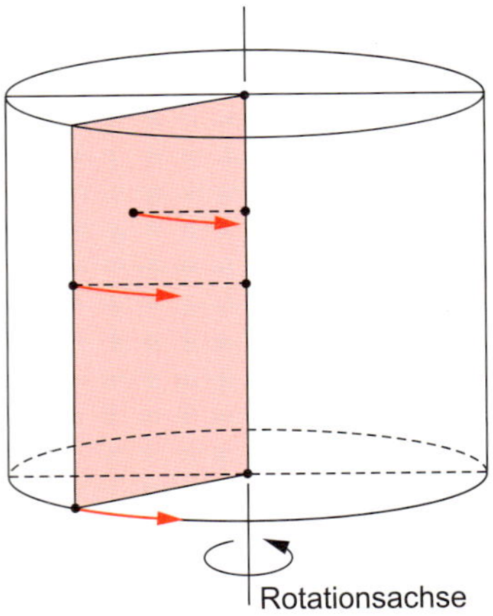

Beispiele

1. Ein rechtwinkliges Dreieck rotiert um eine Achse, die
   a) die größere der beiden Katheten,
   b) die kleinere der beiden Katheten,
   c) die Hypotenuse

   enthält.
   Welcher Rotationskörper entsteht jeweils? Berechne für die drei Fälle jeweils Volumen und Oberfläche des Rotationskörpers.

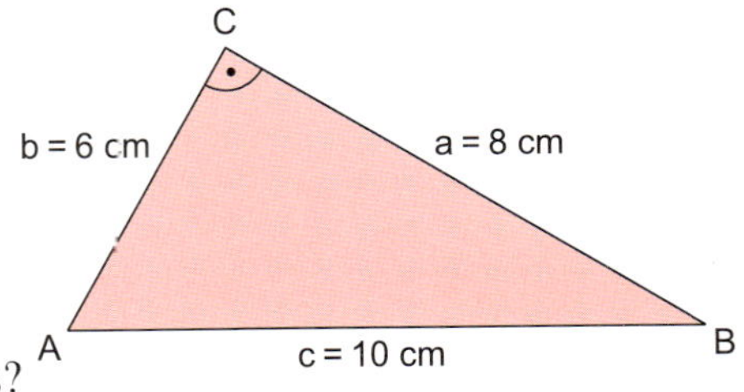

Lösung:

a) Der entstehende Rotationskörper ist ein gerader Kreiskegel mit Radius r=b und Höhe h=a.

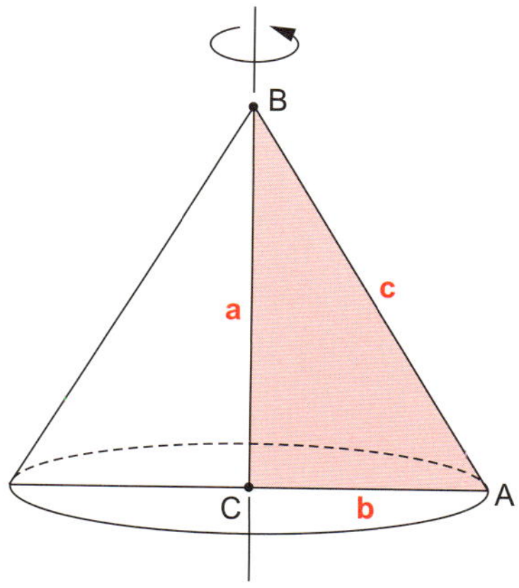

- Volumen:

$V = \frac{1}{3} \cdot \pi \cdot b^2 \cdot a$

$V = \frac{1}{3} \cdot \pi \cdot (6\ cm)^2 \cdot 8\ cm$

$V \approx 301{,}59\ cm^3$

- Oberfläche:

$O = \pi \cdot b^2 + \pi \cdot b \cdot c$

$O = (6\ cm)^2 \pi + \pi \cdot 6\ cm \cdot 10\ cm$

$O \approx 301{,}59\ cm^2$

b) Als Rotationskörper erhält man einen geraden Kreiskegel mit r=a und h=b.

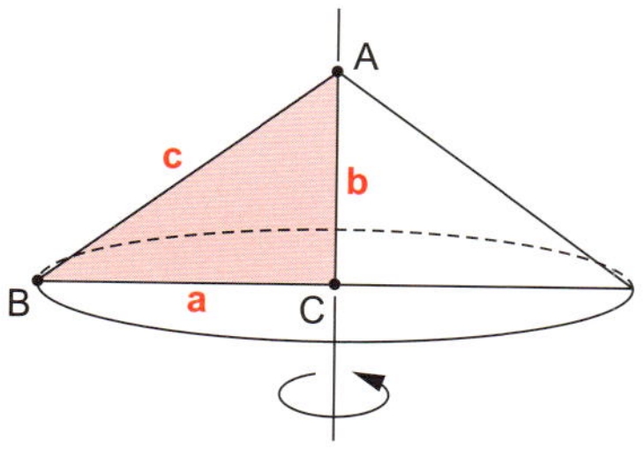

- Volumen:

$V = \frac{1}{3} \cdot \pi \cdot a^2 \cdot b$

$V = \frac{1}{3} \cdot \pi \cdot (8\ cm)^2 \cdot 6\ cm$

$V \approx 402{,}12\ cm^3$

- Oberfläche:

$O = \pi \cdot a^2 + \pi \cdot a \cdot c$

$O = \pi \cdot (8\ cm)^2 + \pi \cdot 8\ cm \cdot 10\ cm$

$O \approx 452{,}39\ cm^2$

c) Der entstehende Rotationskörper ist ein Doppelkegel.
Der gemeinsame Grundkreisradius beider Kegel ist die Höhe $\overline{MC}$ im rechtwinkligen Dreieck ABC.
Die Höhen der beiden Kegel sind die Hypotenusenabschnitte $\overline{AM}$ und $\overline{BM}$ in Dreieck ABC.
Kathetensatz im Dreieck ABC:

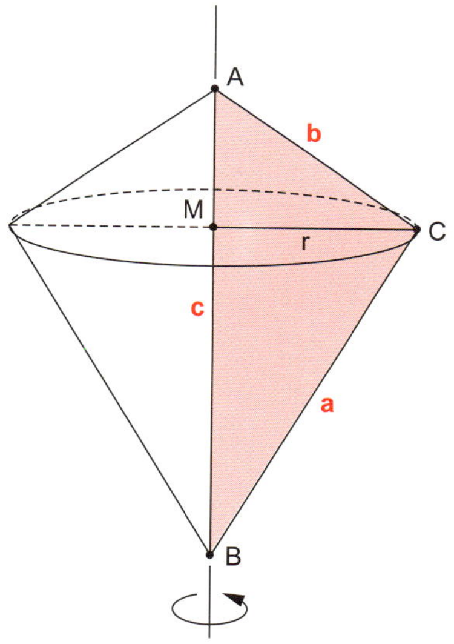

$b^2 = \overline{AM} \cdot c$

$36\ cm^2 = \overline{AM} \cdot 10\ cm$

$\overline{AM} = 3{,}6\ cm$

$a^2 = \overline{BM} \cdot c$

$64\ cm^2 = \overline{BM} \cdot 10\ cm \quad |:(10\ cm)$

$\overline{BM} = 6{,}4\ cm$

Höhensatz im Dreieck ABC:

$\overline{MC}^2 = \overline{AM} \cdot \overline{BM}$

$\overline{MC}^2 = 3{,}6\ cm \cdot 6{,}4\ cm$

$\overline{MC}^2 = 23{,}04\ cm^2 \quad |\sqrt{\ }$

$\overline{MC} = 4{,}8\ cm$

- Volumen des Doppelkegels:

$$V = \frac{1}{3} \cdot \pi \cdot \overline{MC}^2 \cdot \overline{AM} + \frac{1}{3} \cdot \pi \cdot \overline{MC}^2 \cdot \overline{BM}$$

$$V = \frac{1}{3} \cdot \pi \cdot (4{,}8\ \text{cm})^2 \cdot 3{,}6\ \text{cm} + \frac{1}{3} \cdot \pi \cdot (4{,}8\ \text{cm})^2 \cdot 6{,}4\ \text{cm}$$

$$V \approx 241{,}27\ \text{cm}^3$$

- Oberfläche des Doppelkegels:

$$O = \pi \cdot \overline{MC} \cdot \overline{BC} + \pi \cdot \overline{MC} \cdot \overline{AC}$$

$$O = \pi \cdot 4{,}8\ \text{cm} \cdot 8\ \text{cm} + \pi \cdot 4{,}8\ \text{cm} \cdot 6\ \text{cm}$$

$$O \approx 211{,}12\ \text{cm}^2$$

Die Oberfläche besteht aus den Mantelflächen der beiden Kegel. Der Grundkreis ist keine begrenzende Fläche.)

2. Ein gleichschenkliges Trapez mit den angegebenen Seitenlängen rotiert. Beschreibe, welcher Rotationskörper dabei entsteht. Berechne das Volumen des Rotationskörpers. (a=4 cm).

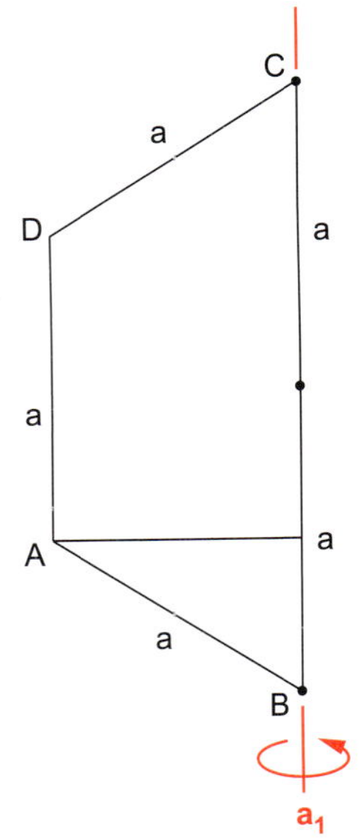

Lösung:
Bei der Rotation um die Achse a_1 entsteht ein Zylinder mit zwei, auf Grund- und Deckfläche, aufgesetzten Kegeln. Der Zylinder und die beiden Kegel haben die gleiche Grundkreisfläche mit Radius r. Die Höhe des Zylinders ist a, die Höhe der beiden Kegel jeweils $\frac{a}{2}$. Den Grundkreisradius r erhalten wir mithilfe des Satzes von Pythagoras für das Dreieck ABM:

$$\overline{AB}^2 = \overline{AM}^2 + \overline{BM}^2$$

$$a^2 = r^2 + \left(\frac{a}{2}\right)^2 \quad \Big| -\frac{a^2}{4}$$

$$r^2 = a^2 - \frac{a^2}{4}$$

$$r^2 = \frac{3}{4}a^2$$

$$r^2 = \frac{3}{4}(4\ \text{cm})^2$$

$$r = \frac{4\ \text{cm}}{2}\sqrt{3}$$

$$r = 2\sqrt{3}\ \text{cm}$$

$$r \approx 3{,}46\ \text{cm}$$

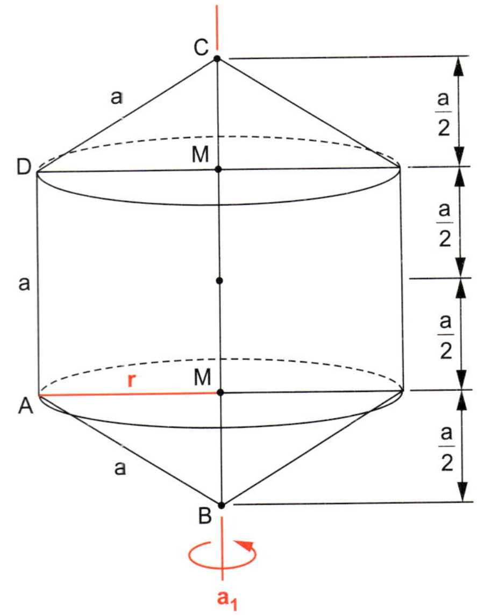

Volumen des Rotationskörpers:

$V_K = V_{Zyl} + 2 \cdot V_{Keg}$

$V_K = G \cdot h_{Zyl} + 2 \cdot \frac{1}{3} \cdot G \cdot h_{Keg}$

$V_K = \pi \cdot r^2 \cdot a + 2 \cdot \frac{1}{3} \cdot \pi \cdot r^2 \cdot \frac{a}{2}$

$V_K = \frac{4}{3} \cdot \pi \cdot r^2 \cdot a \qquad \Big| \; r^2 = \frac{3}{4} \cdot a^2$

$V_K = \frac{4}{3} \cdot \pi \cdot \frac{3}{4} \cdot a^2 \cdot a$

$V_K = \pi \cdot a^3$

$V_K = \pi \cdot (4 \text{ cm})^3$

$V_K = 64\pi \text{ cm}^3$

$V_K \approx 201{,}06 \text{ cm}^3$

Aufgabe 187

Grundwissen

Ein Rechteck ABCD mit den Seitenlängen $\overline{AB} = 12$ cm und $\overline{AD} = 18$ cm rotiert um eine Achse, die

a) die Seite $\overline{AB}$ enthält,
b) die Seite $\overline{AD}$ enthält,

Beschreibe jeweils mithilfe einer Skizze, welche Art von Rotationskörper entsteht. Berechne jeweils das Volumen des Rotationskörpers.

Des Öfteren hat man es mit Körpern zu tun, die dadurch entstanden sind, dass entweder verschiedene Körper zusammengesetzt wurden oder dass von einem Körper Teile herausgearbeitet oder abgeschnitten wurden. Das Volumen dieser Körper erhält man durch Addition oder Subtraktion der Volumina der Teilkörper. Bei der Berechnung der Oberfläche von **zusammengesetzten Körpern** oder **Restkörpern** muss man jeweils genau überlegen, welche Flächen außen als Begrenzungsflächen erscheinen und welche nicht.

Beispiele

1. Ein Körper besteht aus einem Quader und einer auf die Deckfläche des Quaders aufgesetzten quadratischen Pyramide (siehe nebenstehende Zeichnung)
   $a = 8$ cm; $b = 5$ cm; $h = 12$ cm
   Berechne Volumen und Oberfläche dieses zusammengesetzten Körpers.

   Lösung:

   - Volumen:

     $V = V_{Quader} + V_{Pyramide}$

     $V = a \cdot a \cdot b + \frac{1}{3} \cdot a \cdot a \cdot h$

     $V = (8 \text{ cm})^2 \cdot 5 \text{ cm} + \frac{1}{3} \cdot (8 \text{ cm})^2 \cdot 12 \text{ cm}$

     $V = 576 \text{ cm}^3$

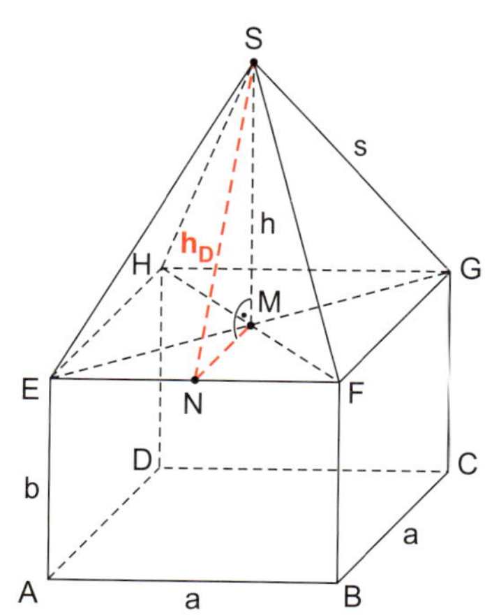

(Abb. nicht maßstabsgetreu)

- Oberfläche:
  Das Quadrat EFGH ist keine äußere Begrenzungsfläche, weder für den Quader noch als Grundfläche der Pyramide. Also wird es nicht mitgezählt.
  $O = 4 \cdot A_{Rechteck(ABFE)} + A_{Quadrat(ABCD)} + 4 \cdot A_{Dreieck(EFS)}$
  Zur Berechnung der Dreiecksfläche benötigen wir die Höhe h_D dieser Dreiecke. Wir erhalten diese mithilfe des Satzes von Pythagoras aus dem rechtwinkligen Dreieck NMS:
  $\overline{SN}^2 = \overline{SM}^2 + \overline{MN}^2$
  $h_D{}^2 = h^2 + \left(\frac{a}{2}\right)^2$
  $h_D{}^2 = (12\text{ cm})^2 + (4\text{ cm})^2$
  $h_D{}^2 = 160\text{ cm}^2 \qquad |\sqrt{\ }$
  $h_D \approx 12{,}65\text{ cm}$
  $O = 4 \cdot a \cdot b + a \cdot a + 4 \cdot \frac{1}{2} \cdot a \cdot h_D$
  $O = 4 \cdot 8\text{ cm} \cdot 5\text{ cm} + (8\text{ cm})^2 + 4 \cdot \frac{1}{2} \cdot 8\text{ cm} \cdot 12{,}65\text{ cm}$
  $O = 426{,}4\text{ cm}^2$

2. Aus einem Quader wird eine zylindrische Bohrung herausgearbeitet (siehe nebenstehende Skizze).
   Berechne Volumen und Oberfläche des Restkörpers (durchbohrter Quader):
   $a = 12\text{ cm}; \quad b = 24\text{ cm}; \quad r = 3\text{ cm}$

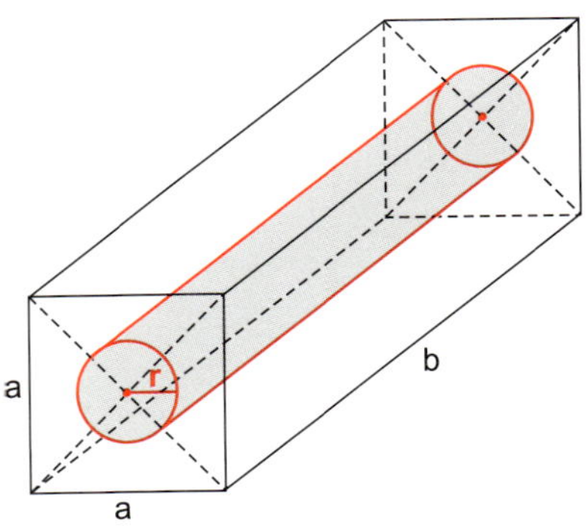

- Volumen:
  $V = V_{Quader} - V_{Zylinder}$
  $V = a \cdot a \cdot b - \pi \cdot r^2 \cdot b$
  $V = 12\text{ cm} \cdot 12\text{ cm} \cdot 24\text{ cm} - \pi \cdot (3\text{ cm})^2 \cdot 24\text{ cm}$
  $V \approx 2\,777{,}42\text{ cm}^3$
- Oberfläche:
  Zur Oberfläche des Quaders kommt die Mantelfläche des Zylinders hinzu, wobei die beiden Kreisflächen weggenommen werden müssen.
  $O = O_{Quader} + M_{Zylinder} - 2 \cdot A_{Kreis}$
  $O = 2 \cdot a^2 + 4 \cdot a \cdot b + 2 \cdot \pi \cdot r \cdot b - 2 \cdot \pi \cdot r^2$
  $O = 2 \cdot (12\text{ cm})^2 + 4 \cdot 12\text{ cm} \cdot 24\text{ cm} + 2 \cdot \pi \cdot 3\text{ cm} \cdot 24\text{ cm} - 2 \cdot \pi \cdot (3\text{ cm})^2$
  $O \approx 1\,440\text{ cm}^2 + 452{,}39\text{ cm}^2 - 56{,}55\text{ cm}^2$
  $O = 1\,835{,}84\text{ cm}^2$

Aufgaben

Grundwissen

188 Auf die sechs Seitenflächen eines Würfels mit der Kantenlänge $a = 6$ cm sind quadratische Pyramiden mit der Höhe $h = 6$ cm aufgesetzt.

a) In welchem Verhältnis steht das Volumen der sechs Pyramiden zum Volumen des Würfels?

b) Berechne Volumen und Oberfläche des zusammengesetzten Körpers.

189 Ein Körper besteht aus zwei zusammengesetzten Pyramiden mit gemeinsamer quadratischer Grundfläche (Länge der Quadratseite: $a = 10$ cm, die Höhen der beiden Pyramiden sind $h_1 = 8$ cm und $h_2 = 16$ cm).

a) Berechne das Volumen des Gesamtkörpers.

b) Berechne die Oberfläche des Körpers.

Anwendungsaufgaben

190 **Geodreieck-Rotation**

Du kannst dein Schulgeodreieck auf zwei verschiedene Weisen rotieren lassen. Dabei entstehen Rotationskörper.

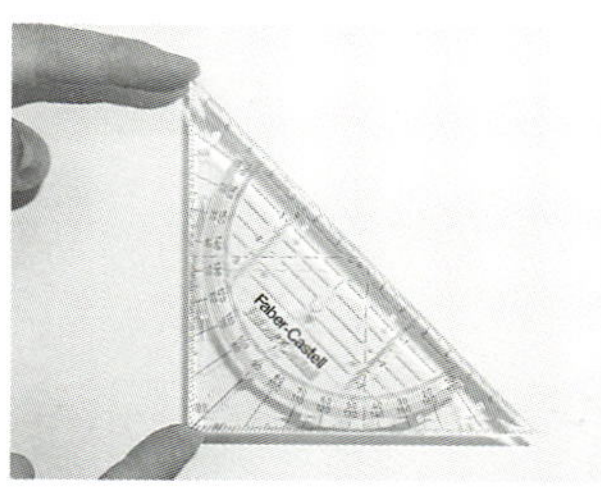

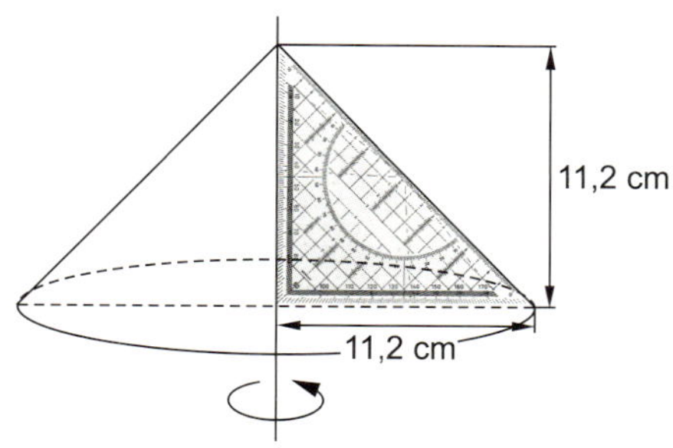

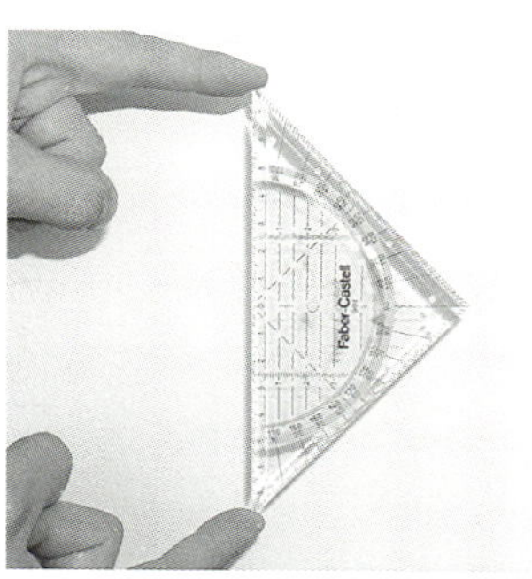

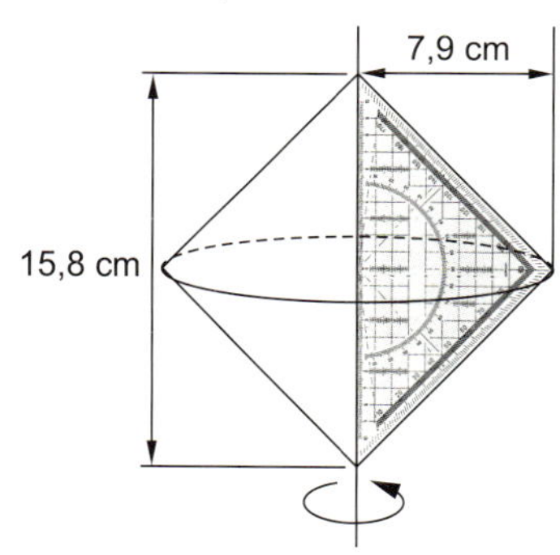

Welcher Rotationskörper hat das größere Volumen?
Begründe rechnerisch.

191 Ein als „Stehaufmännchen" bekanntes Spielzeug hat die Form einer Halbkugel mit aufgesetztem Kegel. Der Radius der Halbkugel beträgt $r = 5$ cm, die Höhe des Kegels $h = 7$ cm.
Berechne Volumen und Oberfläche des Restkörpers.

Interaktive Aufgaben

1. Zusammengesetzter Körper
2. Dämmung
3. Restkörper
4. Rotationskörper

11 Stochastik

Um Vorgänge in der uns umgebenden realen Welt in angemessener Weise mathematisch beschreiben zu können, konstruiert man ein mathematisches Modell, das die wesentlichen, jeweils interessierenden Eigenschaften der Wirklichkeit darstellt.
Vorgänge, die durch Zufall bestimmt sind, werden durch das mathematische Modell der **Stochastik** beschrieben. Die Stochastik teilt sich in die beiden Teilgebiete **Statistik** und **Wahrscheinlichkeitsrechnung** auf.
In der Statistik werden Daten aus statistischen Erhebungen mithilfe bestimmter mathematischer Begriffe und Verfahren erfasst, ausgewertet und dargestellt.
In der Wahrscheinlichkeitsrechnung versucht man mithilfe mathematischer Methoden, den Grad der Sicherheit, mit dem ein bestimmtes Ereignis eintreten wird, zahlenmäßig zu erfassen.

11.1 Statistische Grundbegriffe

Daten, die statistisch ausgewertet werden sollen, werden durch Umfragen, Zählungen, Beobachtungen usw. gewonnen. Die statistischen Begriffe, die dabei von Bedeutung sind, werden im Folgenden eingeführt und anhand der untenstehenden Daten verdeutlicht.

Daten

Die Körpergröße von 12 Schülerinnen/Schülern einer Klasse wird erfasst. Die Datenerhebung liefert folgendes Ergebnis:

Schülerin/Schüler	*1*	*2*	*3*	*4*	*5*	*6*	*7*	*8*	*9*	*10*	*11*	*12*
Körpergröße in cm	*159*	*149*	*167*	*181*	*166*	*162*	*173*	*184*	*169*	*177*	*182*	*159*

Merke

Grundgesamtheit Ω: Menge aller erfassten Daten, wird mit Ω bezeichnet.

Stichprobe: Teilmenge der Grundgesamtheit, die Eigenschaften der Grundgesamtheit möglichst gut widerspiegeln soll.

Gesamtzahl n: Anzahl aller erfassten Daten, wird mit n bezeichnet. $n = |\Omega|$

Merkmal: Eigenschaft, nach der die Daten untersucht werden.

Absolute Häufigkeit H: Gibt an, wie oft ein bestimmtes Merkmal in der Grundgesamtheit Ω vorkommt.

Relative Häufigkeit h: Quotient aus absoluter Häufigkeit H eines Merkmals und Gesamtzahl n der Daten.

$$\text{relative Häufigkeit} = \frac{\text{absolute Häufigkeit}}{\text{Gesamtzahl}} \quad \text{bzw.} \quad h = \frac{H}{n}$$

Gibt den Anteil eines Merkmals an der Grundgesamtheit wieder, wird meistens als Prozentwert angegeben.

Beispiele

- Gesamtzahl: $n = 12$
- Merkmal: Körpergröße > 180 cm
  Absolute Häufigkeit: $H = 3$ (3 Schülerinnen/Schüler sind größer als 180 cm)
  Relative Häufigkeit: $h = \frac{H}{n} = \frac{3}{12} = \frac{1}{4} = 0{,}25$ bzw. $h = 25\ \%$

Merke

Rangliste: Eine **Rangliste** ist eine aufsteigend sortierte Liste mit Rangplätzen. Der Wert auf Rang i wird mit a_i bezeichnet.

Rang	1	2	3	4	5	...	n
Wert	a_1	a_2	a_3	a_4	a_5	...	a_n

Arithmetisches Mittel $\overline{m}$: Quotient aus der Summe der n (zahlenmäßig gegebenen) Daten und der Gesamtzahl n.

$$\overline{m} = \frac{a_1 + a_2 + \ldots + a_n}{n}$$

Wird auch als **Durchschnitt** oder **Mittelwert** bezeichnet.

Modalwert m: Wert, der in einer Datenmenge (gegebenenfalls auch Stichprobe) am häufigsten vorkommt.

Minimum a_{min}: Kleinster Wert der Datenmenge

Maximum a_{max}: Größter Wert der Datenmenge

Spannweite w: Differenz zwischen größtem und kleinsten Datenwert.

Beispiele

- Rangliste:

Rang	1	2	3	4	5	6	7	8	9	10	11	12
Wert in cm	149	159	159	162	166	167	169	173	177	181	182	184

- Arithmetisches Mittel:

$$\overline{m} = \frac{a_1 + a_2 + a_3 + \ldots + a_n}{n}$$

$$\overline{m} = \frac{159 + 149 + 167 + 181 + 166 + 162 + 173 + 184 + 169 + 177 + 182 + 159}{12}\ \text{cm}$$

$$\overline{m} = \frac{2\,028\ \text{cm}}{12}\ \text{cm}$$

$$\overline{m} = 169\ \text{cm}$$

- Modalwert:
  $m = 159$ cm — Der einzige Wert, der mehrmals vorkommt, ist 159 cm.
  Achtung: Eine Datenmenge kann auch mehrere Modalwerte besitzen!
- Minimum: $a_{min} = a_1 = 149$ cm — Das Minimum ist der erste Wert in der aufsteigend geordneten Datenmenge.
- Maximum: $a_{max} = a_{12} = 184$ cm — Das Maximum ist der letzte Wert in der aufsteigend geordneten Datenmenge.
- Spannweite:
  $w = a_{max} - a_{min}$
  $w = 184\ \text{cm} - 149\ \text{cm}$
  $w = 35$ cm

Merke

Zentralwert/Median z: **Vorgehensweise 1:**
Bei ungerader Gesamtzahl n ist der Zentralwert der Datenwert, der genau in der Mitte einer Rangliste liegt.
Bei gerader Gesamtzahl n ist der Zentralwert das arithmetische Mittel der beiden mittleren Ranglistenwerte.
Vorgehensweise 2:
Zentralwert z: Berechnen von $m = n \cdot 0{,}5$

$$\begin{cases} \text{falls } m \notin \mathbb{Z} \rightarrow \text{Wert auf nächsthöherem Rangplatz} \\ \text{falls } m \in \mathbb{Z} \rightarrow \text{Mittelwert von } a_m \text{ und } a_{m+1} \end{cases}$$

unteres Quartil q_u: **Vorgehensweise 1:**
Zentralwert der Werte links des Zentralwerts.
Vorgehensweise 2:
unteres Quartil q_u: Berechnen von $u = n \cdot 0{,}25$

$$\begin{cases} \text{falls } u \notin \mathbb{Z} \rightarrow \text{Wert auf nächsthöherem Rangplatz} \\ \text{falls } u \in \mathbb{Z} \rightarrow \text{Mittelwert von } a_u \text{ und } a_{u+1} \end{cases}$$

oberes Quartil q_o: **Vorgehensweise 1:**
Zentralwert der Werte rechts des Zentralwerts.
Vorgehensweise 2:
oberes Quartil q_o: Berechnen von $o = n \cdot 0{,}75$

$$\begin{cases} \text{falls } o \notin \mathbb{Z} \rightarrow \text{Wert auf nächsthöherem Rangplatz} \\ \text{falls } o \in \mathbb{Z} \rightarrow \text{Mittelwert von } a_o \text{ und } a_{o+1} \end{cases}$$

Beispiele

- Zentralwert:
  Vorgehensweise 1:

Rang	1	2	3	4	5	6	7	8	9	10	11	12
Wert in cm	149	159	159	162	166	**167**	**169**	173	177	181	182	184

168

Da n = 12 gerade ist, ist der Zentralwert das arithmetische Mittel der beiden mittleren Werte (6. und 7. Wert).

Vorgehensweise 2:

$$n \cdot 0{,}5 = 12 \cdot 0{,}5 = 6 \in \mathbb{Z} \quad \Rightarrow \quad z = \frac{a_6 + a_7}{2} = \frac{167 + 169}{2}\text{ cm} = 168\text{ cm}$$

- unteres Quartil:
  Vorgehensweise 1:

Rang	1	2	3	4	5	6	7	8	9	10	11	12
Wert in cm	149	159	**159**	**162**	166	167	169	173	177	181	182	184

160,5 168

Da die linke Teilliste geradzahlig ist, ist das untere Quartil das arithmetische Mittel der beiden mittleren Werte (3. und 4. Wert) der linken Teilliste.

Vorgehensweise 2:

$$n \cdot 0{,}25 = 12 \cdot 0{,}25 = 3 \in \mathbb{Z} \quad \Rightarrow \quad q_u = \frac{a_3 + a_4}{2} = \frac{159 + 162}{2}\text{ cm} = 160{,}5\text{ cm}$$

- oberes Quartil:
  Vorgehensweise 1:

Rang	1	2	3	4	5	6	7	8	9	10	11	12
Wert in cm	149	159	159	162	166	167	169	173	**177**	**181**	182	184

168 **179**

Das obere Quartil ist das arithmetische Mittel der beiden mittleren Werte (9. und 10. Wert) der Teilliste rechts vom Zentralwert.

Vorgehensweise 2:

$$n \cdot 0{,}75 = 12 \cdot 0{,}75 = 9 \in \mathbb{Z} \quad \Rightarrow \quad q_o = \frac{a_9 + a_{10}}{2} = \frac{177 + 181}{2}\text{ cm} = 179\text{ cm}$$

Beispiele

Angenommen der größte Schüler der Klasse wechselt die Schule. Dann ist der größte Wert der Rangliste zu streichen:

- Rangliste:

Rang	1	2	3	4	5	6	7	8	9	10	11
Wert in cm	149	159	159	162	166	167	169	173	177	181	182

Der Zentralwert und die Quartile bestimmen sich dann wie folgt:

- Zentralwert:

  Vorgehensweise 1:

Rang	1	2	3	4	5	6	7	8	9	10	11
Wert in cm	149	159	159	162	166	**167**	169	173	177	181	182

Da eine ungerade Anzahl von Werten gegeben ist (n = 11), ist der Zentralwert der Wert in der Mitte (6. Wert) der Rangliste.

  Vorgehensweise 2:

  $n \cdot 0{,}5 = 11 \cdot 0{,}5 = 5{,}5 \notin \mathbb{Z} \quad \Rightarrow \quad z = a_6 = 167 \text{ cm}$

- unteres Quartil:

  Vorgehensweise 1:

Rang	1	2	3	4	5	6	7	8	9	10	11
Wert in cm	149	159	**159**	162	166	167	169	173	177	181	182

Da eine ungerade Anzahl (5) von Werten links vom Zentralwert steht, ist das untere Quartil der Wert in der Mitte der Teilliste links vom Zentralwert (3. Wert).

  Vorgehensweise 2:

  $n \cdot 0{,}25 = 11 \cdot 0{,}25 = 2{,}25 \notin \mathbb{Z} \quad \Rightarrow \quad q_u = a_3 = 159 \text{ cm}$

- oberes Quartil:

  Vorgehensweise 1:

Rang	1	2	3	4	5	6	7	8	9	10	11
Wert in cm	149	159	159	162	166	167	169	173	**177**	181	182

Da eine ungerade Anzahl (5) von Werten rechts vom Zentralwert steht, ist das obere Quartil der Wert in der Mitte der Teilliste rechts vom Zentralwert (9. Wert).

  Vorgehensweise 2:

  $n \cdot 0{,}75 = 11 \cdot 0{,}75 = 5{,}75 \notin \mathbb{Z} \quad \Rightarrow \quad q_o = a_9 = 177 \text{ cm}$

Hinweis: Anders als in obigen Beispielen kann es bei der Bestimmung der Quartile bei den Vorgehensweisen 1 und 2 auch zu unterschiedlichen Ergebnissen kommen (z. B. wenn n dividiert durch 4 den Rest 1 liefert). Unter der Voraussetzung, dass die Darstellung nachvollziehbar ist, werden in der Abschlussprüfung beide Vorgehensweisen akzeptiert.

Merke

Ein **Boxplot** ist ein Diagramm zur Darstellung statistischer Daten. Er besteht aus einem Rechteck (Box) und zwei Antennen, deren Ende das Minimum bzw. Maximum markieren. Die Box wird vom unteren und oberen Quartil begrenzt. In der Box wird der Zentralwert als senkrechter Strich angezeigt.

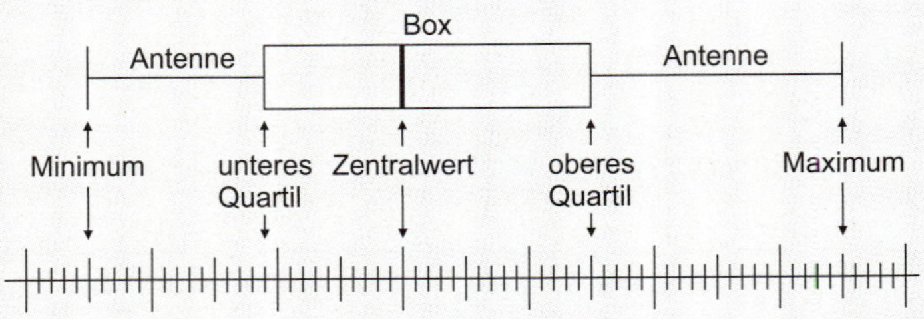

Zur Erstellung eines Boxplot benötigt man also die statistischen Kenngrößen **Minimum**, **Maximum**, **Zentralwert**, **unteres Quartil** und **oberes Quartil**.

Aus dem Boxplot kann man entnehmen, in welchem Bereich die Daten liegen und wie sie sich über diesen Bereich verteilen:

- 25 % der Daten liegen zwischen dem Minimum und dem unteren Quartil.
- 50 % der Daten liegen innerhalb der Box.
- 25 % der Daten liegen zwischen dem oberen Quartil und dem Maximum.
- Die Breite des gesamten Boxplot entspricht der Spannweite.

Mithilfe von Boxplots lassen sich verschiedene Verteilungen gut vergleichen.

Beispiel

- Boxplot:
  Darstellung des obigen Beispiels (mit Streichung) als Boxplot mit Minimum 149 cm, unterem Quartil 159 cm, Zentralwert 167 cm, oberem Quartil 177 cm und Maximum 182 cm.

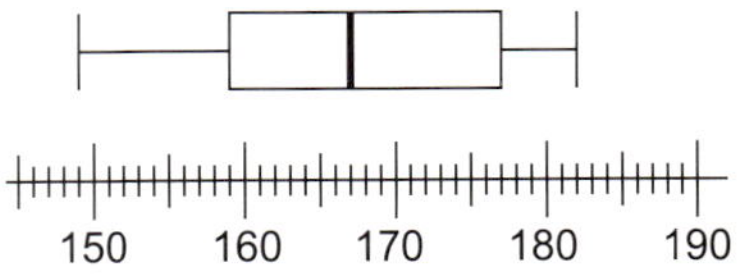

Beispiele

1. Mithilfe einer Tabellenkalkulation lässt sich schnell die 5-Punkte-Verteilung (Minimum, unteres Quartil, Median, oberes Quartil, Maximum) von Messwerten bestimmen und grafisch umsetzen:

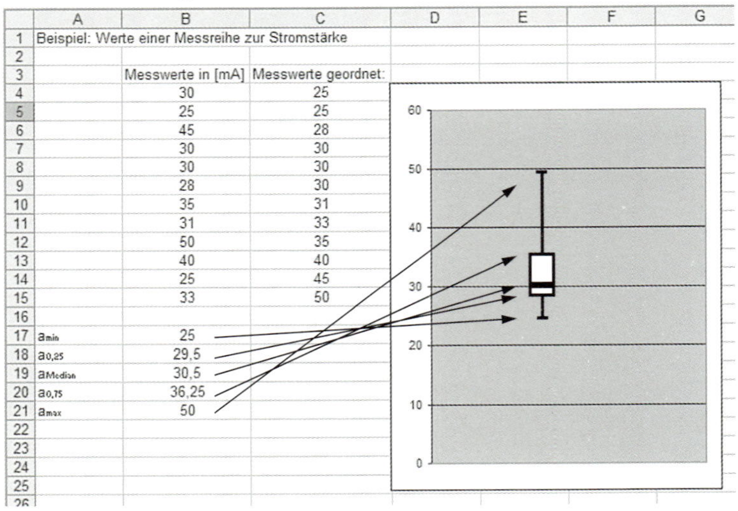

	A	B	C
1	Beispiel: Werte einer Messreihe zur Stromstärke		
2			
3		Messwerte in [mA]	Messwerte geordnet:
4		30	25
5		25	25
6		45	28
7		30	30
8		30	30
9		28	30
10		35	31
11		31	33
12		50	35
13		40	40
14		25	45
15		33	50
16			
17	a_{min}	25	
18	$a_{0,25}$	29,5	
19	a_{Median}	30,5	
20	$a_{0,75}$	36,25	
21	a_{max}	50	

Hinweis: Excel hat bei der Berechnung der Quartile eine andere Berechnungsgrundlage, die hier nicht weiter erläutert wird. Excel kann die berechneten 5 Punkte in einem Punktdiagramm ausgeben, welches sich in ausgedruckter Form leicht zu einem Boxplot ergänzen lässt.

2. Vor dem Schulgebäude misst die Polizei die Geschwindigkeit von 15 vorbeifahrenden Pkws. Erlaubt sind 30 $\frac{km}{h}$.

Pkw-Nr.	1	2	3	4	5	6	7	8	9	10	11	12	13	14	15
Geschw. in $\frac{km}{h}$	56	32	28	45	34	33	30	32	25	26	32	24	30	39	27

- Gesamtzahl: $n = 15$
- Merkmal: Geschwindigkeitsüberschreitung, $v > 30\,\frac{km}{h}$
  Absolute Häufigkeit: $H = 8$
  Relative Häufigkeit: $h = \frac{H}{n} = \frac{8}{15} = 0{,}53$ bzw. $53\,\%$
- Arithmetisches Mittel:
  $$\overline{m} = \frac{56+32+28+45+34+33+30+32+25+26+32+24+30+39+27}{15}\,\frac{km}{h}$$
  $$\overline{m} = \frac{493}{15}\,\frac{km}{h}$$
  $$\overline{m} \approx 32{,}87\,\frac{km}{h}$$
- Rangliste:

Rang	1	2	3	4	5	6	7	8	9	10	11	12	13	14	15
Wert in $\frac{km}{h}$	24	25	26	27	28	30	30	32	32	32	33	34	39	45	56

- Modalwert: $m = 32\,\frac{km}{h}$
- Minimum, unteres Quartil, Zentralwert, oberes Quartil, Maximum:
  Vorgehensweise 1:

Rang	1	2	3	4	5	6	7	8	9	10	11	12	13	14	15
Wert in $\frac{km}{h}$	**24**	25	26	**27**	28	30	30	**32**	32	32	33	**34**	39	45	**56**
	a_{min}			q_u				z				q_o			a_{max}

  Vorgehensweise 2:

  Minimum: $a_{min} = a_1 = 24\,\frac{km}{h}$

  unteres Quartil: $n \cdot 0{,}25 = 15 \cdot 0{,}25 = 3{,}25 \notin \mathbb{Z} \Rightarrow q_u = a_4 = 27\,\frac{km}{h}$

  Zentralwert: $n \cdot 0{,}5 = 15 \cdot 0{,}5 = 7{,}5 \notin \mathbb{Z} \Rightarrow z = a_8 = 32\,\frac{km}{h}$

  oberes Quartil: $n \cdot 0{,}75 = 15 \cdot 0{,}75 = 11{,}25 \notin \mathbb{Z} \Rightarrow q_u = a_{11} = 34\,\frac{km}{h}$

  Maximum: $a_{max} = a_{15} = 56\,\frac{km}{h}$

- Boxplot:

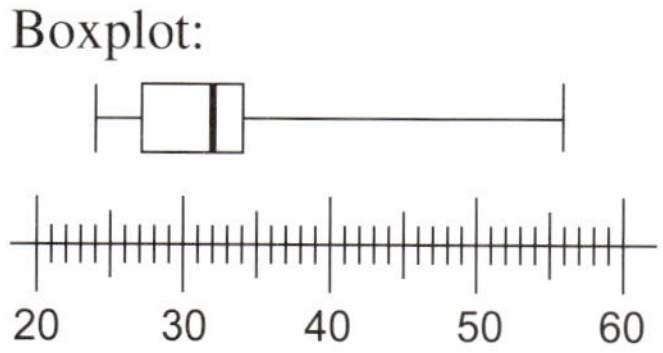

Interaktive Aufgaben

1. Arithmetisches Mittel
2. Boxplot (7 Werte)
3. Boxplot (9 Werte)
4. Prozentanteil
5. Punktzahlen

Aufgaben

192 Lea notiert, wie lange einige Schülerinnen ihrer Klasse am vorherigen Tag an den Hausaufgaben gearbeitet haben:

Schülerin-Nr.	1	2	3	4	5	6	7	8	9	10	11	12	13	14
Dauer in min	32	95	45	35	20	80	65	46	57	50	53	70	75	78

Zeichne den zugehörigen Boxplot.

193 In einer Umfrage wird ermittelt, wie hoch das Taschengeld der Schülerinnen und Schüler einer Klasse ist. Die Datenerhebung liefert folgendes Ergebnis:

Jungen	14	7	21	45	0	12	20	5	10	7	15	12	14	10	30
Mädchen	15	18	10	5	14	7	20	6	28	7	10	12	5		

a) Zeichne jeweils den zugehörigen Boxplot.
b) Vergleiche die beiden Boxplots miteinander.

194 Die drei Boxplots zeigen das Ergebnis einer Umfrage, bei der die monatlichen Handykosten für verschiedene Altersgruppen ermittelt wurden.

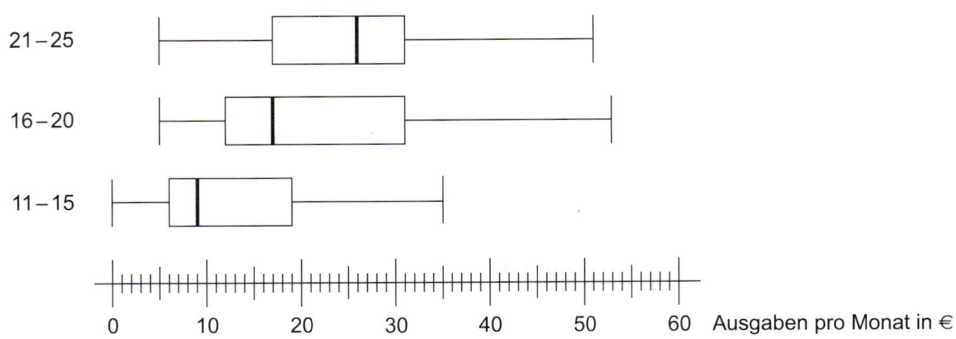

a) Fasse in einer Tabelle Kennwerte zusammen, die du aus den Boxplots ablesen kannst.
b) Zu den dargestellten Boxplots haben Schüler mehrere Aussagen getätigt. Kreuze jeweils an, ob die Aussage richtig, falsch oder anhand des Boxplots nicht entscheidbar ist.

	richtig	falsch	nicht entscheidbar
1. Die 16- bis 20-Jährigen geben durchschnittlich mehr Geld für das Handy aus als die 21- bis 25-Jährigen.	☐	☐	☐
2. Es gibt 21- bis 25-Jährige, die weniger Geld für das Handy ausgeben als 11- bis 15-Jährige.	☐	☐	☐
3. Die Hälfte der 11- bis 15-Jährigen gibt monatlich mindestens 9 € für das Handy aus.	☐	☐	☐
4. Mindestens drei Viertel aller 16- bis 20-Jährigen gibt monatlich weniger als 35 € für das Handy aus.	☐	☐	☐
5. Die 16- bis 20-Jährigen geben am meisten Geld für das Handy aus.	☐	☐	☐
6. Es gibt 11- bis 15-Jährige, die kein Geld für das Handy ausgeben.	☐	☐	☐

Merke

Grafische Darstellung statistischer Daten
Zur grafischen Darstellung statistischer Daten verwendet man neben dem **Boxplot** auch Strichlisten, Tabellen und Diagramme.
Gebräuchliche Diagrammtypen sind **Säulen-, Block- und Kreisdiagramme**.

Beispiel

Ein Würfel wird 100-mal geworfen und die gewürfelten Augenzahlen in einer Strichliste erfasst. Dabei ergeben sich für die 6 Augenzahlen folgende absolute Häufigkeiten:

Augenzahl	1	2	3	4	5	6
Absolute Häufigkeit H	29	11	19	11	21	9

Relative Häufigkeit:

Augenzahl	1	2	3	4	5	6	
Relative Häufigkeit h	0,29 29 %	0,11 11 %	0,19 19 %	0,11 11 %	0,21 21 %	0,09 9 %	dezimal prozentual

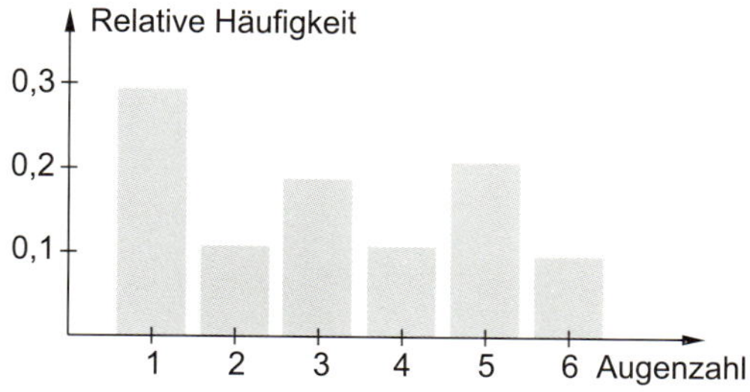

Relative Häufigkeit dezimal
Säulen- oder Balkendiagramm

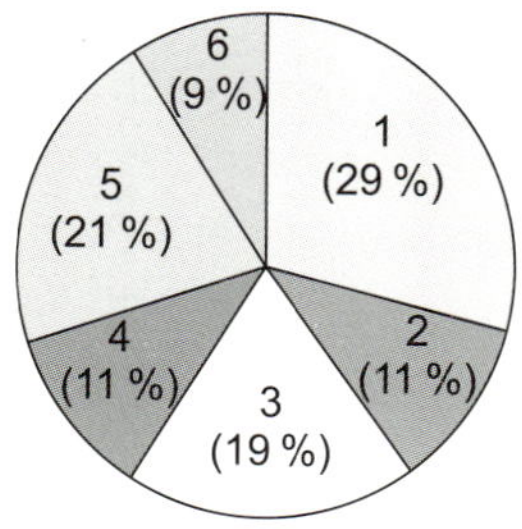

Relative Häufigkeit prozentual
Kreis- bzw. Tortendiagramm
100 % ≙ 360°
1 % ≙ 3,6°

Aufgaben

195 Die nachstehende Tabelle gibt die Notenverteilung einer Klassenarbeit an.

Note	1	2	3	4	5	6
Anzahl	2	4	10	9	6	2

a) Bestimme die relativen Häufigkeiten (dezimal und prozentual) für die einzelnen Notenstufen.
b) Bestimme die absolute und relative Häufigkeit für das Merkmal „Note besser als fünf".
c) Bestimme das arithmetische Mittel.
d) Erstelle für die absoluten Häufigkeiten ein Säulendiagramm und für die prozentualen relativen Häufigkeiten ein Kreis- bzw. Tortendiagramm.

196 In einer ländlichen Gemeinde leben 5 387 Personen. Davon sind 2 805 weiblich.
a) Berechne den Prozentanteil weiblicher Personen.
b) 18,5 % der Einwohner sind Kinder und Jugendliche unter 18 Jahre. Gib ihre Anzahl an.
c) Von den Kindern und Jugendlichen in Teilaufgabe b sind 52,6 % weiblich. Gib ihre Anzahl an.
d) Erstelle ein Kreisdiagramm, aus dem abgelesen werden kann
- wie viel Prozent der Einwohner weiblich unter 18 Jahren,
- wie viel Prozent der Einwohner männlich unter 18 Jahren,
- wie viel Prozent der Einwohner weibliche Erwachsene und
- wie viel Prozent der Einwohner männliche Erwachsene sind.

e) Die Tabelle gibt die Altersstruktur der Gemeinde wieder:

Jahre	0–10	11–20	21–30	31–40	41–50	51–60	61–70	71–80	>80
Anzahl	625	680	745	865	878	731	475	282	106

Bestimme die relativen Häufigkeiten für die neun Altersintervalle und fertige dazu ein Säulendiagramm.

f) Bestimme die relative Häufigkeit für das Merkmal oder das Ereignis „eine beliebig herausgegriffene Person aus der Gemeinde ist weiblich und über 18 Jahre“.

Interaktive Aufgaben

6. Kreisdiagramm
7. Säulendiagramm

Anwendungsaufgaben

197 Bei einer Umfrage in fünf Klassen eines zehnten Jahrgangs nach der Lieblingssportart ist die abgebildete Tabelle erstellt worden. Spalte C wurde auf eine Nachkommastelle formatiert.

	A	B	C
1	Lieblingssportart	absolute Häufigkeit	relative Häufigkeit in %
2	Fußball	45	31,9
3	Basketball	32	
4	Handball	27	
5	Schwimmen	12	
6	Tennis	14	
7	Sonstige	11	
8			
9	Summe	141	
10			

a) Welche Formel verbirgt sich hinter der Zahl 141 in Zelle B9?

b) In Zelle C2 ist die relative Häufigkeit für Fußball berechnet worden. Nenne die Formel, die in Zelle C2 eingetragen wurde.

c) Wenn man die Formel aus C2 in die Zellen C3 bis C7 kopieren möchte, muss die Formel in C2 einen absoluten Zellbezug enthalten. Wie muss die Formel vor dem Kopieren verändert werden?

d) Welche Zahl und welche Formel befinden sich in Zelle C9, wenn die Tabelle fertig gestellt ist?

e) Das abgebildete Säulendiagramm veranschaulicht die Tabelle. Erläutere das Diagramm.

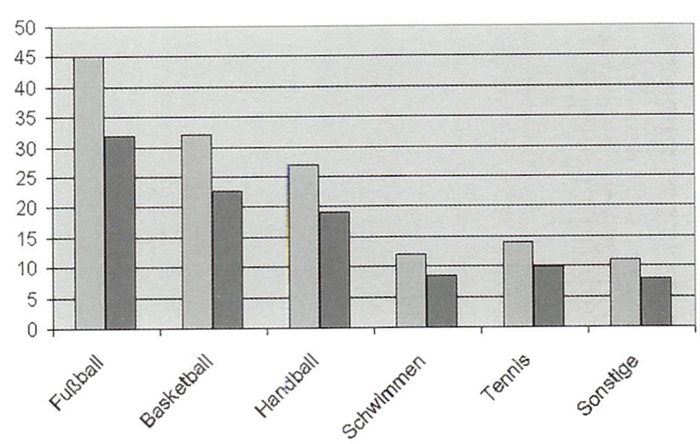

198 Bei einer Umfrage unter 40 Schülern sind Daten verloren gegangen.

a) Ergänze die abgebildete Tabelle.

b) Fertige ein Säulendiagramm an.

	A	B	C
1	Lieblingssportart	absolute Häufigkeit	relative Häufigkeit in %
2	Fußball		50,0
3	Basketball		
4	Handball	12	

11.2 Grundbegriffe der Wahrscheinlichkeitsrechnung

In der Wahrscheinlichkeitsrechnung versucht man die Wahrscheinlichkeit, mit der ein bestimmtes zufälliges Ereignis eintritt, mathematisch bzw. zahlenmäßig zu beschreiben. Dazu beschäftigt man sich mit so genannten Zufallsexperimenten und überträgt die Ergebnisse auf die Wirklichkeit.

Merke

Grundbegriffe der Wahrscheinlichkeitsrechnung

Begriffe		**Beispiele:**
Zufalls-experiment	Ein Experiment, dessen Ausgang nur vom Zufall abhängt	– Würfeln mit einem Spielwürfel – Münzwurf – Ziehen einer Kugel aus einem Gefäß, in dem sich 1 schwarze, 1 weiße und 1 rote Kugel befinden
Ergebnis-menge Ω	Die Menge aller möglichen Ergebnisse eines Zufallsexperiments	– Würfeln: $\Omega = \{1; 2; 3; 4; 5; 6\}$ – Münzwurf: $\Omega = \{\text{Kopf}; \text{Zahl}\}$ – Kugelziehen: $\Omega = \{\text{schwarz}; \text{weiß}; \text{rot}\}$
Ereignis E	Teilmenge der Ergebnismenge Ω	– Ereignis „gerade Augenzahl“: $E = \{2; 4; 6\} \subset \Omega$ – Ereignis „Zahl“: $E = \{\text{Zahl}\} \subset \Omega$ – Ereignis „nicht die rote Kugel“: $E = \{\text{schwarz}; \text{weiß}\} \subset \Omega$
Elementar-ereignis	Ereignis, das nur aus einem Ergebnis besteht	– Beim Würfeln ist $\{2\}$, beim Münzwurf $\{\text{Kopf}\}$ ein Elementarereignis.
Laplace-Experiment	Zufallsexperiment, bei dem alle Elementarereignisse gleich wahrscheinlich sind	– Das Würfeln mit einem idealen (nicht gezinkten) Würfel. Jede der sechs Augenzahlen ist bei einem (1) Wurf gleich wahrscheinlich.

11.3 Die Wahrscheinlichkeit bei Zufallsexperimenten

Die Wahrscheinlichkeit bei Zufallsexperimenten

Unter der Wahrscheinlichkeit P(E) eines Ereignisses E versteht man die relative Häufigkeit des Ereignisses.

$$P(E) = \frac{\text{Anzahl der für das Ereignis E günstigen Ergebnisse}}{\text{Anzahl aller möglichen Ergebnisse}}$$

Wahrscheinlichkeiten werden als Bruchzahl, Dezimalbruch oder Prozentwert angegeben.

Für die Wahrscheinlichkeit gilt $0 \le P(E) \le 1$ oder $0\,\% \le P(E) \le 100\,\%$.

$P(E) = 0$ (0 %): Ereignis E tritt mit absoluter Sicherheit nicht ein.

$P(E) = 1$ (100 %): Ereignis E tritt mit absoluter Sicherheit ein.

Ist die Wahrscheinlichkeit für das Eintreten eines Ereignisses gleich P(E), dann gilt für die Wahrscheinlichkeit, dass dieses Ereignis E nicht eintritt und sein Gegenereignis $\overline{E}$ eintritt: $P(\overline{E}) = 1 - P(E)$.

Beispiele

1. Wie groß ist die Wahrscheinlichkeit für das Ereignis „beim Würfeln die Augenzahl 2 zu werfen“?

   Ereignis bzw. Elementarereignis: $E = \{2\}$
   Ergebnismenge: $\Omega = \{1; 2; 3; 4; 5; 6\}$

   Anzahl der Elemente von E: $n_E = 1$
   Anzahl der Elemente von Ω: $n_\Omega = 6$

   Wahrscheinlichkeit, mit der das Ereignis E eintritt:

   $P(E) = \frac{1}{6}$

   $P(E) \approx 0{,}167$ oder $16{,}7\,\%$

   Mit dieser Wahrscheinlichkeit tritt jedes der 6 Elementarereignisse $\{1\}$, $\{2\}$, $\{3\}$, $\{4\}$, $\{5\}$, $\{6\}$ ein. Zufallsexperimente, bei denen alle Elementarereignisse gleichwahrscheinlich sind, nennt man Laplace-Experimente.

   Die Wahrscheinlichkeit, für das Ereignis „keine 2 zu würfeln“, beträgt

   $P(\overline{E}) = 1 - \frac{1}{6} = \frac{5}{6}$

2. Wie groß ist die Wahrscheinlichkeit, beim Würfeln eine gerade Augenzahl zu erhalten?

   $E = \{2; 4; 6\}$ $\quad$ $\Omega = \{1; 2; 3; 4; 5; 6\}$

   $n_E = 3$ $\quad$ $n_\Omega = 6$

   $P(E) = \frac{3}{6}$

   $P(E) = 0{,}5$ oder $50\,\%$

3. In einer Urne befinden sich 4 rote, 3 schwarze und 1 grüne Kugel. Es wird eine Kugel gezogen. Wie groß ist die Wahrscheinlichkeit,

   a) eine rote, b) eine schwarze c) die grüne

   Kugel zu ziehen?

   Für alle drei Zufallsexperimente ist $\Omega = \{r_1; r_2; r_3; r_4; s_1; s_2; s_3; g\}$ und $n_\Omega = 8$.

   a) $E = \{r_1; r_2; r_3; r_4\}$
   $n_E = 4$
   $P(E) = \frac{4}{8}$
   $P(E) = 0{,}5$ oder $50\,\%$

   b) $E = \{s_1; s_2; s_3\}$
   $n_E = 3$
   $P(E) = \frac{3}{8}$
   $P(E) = 0{,}375$ oder $37{,}5\,\%$

   c) $E = \{g\}$
   $n_E = 1$
   $P(E) = \frac{1}{8}$
   $P(E) = 0{,}125$ oder $12{,}5\,\%$

Interaktive Aufgaben

1. Glücksrad
2. Pläne

Aufgaben

Grundwissen

199 Ein Glücksrad weist acht gleich große Sektoren auf, die mit den Ziffern 1 bis 8 belegt sind. Das Rad wird in Drehung versetzt und hält dann so an, dass eine Markierung auf einen der acht Sektoren zeigt.
Bestimme die Wahrscheinlichkeit, dass eine Zahl größer oder gleich 3 erscheint.
Bestimme die Wahrscheinlichkeit für das Ereignis „Zahl ist kleiner als 3“.

200 Wie groß ist die Wahrscheinlichkeit, bei einem Glücksrad mit 15 gleich großen Sektoren, die mit den Zahlen 1 bis 15 beschriftet sind, eine gerade/ungerade Zahl zu erhalten?

201 Beim Skatspiel wird mit 32 Karten gespielt. Es gibt 4 Farben (Karo, Herz, Pik, Kreuz) und von jeder Farbe acht Karten (Sieben, Acht, Neun, Zehn, Bube, Dame, König, As). Aus dem Kartenstapel wird zufällig eine Karte gezogen. Wie groß ist die Wahrscheinlichkeit,

a) Karo oder Herz zu ziehen?
b) ein As zu ziehen?
c) Kreuz As zu ziehen?
d) Bube, Dame oder König zu ziehen?
e) keine Sieben zu ziehen?

202 In einer Urne liegen 1 rote, 2 schwarze, 3 blaue und 4 weiße Kugeln. Die Kugeln sind so gefertigt, dass sie beim Herausziehen mit verbundenen Augen nicht unterschieden werden können.

a) Wie groß ist die Wahrscheinlichkeit, beim einmaligen Ziehen eine rote, schwarze, blaue oder weiße Kugel zu ziehen?
b) Die gezogene Kugel wird wieder in die Urne zurückgelegt und erneut eine Kugel gezogen. Ändern sich die Wahrscheinlichkeiten im Vergleich mit a? Begründe deine Antwort.
c) Beim ersten Versuch wurde eine weiße Kugel gezogen und nicht wieder zurückgelegt. Wie groß ist die Wahrscheinlichkeit, beim zweiten Versuch eine schwarze Kugel zu ziehen?

203 Es wird mit zwei unterscheidbaren Würfeln geworfen.

a) Gib für dieses Zufallsexperiment die Ergebnismenge an. (Hinweis: die einzelnen Ereignisse bestehen jeweils aus einer Menge mit zwei Elementen. Beispiel: (2; 5) bedeutet, dass mit Würfel 1 die Augenzahl 2, mit Würfel 2 die Augenzahl 5 geworfen wurde.)
b) Wie groß ist die Wahrscheinlichkeit dafür, dass bei einem Wurf
   – mindestens eine Sechs geworfen wird,
   – genau eine Sechs geworfen wird,
   – die geworfene Augensumme mindestens 9 ist?

204 Für eine Gruppe von 100 Versuchspersonen wurde die nachstehende absolute Häufigkeitsverteilung für zwei Merkmale festgestellt.

	Raucher	Nichtraucher
männlich	25	38
weiblich	17	20

Aus der Gruppe wird willkürlich eine Person ausgewählt. Wie groß ist die Wahrscheinlichkeit, dass es sich bei der ausgewählten Person um

a) eine weibliche Person
b) um eine(n) Raucher(in)
c) eine Nichtraucherin

handelt?

11.4 Wahrscheinlichkeit und das Gesetz der großen Zahlen

Führt man ein Laplace-Experiment, z. B. den Wurf einer Münze, mehrmals hintereinander aus, so erwartet man, dass die beiden Ereignisse „Kopf" und „Zahl" etwa gleich häufig auftreten, also etwa gleich wahrscheinlich sind. Über den Ausgang eines einzelnen Münzwurfs kann man dagegen keine Vorhersage treffen.
Um bei Zufallsexperimenten zutreffende Voraussagen treffen zu können, ist es offensichtlich wesentlich, das Experiment für eine sehr große Anzahl von Versuchen durchzuführen, da andernfalls eine Prognose äußerst unsicher bzw. ungenau ist.

Merke

Gesetz der großen Zahlen
Die relative Häufigkeit eines Ereignisses stabilisiert sich mit steigender Anzahl von Versuchen um einen festen Wert. (Gesetz der großen Zahlen)

Beispiele

1. Eine Münze wurde 200-mal geworfen. Nach jeweils 20 Würfen wurden die relativen Häufigkeiten für die Ereignisse „Kopf" und „Zahl" bestimmt.

Würfe			Absolute Häufigkeit		Relative Häufigkeit	
	Kopf	Zahl	Kopf	Zahl	Kopf	Zahl
1–20	13	7	13	7	0,650	0,350
21–40	10	10	23	17	0,575	0,425
41–60	8	12	31	29	0,517	0,483
61–80	8	12	39	41	0,488	0,512
81–100	7	13	46	54	0,460	0,540
101–120	15	5	61	59	0,508	0,492
121–140	9	11	70	70	0,500	0,500
141–160	11	9	81	79	0,506	0,494
161–180	8	12	89	91	0,494	0,506
181–200	10	10	99	101	0,495	0,505

Mit wachsender Wurfanzahl n stabilisieren sich die relativen Häufigkeiten für „Kopf" und „Zahl" jeweils um den Wert 0,5.

2. Nicht alle Zufallsexperimente haben gleich wahrscheinliche Ergebnisse wie in Beispiel 1. Ein Glücksrad hat 3 verschieden große Sektoren. Es wird 1 000-mal gedreht und festgehalten, wie oft das Rad auf den 3 Sektoren zum Stehen kommt. In nachstehender Tabelle sind nach jeweils 100 Versuchen die absoluten sowie die relativen Häufigkeiten für die 3 Ereignisse „Sektor 1", „Sektor 2" und „Sektor 3" notiert.

	Absolute Häufigkeit			Relative Häufigkeit		
Versuche	Sektor 1	Sektor 2	Sektor 3	Sektor 1	Sektor 2	Sektor 3
100	47	41	12	0,470	0,410	0,120
200	88	73	39	0,440	0,365	0,195
300	141	101	58	0,470	0,337	0,193
400	185	137	78	0,463	0,343	0,195
500	229	164	107	0,458	0,328	0,214
600	260	229	111	0,433	0,382	0,185
700	307	239	154	0,439	0,341	0,220
800	367	266	167	0,459	0,332	0,209
900	406	312	182	0,451	0,347	0,202
1 000	449	350	201	0,449	0,350	0,201

Mit zunehmender Versuchszahl stabilisieren sich die relativen Häufigkeiten offenbar bei den Werten 0,45 für „Sektor 1“, 0,35 für „Sektor 2“ und 0,20 für „Sektor 3“. Legen wir diese relativen Häufigkeiten zugrunde, so können wir die Mittelpunktswinkel der 3 Sektoren unseres Glücksrades angeben.

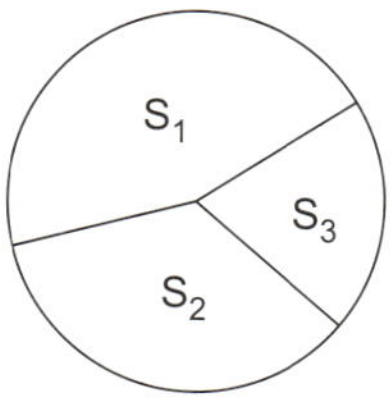

Sektor 1: $\varphi_1 = 360° \cdot 0{,}45$ $\qquad \varphi_1 = 162°$
Sektor 2: $\varphi_2 = 360° \cdot 0{,}35$ $\qquad \varphi_2 = 126°$
Sektor 3: $\varphi_3 = 360° \cdot 0{,}20$ $\qquad \varphi_3 = 72°$

Aufgabe 205

Grundwissen

Ein Reißnagel wird von 5 Schülern jeweils 1 000-mal geworfen. Der Reißnagel kann entweder auf dem „Kopf“ oder auf der „Kante“ liegen bleiben. Die folgende Tabelle zeigt die absoluten Häufigkeiten des Experiments.

Schüler	**Absolute Häufigkeit** Kopf	Kante	**Relative Häufigkeit** Kopf	Kante
1	756	244		
2	802	198		
3	739	261		
4	779	221		
5	793	207		

Berechne in der Tabelle die relativen Häufigkeiten.
Triff eine Vorhersage für das Ereignis „Reißnagel landet auf dem Kopf“.

11.5 Mehrstufige Zufallsexperimente

Merke

Mehrstufiges Zufallsexperiment

- ein Zufallsexperiment wird mehrfach nacheinander (auf aufeinander folgenden Stufen) ausgeführt.
- die Wahrscheinlichkeit eines Ereignisses hängt von den Wahrscheinlichkeiten auf den einzelnen Stufen ab, die zu dem Ereignis führen.

Sind dabei bei jeder Wiederholung des Experiments nur 2 Ausgänge möglich, so spricht man von einem **Bernoulli-Experiment**.

Beispiel

Eine Münze wird dreimal hintereinander geworfen. Es fällt jeweils entweder Wappen (W) oder Zahl (Z). Es handelt sich also um ein Bernoulli-Experiment.
Zur Veranschaulichung mehrstufiger Zufallsexperimente stellt man häufig die Verhältnisse in einem so genannten **Baumdiagramm** dar. Jeden der drei Würfe denkt man sich dabei auf einer eigenen **Stufe** durchgeführt.

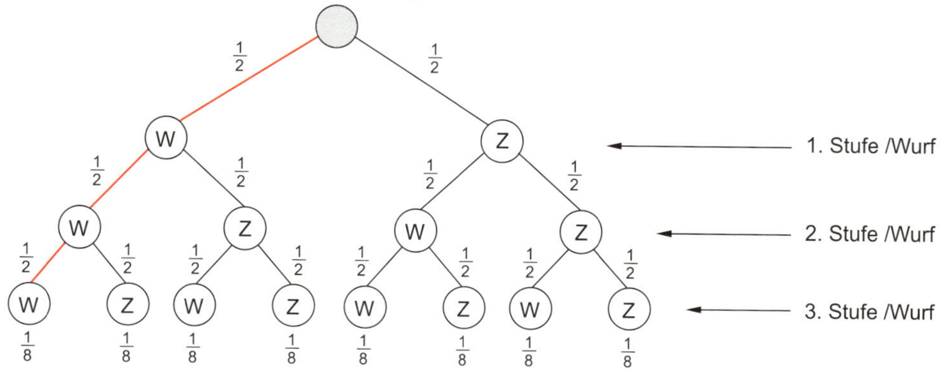

a) Wie groß ist die Wahrscheinlichkeit, dass dreimal hintereinander (also bei allen 3 Würfen) Wappen (W) fällt?
Um diese Frage zu beantworten, geht man im Baumdiagramm einfach den zugehörigen Weg (im Diagramm rot eingezeichnet).
Wahrscheinlichkeit für das Ereignis $E_1 = \{(WWW)\}$:
$P(E_1) = \frac{1}{2} \cdot \frac{1}{2} \cdot \frac{1}{2}$
$P(E_1) = \frac{1}{8}$
$P(E_1) = 0{,}125$ oder $12{,}5\ \%$

b) Wie groß ist die Wahrscheinlichkeit, dass beim dreimaligen Werfen der Münze zweimal hintereinander Zahl (Z) fällt?
Hierfür gibt es 3 Möglichkeiten, also 3 verschiedene Wege: (ZZZ) (WZZ) (ZZW).
Für jeden dieser drei Pfade beträgt die Wahrscheinlichkeit $\frac{1}{8} = 0{,}125$. Um die Wahrscheinlichkeit für das Ereignis E_2 (zweimal hintereinander (Z)) zu erhalten, müssen wir die Wahrscheinlichkeiten für die 3 Pfade addieren.
Wahrscheinlichkeit für das Ereignis $E_2 = \{(ZZZ); (WZZ); (ZZW)\}$:
$P(E_2) = \frac{1}{8} + \frac{1}{8} + \frac{1}{8}$
$P(E_2) = \frac{3}{8}$
$P(E_2) = 0{,}375$ oder $37{,}5\ \%$

Merke

Wahrscheinlichkeit von Ereignissen mehrstufiger Zufallsexperimente

1. Pfadregel oder Produktregel:
Im Baumdiagramm ist die Wahrscheinlichkeit eines Pfades gleich dem Produkt der Wahrscheinlichkeiten der einzelnen Pfadabschnitte.

2. Pfadregel oder Summenregel:
Im Baumdiagramm ist die Wahrscheinlichkeit eines Ereignisses gleich der Summe der Wahrscheinlichkeiten, die zu diesem Ereignis führen.

Die Summe der Wahrscheinlichkeiten auf den Zweigen, die von einem Verzweigungspunkt ausgehen, ist stets 1.

Beispiel

Eine Urne enthält 4 rote (r), 3 schwarze (s) und 1 grüne (g) Kugel. Es wird eine Kugel gezogen und dann, ohne die erste Kugel zurückzulegen, eine zweite Kugel gezogen. Wir erstellen für die möglichen Ereignisse dieses Zufallsexperiments ein Baumdiagramm und geben für die einzelnen Ereignisse die entsprechenden Wahrscheinlichkeiten an.

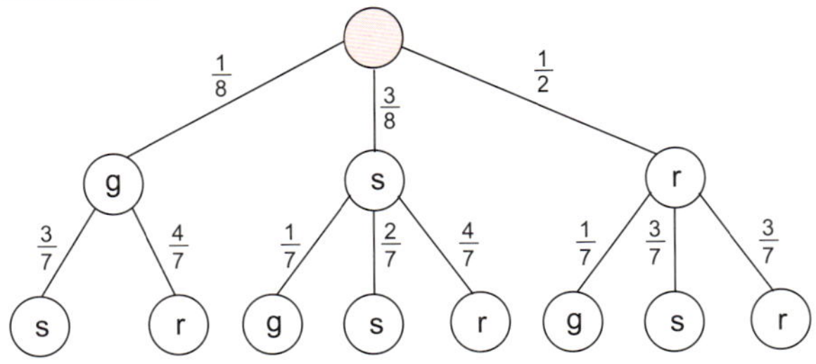

Die Ergebnismenge lautet: $\Omega = \{(rr); (rs); (rg); (sr); (ss); (sg); (gr); (gs)\}$

Mit der 1. Pfadregel finden wir die Wahrscheinlichkeiten für die 8 Ereignisse unseres Zufallsexperiments „zweimaliges Ziehen einer Kugel ohne Zurücklegen“:

Ereignis	(rr)	(rs)	(rg)	(sr)	(ss)	(sg)	(gr)	(gs)
Wahrscheinlichkeit	$\frac{3}{14}$	$\frac{3}{14}$	$\frac{1}{14}$	$\frac{3}{14}$	$\frac{3}{28}$	$\frac{3}{56}$	$\frac{1}{14}$	$\frac{3}{56}$

a) Wahrscheinlichkeit für das Ereignis (rs):

$P = \frac{3}{14}$

$P \approx 0{,}21$ oder $21\ \%$

b) Wahrscheinlichkeit für das Ereignis „die zweite Kugel ist schwarz (s)“: (rs) (ss) (gs)

2. Pfadregel:

$P = P(rs) + P(ss) + P(gs)$

$P = \frac{3}{14} + \frac{3}{28} + \frac{3}{56}$

$P = \frac{21}{56}$

$P = 0{,}375$ oder $37{,}5\ \%$

Bei einer großen Anzahl von Versuchen wird mit einer Wahrscheinlichkeit von 21 % das Ereignis (rr) eintreten und mit einer Wahrscheinlichkeit von 37,5 % die zweite gezogene Kugel schwarz sein.

Aufgaben

Grundwissen

206 In einem Betrieb sind 97 % der hergestellten Produkte brauchbar. Dabei werden von jeweils 100 brauchbaren Produkten im Mittel 75 der Güteklasse I zugeordnet.
Wie groß ist die Wahrscheinlichkeit, dass ein Produkt Güteklasse I hat?
Wie groß ist die Wahrscheinlichkeit, dass ein Produkt nicht zur Güteklasse I gehört?

207 Aus einem Kartenspiel mit 32 Karten werden nacheinander 3 Karten gezogen. Wie groß ist die Wahrscheinlichkeit, dass
- genau ein König,
- genau zwei Könige,
- drei Könige

gezogen werden?

208 Das Zufallsexperiment aus obigem Beispiel (4 rote, 3 schwarze und 1 grüne Kugel) wird wiederholt, wobei jetzt die gezogene Kugel zurückgelegt wird, bevor die zweite Kugel gezogen wird.

a) Bestimme mithilfe eines Baumdiagramms die Wahrscheinlichkeiten der möglichen Ereignisse.

b) Wie groß ist die Wahrscheinlichkeit, dass die zweite gezogene Kugel schwarz ist?

c) Wie groß ist die Wahrscheinlichkeit dafür, dass beide gezogenen Kugeln grün sind?

209 Der Trainer beobachtet mehrere Spieler während des Trainings beim Sieben-Meter-Wurf und listet die Ergebnisse in einer Tabelle auf:

	Anzahl der Sieben-Meter-Würfe	Treffer	Fehlwürfe
Spieler A	54	38	16
Spieler B	48	35	13
Spieler C	60	42	18
Spieler D	72	50	22

a) Ermittle die relative Häufigkeit der Fehlwürfe von Spieler C.
b) Welchen Spieler wird der Trainer beim nächsten Sieben-Meter-Wurf einsetzen? Begründe deine Meinung.

Aus langjähriger Erfahrung weiß der Trainer, dass die Trefferwahrscheinlichkeit eines guten Handballers beim Sieben-Meter-Wurf für ein Tor 0,75 ist.
c) Franz behauptet: „Dann ist die Wahrscheinlichkeit, dass ein guter Spieler bei zwei Strafwürfen nacheinander trifft genau 50 %.“ Elena widerspricht ihm: „Die Wahrscheinlichkeit zweimal zu treffen liegt über 50 %.“
Wer hat recht? – Begründe.
d) Wie viele Würfe darf ein guter Spieler machen, sodass die Wahrscheinlichkeit keinen Fehlwurf zu machen noch über 25 % liegt?

Spieler der Nationalmannschaft haben beim Sieben-Meter-Wurf eine sehr hohe Trefferwahrscheinlichkeit. Aber Ihnen stehen auch gute Torhüter gegenüber. Das Baumdiagramm veranschaulicht einen zweimaligen Sieben-Meter-Wurf.
e) Welche Trefferwahrscheinlichkeit hat ein Nationalspieler?
f) Trage die fehlenden Wahrscheinlichkeiten in das Baumdiagramm ein.
g) Wie hoch ist die Wahrscheinlichkeit, dass ein Nationalspieler bei zwei Strafwürfen kein Tor erzielt?
h) Wie hoch ist die Wahrscheinlichkeit, dass ein Nationalspieler bei zwei Strafwürfen genau ein Tor erzielt?

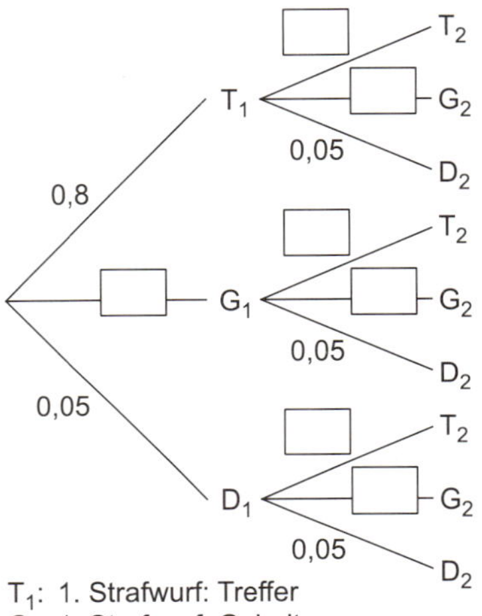

T_1: 1. Strafwurf: Treffer
G_1: 1. Strafwurf: Gehalten
D_1: 1. Strafwurf: Daneben
T_2: 2. Strafwurf: Treffer
G_2: 2. Strafwurf: Gehalten
D_2: 2. Strafwurf: Daneben

210 Das Werfen eines Reißnagels ist ein Zufallsexperiment. Der Reißnagel landet mit einer Wahrscheinlichkeit von 45 % auf der Spitze ( ) und mit einer Wahrscheinlichkeit von 55 % auf der flachen Seite ( ).
a) Ergänze das unten stehende Baumdiagramm so, dass das zweimalige Werfen eines Reißnagels dargestellt wird.

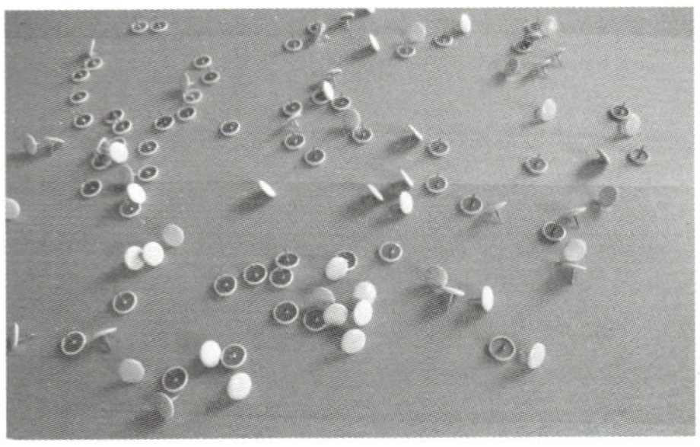

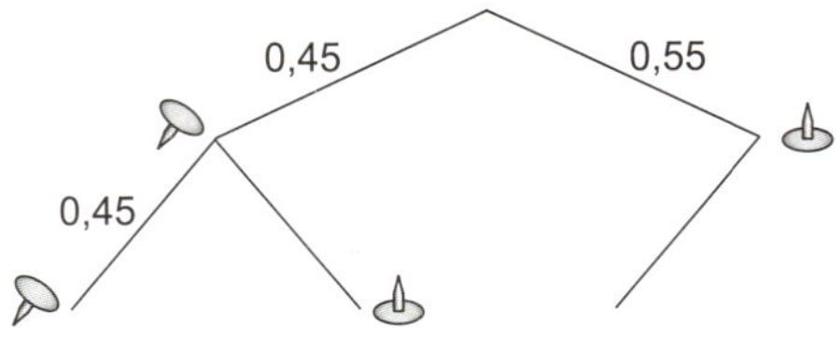

b) Gesucht wird die Wahrscheinlichkeit, dass der Reißnagel bei zweimaligem Werfen auf der Spitze landet. Zeichne den zugehörigen Pfad farbig ein und berechne die Wahrscheinlichkeit.

c) Wie hoch ist die Wahrscheinlichkeit, dass der Reißnagel bei zweimaligem Werfen jeweils einmal auf der Spitze und einmal auf der flachen Seite landet?

Das gleichzeitige Werfen von 100 Reißnägeln wird mithilfe einer Tabellenkalkulation simuliert. Dazu werden Zufallszahlen von 1 bis 100 generiert und folgende Vereinbarung getroffen:
Die Zahlen 1–45 stehen für das Landen des Reißnagels auf der Spitze.
Die Zahlen 46–100 stehen für das Landen des Reißnagels auf dem Kopf.
Der Computer zählt mithilfe der unten angegebenen Funktionen wie oft unter 10, 50 und 100 Zufallszahlen Kopf (1–45) und Zahl (46–100) vorkommen.

	A	B	C	D	E	F	G	H	I	J	K
1		51	80	32	33	14	44	13	45	18	47
2		38	89	92	80	77	41	99	84	19	48
3		15	20	85	41	70	4	40	24	6	100
4		81	43	58	23	46	73	49	87	77	96
5		86	14	7	48	86	25	87	40	45	4
6		99	7	27	88	87	97	69	68	69	68
7		60	81	15	5	67	63	45	11	18	98
8		90	92	93	47	19	97	79	90	18	49
9		23	15	99	24	26	44	9	8	81	6
10		68	76	47	75	67	18	39	59	1	11
11											
12	Anzahl Versuche:	10				50					100
13											
14	Anzahl "Spitze":	3				20					46
15	rel. Häufigkeit:	0,3				0,4					0,46
16											
17	Anzahl "Kopf":	7				30					54
18	rel. Häufigkeit:	0,7				0,6					0,54
19											

=ZUFALLSBEREICH(1,100) in jede der Zellen kopieren
=ZÄHLENWENN(B1:B10;"=<45")
=ZÄHLENWENN(B1:F10;"=<45")
=ZÄHLENWENN(B1:K10;"=<45")
=ZÄHLENWENN(B1:B10;">45")
=ZÄHLENWENN(B1:F10;">45")
=ZÄHLENWENN(B1:K10;">45")

d) In den Zeilen 15 und 18 werden die relativen Häufigkeiten von „Spitze“ und „Kopf“ nach 10, 50 und 100 Versuchen berechnet.
Wie lauten die Formeln in den Zellen B15, F15 und K15 bzw. in B18, F18 und K18?

e) Man könnte das Werfen der Reißnägel genauso gut simulieren, wenn man sich nur Zufallszahlen von 1 bis 20 generieren ließe und die Zahlen 1–9 als „Spitze“ und die Zahlen 10–20 als „Kopf“ zählen würde. Warum ist das so?

f) Mit jedem Druck der Taste F9 werden die 100 Zufallszahlen im Bereich B1 : K10 neu generiert. Wieso liegen die relativen Häufigkeiten für „Spitze“ und „Kopf“ dabei nach 100 Versuchen meist näher an den entsprechenden Wahrscheinlichkeiten 45 % und 55 % als nach 10 oder 50 Versuchen?

Interaktive Aufgaben

1. Urne
2. Baumdiagramm ausfüllen (mit Zurücklegen)
3. Baumdiagramm ausfüllen (ohne Zurücklegen)
4. Produktformel (mit Zurücklegen)
5. Produktformel (ohne Zurücklegen)
6. Lose
7. Urne mit Zurücklegen
8. Urne mit Zurücklegen
9. Billard

12 Werkzeuge

12.1 Arbeiten mit dem Taschenrechner

Die meisten Schüler sind vertraut im Umgang mit dem Taschenrechner. Jedoch gibt es immer wieder Situationen, in denen Eingabefehler gemacht werden oder die Hilfsmöglichkeiten des Taschenrechners nicht sinnvoll genutzt werden. Vor allem die vielen Speichermöglichkeiten, die fast alle Taschenrechner bieten, werden häufig nicht genutzt.

Hinweis:
Die Funktionen des Taschenrechners werden hier am Beispiel eines CASIO-Rechners gezeigt. Die meisten anderen Taschenrechner verfügen über die gleichen Grundfunktionen. Eventuell müssen andere Tastenkombinationen gewählt werden, da die Bezeichnung der Tasten variiert. Gegebenenfalls helfen die Bedienungsanleitung oder der Mathematiklehrer weiter.

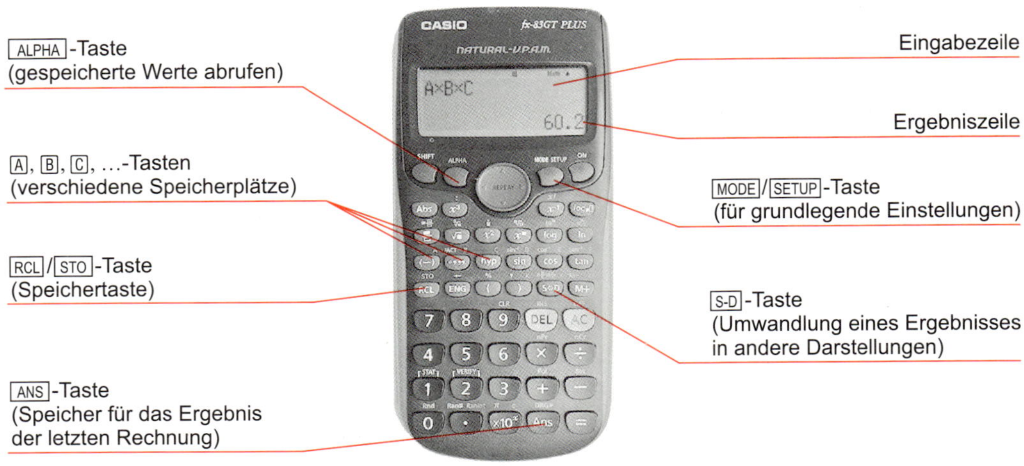

Grundeinstellungen

Vor der erstmaligen Nutzung, bei Störungen und ungewöhnlichen Darstellungen sollten die Grundeinstellungen überprüft werden. Mithilfe der MODE / SETUP -Taste können grundlegende Einstellungen für die Darstellung von Rechenergebnissen vorgenommen werden, wie z. B. Rundungsgenauigkeiten, Bruch- oder Dezimalbruchdarstellung, wissenschaftliche Schreibweise etc.
Mithilfe der S-D -Taste kann ein Rechenergebnis in unterschiedlichen Darstellungen angezeigt werden (z. B. als Bruch, gemischter Bruch, gerundeter oder periodischer Dezimalbruch, …).

Speichernutzung

Die Speichernutzung ist immer dann sehr hilfreich, wenn bei mehrschrittigen Rechnungen sehr exakte Endergebnisse benötigt werden oder zu einem späteren Zeitpunkt auf bereits berechnete Werte zurückgegriffen werden soll. Die gebräuchlichen Taschenrechner bieten mehrere „Speicherplätze“, die mit den Buchstaben A, B, C, … bezeichnet werden.
Die Speichernutzung wird hier beispielhaft für den abgebildeten Taschenrechner erklärt. Sie kann bei anderen Taschenrechner etwas anders funktionieren. Genaueres kann gegebenenfalls in der Bedienungsanleitung nachgelesen werden.

Um einen Wert, der auf dem Display in der Ergebniszeile angezeigt wird, zu speichern, muss die Speichertaste [STO] und die Taste mit dem gewünschten Speicherbuchstaben gedrückt werden.
Wenn mit dem gespeicherten Wert weitergerechnet werden soll, muss die [ALPHA]- oder die [RCL]-Taste und der gewünschte Speicherbuchstabe gedrückt werden.

Beispiel

Folgende Werte (evtl. Zwischenergebnisse einer komplexen Rechnung) sollen in den Speicherplätzen [A], [B] und [C] gespeichert werden:

4,3 → [A] 1,4 → [B] 10 → [C]

Anschließend soll das Produkt [A] · [B] · [C] berechnet werden.

Eingabe: 4,3 [STO] [A] [=] 1,4 [STO] [B] [=] 10 [STO] [C] [=] Speicherung
[ALPHA] [A] [×] [ALPHA] [B] [×] [ALPHA] [C] [=] Berechnung

Anzeige: AxBxC 60,2

Aufgabe

211 Speichere:

a) 0,7 → [A] b) 11,4 → [B] c) $-\frac{3}{4}$ → [C]

Berechne die folgenden Terme:

d) A + B + C e) 3 – C f) C^2 g) A · (–B)
h) –C – 3 i) 5B – 3A j) –B : (–C) k) A – (–B) · (–C)

Gebrauch der [ANS]-Taste

Die [ANS]-Taste hat ihren Namen vom englischen Wort „answer" (Antwort). Sie ist eine besondere Speichertaste. Wenn man die [ANS]-Taste drückt, holt man das Ergebnis der letzten Rechnung, die man durch Drücken von [=] beendet hat, zurück.

Beispiel

Das Ergebnis der Rechnung 4,53 – 2,07 soll als Radius für eine Kreisberechnung verwendet werden.

Radiusberechnung: Eingabe: 4,53 [–] 2,07 [=]
Anzeige: 2,46

Kreisberechnung: Eingabe: [π] [×] [ANS] [x^2] [=]
Anzeige: 19,0116621

Aufgaben

212 Berechne die Bruchterme. Berechne dabei zuerst den Nenner. Dividiere anschließend den Zähler durch den Nenner und benutze dabei die [ANS]-Taste.

a) $\frac{0{,}4}{26{,}3-12{,}4-5{,}9}$ b) $\frac{\sqrt{1{,}21}}{0{,}2^2\cdot 100-2{,}9}$ c) $\frac{7{,}59}{12-5\cdot 3+5{,}53}$ d) $\frac{\sin 45°}{4\sqrt{2}}$

213 Berechne die Wurzelterme. Berechne dabei zuerst den Term unter der Wurzel (Radikant). Ziehe anschließend die Wurzel und benutze dabei die [ANS]-Taste.

a) $\sqrt{147{,}7+213{,}3}$ b) $\sqrt{4{,}7^2+0{,}95}$ c) $\sqrt[3]{1{,}23^2-1-0{,}0009}$ d) $\sqrt{(\sin 45°\cdot 2)^4}$

Häufige Eingabefehler

Berechnungen von Brüchen

Bei Berechnungen von Brüchen passieren die meisten Eingabefehler, da der Bruchstrich eine eventuell notwendige Klammersetzung überflüssig macht.

Beispiel

Berechne $\frac{4,23+7,77}{2,31+1,69}$

Zur Berechnung mit dem Taschenrechner sollte man sich die Aufgabe als Division mit einem „:“-Zeichen vorstellen: $(4{,}23+7{,}77):(2{,}31+1{,}69)$

Hier wird die Notwendigkeit der Klammersetzung deutlich.

Potenzen und Wurzeln:

Auch hier werden bei der Eingabe immer wieder Klammern vergessen.

Beispiel 1

Berechne $\sqrt{4,536:5,6}$

Das Wurzelzeichen ersetzt eine bei der Taschenrechnereingabe notwendige Klammer.

Eingabe: [√] [(] 4,536 [÷] 5,6 [)] [=]

Anzeige: 0,9

Beispiel 2

Berechne $9^{\frac{1}{2}}$

Eingabe: 9 [^] [(] 1 [÷] 2 [)] [=]

Anzeige: 3

Aufgaben

Hinweis: Bei einigen Aufgaben ist es sinnvoll, Zwischenergebnisse zu speichern.

214

a) $\frac{15\cdot 0,5+7}{580\cdot 0,05}$ b) $\frac{48\cdot 0,9}{2,4\cdot 30}$ c) $\frac{480-500+5}{-5-(-3)}$ d) $\frac{4}{-5}+\frac{230-0,8}{0,2}$

215

a) $\sqrt{\frac{1}{0,09}}$ b) $\sqrt{-(-15,86)+0,14}$ c) $\sqrt{\sqrt{1,21}+0,59}$ d) $\sqrt{\frac{9,9+4,5}{8,7+1,3}}$

216

a) $\frac{0,36^{\frac{1}{2}}}{15-\sqrt{30\cdot 0,3}}$ b) $\frac{\sqrt[3]{625\cdot 0,2}-4}{256^{\frac{1}{4}}+1}$ c) $\frac{\frac{3}{4}+1}{\frac{5}{\sqrt{4,7+4,3}}}$ d) $343^{3-\frac{7}{3}}$

e) $\frac{\sqrt{\sqrt[3]{343^2}}}{49^{\frac{1}{2}}}$ f) $\sqrt{\frac{537-213}{\sqrt{0,81}}}+1$ g) $45-\frac{\sqrt{0,69+2\cdot 0,3+0,4}}{890:10-63}-\frac{1}{4}$

12.2 Arbeiten mit einer Tabellenkalkulation

Mit einer Tabellenkalkulation (z. B. Microsoft Excel, Numbers, Google Docs (kostenlos), LibreOffice Calc (kostenlos), Apache OpenOffice Calc (kostenlos)) kann man am Computer so rechnen wie mit einem Taschenrechner. Allerdings bietet eine Tabellenkalkulation viele zusätzliche Vorteile, vor allem bei wiederkehrenden Rechenschritten, bei Berechnungen in größeren Zusammenhängen etc. Am besten ist es allerdings, wenn man sich die Grundlagen einer Tabellenkalkulation an Beispielen vergegenwärtigt, die man sofort am Computer nachvollzieht. Die folgenden Beispiele und Aufgaben zeigen, welche Kompetenzen dabei notwendig sind.

Grundlagen der Adressierung

Die **Spalten** eines Tabellenblattes werden durch Buchstaben A, B, C ... und die **Zeilen** durch Zahlen von 1 bis 65536 adressiert. Jede einzelne **Zelle** kann eindeutig durch eine Kombination aus einem Buchstaben und einer Zahl (**B3**) angesprochen werden, wobei es nicht auf Groß- und Kleinschreibung ankommt.

In der Abbildung befindet sich in der Zelle **B3** die Zahl **27**. Man kann direkt in die Zelle schreiben oder die Eingabezeile (Bearbeitungsleiste) benutzen. Spätere Änderungen können in der Eingabezeile vorgenommen werden, oder auch in der Zelle durch vorgeschalteten Doppelklick. In einer Zelle können unterschiedliche Datentypen, wie Zahlen, Texte, Datumswerte oder Uhrzeiten, gespeichert sein.

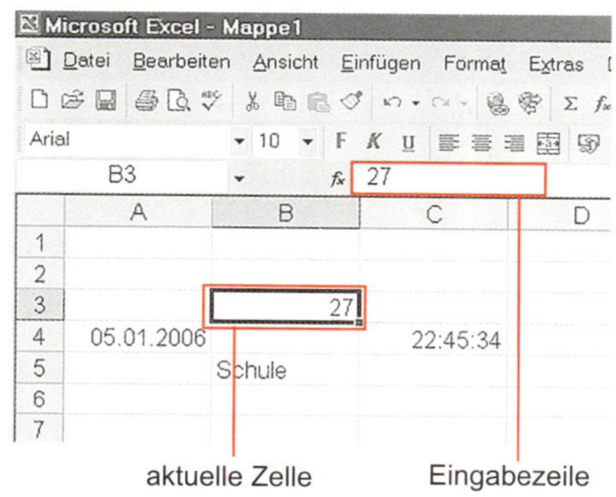

Berechnungen in einer Tabellenkalkulation

Berechnungen können durchgeführt werden, indem man eine Formel direkt in eine Zelle oder in die Eingabezeile eingibt. Jede Formel wird zunächst mit einem Gleichheitszeichen (=) eingeleitet. Durch dieses Zeichen gibt man an, dass der Wert in der Zelle durch eine Formel ermittelt werden soll. Nach dem Gleichheitszeichen wird die Formel eingetragen und mit <Return> abgeschlossen.

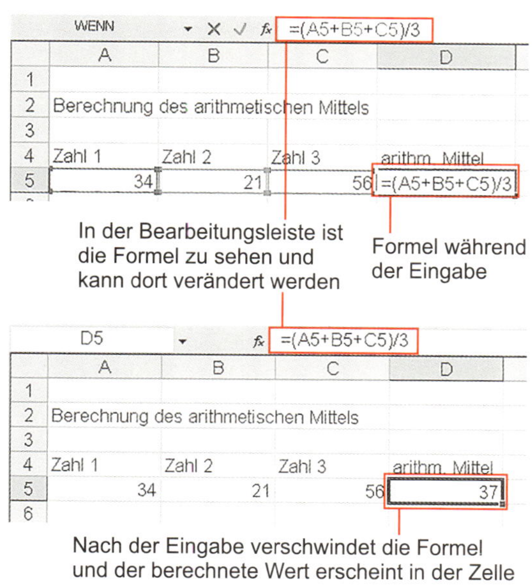

Werden die Daten in den Zellen A5 bis C5 verändert, erfolgt in Zelle D5 sofort eine **Neuberechnung**:

C5 fx 45

	A	B	C	D
1				
2	Berechnung des arithmetischen Mittels			
3				
4	Zahl 1	Zahl 2	Zahl 3	arithm. Mittel
5	32	18	45	31,6666667
6				

Aufgabe 217

Grundwissen

Eine Rechnung wird mit einer Tabellenkalkulation erstellt.

	A	B	C	D
1	**Rechnung**			
2				
3	Anzahl	Bezeichnung	Einzelpreis	Preis
4	2	CD-Laufwerke	15,29	30,58
5	3	DVD-Laufwerke	32,99	
6	8	Lüfter	5,99	
7			Summe Netto	
8		19	Prozent MwSt	
9			zu zahlen:	211,1893
10				

a) Der Wert in Zelle D4 wurde durch eine Formel berechnet. Welche Formel verbirgt sich hinter dem Zahlenwert 30,58?

b) Welche Formeln müssen in die Zellen D5 und D6 eingetragen werden?

c) In Zelle D7 sollen die Zellinhalte D4 bis D6 addiert werden. Welche Formel wird hier eingetragen?

d) In Zelle D8 sollen 19 % Mehrwertsteuer vom Betrag in D7 berechnet werden. Überlege dir eine passende Formel.

e) Der zu zahlende Rechnungsbetrag inkl. Mehrwertsteuer ist in Zelle D9 berechnet worden. Welche Formel wurde hier eingetragen?

f) Formatiere den Rechnungsbetrag auf zwei Nachkommastellen.

Tipp

Der in Zelle D9 ausgewiesene Rechnungsbetrag hat vier Nachkommastellen und muss noch **formatiert** werden. Mit der rechten Maustaste kann die Zelle über das Kontextmenü auf zwei Nachkommastellen formatiert werden.

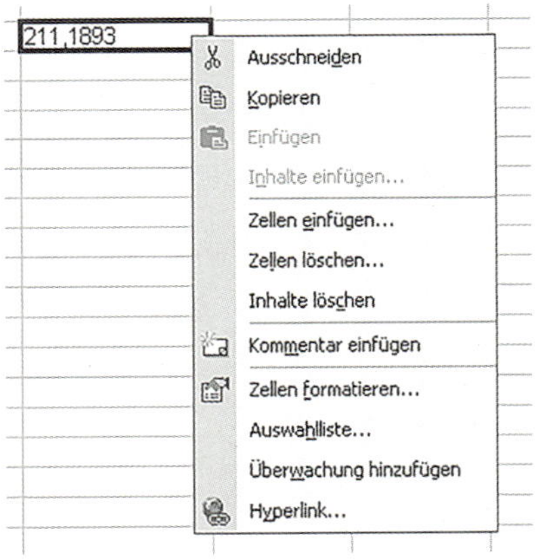

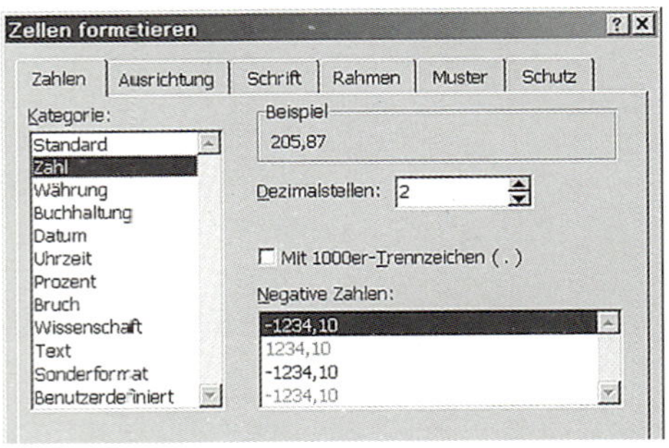

Kopieren und Verschieben von Zellen

Relative Zellbezüge

Kopiert man in einer Tabellenkalkulation eine Formel in eine andere Zelle oder mehrere andere Zellen, so werden die Zellbezüge **relativ** verändert.

Beispiel

Ein Einzelhändler möchte einige Artikel unterschiedlich hoch im Preis reduzieren.

C2 =A2*B2/100 — Formel in Zelle C2

	A	B	C	D
1	alter Preis	Rabatt in Prozent	Rabatt in Euro	neuer Preis
2	56,20	10	5,62	
3	345,00	20		
4	1234,00	15		
5	543,00	30		
6	5,34	12		
7	23,00	5		

Die Formel in Zelle C2 soll nun auch auf die Zellen C3 bis C7 übertragen werden.

Vorgehensweise:
- C2 wird in den Zwischenspeicher kopiert.
- Die Zellen C3 bis C7 werden markiert.
- Die gespeicherte Formel wird in den markierten Bereich eingefügt.

Rabatt in Euro
5,62

Rabatt in Euro
5,62
69,00
185,10
162,90
0,64
1,15

Betrachtet man die kopierte Formel in der Zelle C3 genauer, so stellt man fest, dass die Zellbezüge in der Formel an die neue Position angepasst worden sind. Sie beziehen sich jetzt auf die Zellen A3 und B3.
Bezüge, die beim Kopieren automatisch angepasst werden, nennt man **relative Bezüge.**
Auch beim Verschieben des berechneten Bereichs passen sich die Formeln der neuen Position an.

Formel mit angepassten Zellbezügen

C3 =A3*B3/100

	A	B	C
1	alter Preis	Rabatt in Prozent	Rabatt in Euro
2	56,20	10	5,62
3	345,00	20	69,00
4	1234,00	15	185,10
5	543,00	30	162,90
6	5,34	12	0,64
7	23,00	5	1,15

Aufgabe 218

Grundwissen

Betrachte die Tabelle mit den Preisreduzierungen.

C3 =A3*B3/100

	A	B	C	D
1	alter Preis	Rabatt in Prozent	Rabatt in Euro	neuer Preis
2	56,20	10	5,62	50,58
3	345,00	20	69,00	
4	1234,00	15	185,10	
5	543,00	30	162,90	
6	5,34	12	0,64	
7	23,00	5	1,15	

a) Welche Formeln verbergen sich hinter den Zahlen in den Zellen C4 bis C7?
b) Welche Formel muss sinnvollerweise für „neuer Preis“ in Zelle D2 angegeben werden?
c) Welche Schritte sind nötig, um die Formel aus Zelle D2 in die Zellen D3 bis D7 zu kopieren?
d) Welcher Zahlenwert und welche Formel stehen nach dem Kopieren in Zelle D7?

Absolute Zellbezüge

Soll ein Zellbezug beim Kopieren einer Formel **nicht** automatisch angepasst werden, so müssen vor der Spalten- bzw. Zeilenbezeichnung „$“-Zeichen eingefügt werden.

Beispiel

Alle Preise sollen um den gleichen Prozentsatz in Zelle **B1** reduziert werden.

Vor dem Kopiervorgang muss die Formel in der Eingabezeile wie unten abgebildet verändert werden. Der Zellinhalt von B1 (15) wird hier durch eingefügte „$“-Zeichen gewissermaßen „fixiert“. Der Zellbezug „B1“ wird beim Kopieren oder Verschieben nicht verändert.

B4 | =A4*B1/100

	A	B
1	Rabatt in Prozent:	**15**
2		
3	alter Preis	Rabatt in EUR
4	56,20	8,43
5	345,00	
6	1234,00	
7	543,00	
8	5,34	

B4 | =A4*$B$1/100

	A	B
1	Rabatt in Prozent:	**15**
2		
3	alter Preis	Rabatt in EUR
4	56,20	8,43
5	345,00	
6	1234,00	
7	543,00	
8	5,34	

E16

	A	B
1	Rabatt in Prozent:	**15**
2		
3	alter Preis	Rabatt in EUR
4	56,20	8,43
5	345,00	51,75
6	1234,00	185,10
7	543,00	81,45
8	5,34	0,80

Aufgabe 219

Grundwissen

In obigem Beispiel wurden die Zellen B5 bis B8 durch Kopieren ausgefüllt. Wie lautet die Formel, die in Zelle B6 steht?

Tabellen grafisch darstellen

Bei statistischen Erhebungen und Präsentationen im Geschäftsleben werden Tabellenkalkulationen zur Veranschaulichung von Daten eingesetzt.

Bei einer Umfrage unter 100 Schülern, welches Verkehrsmittel sie für ihren Schulweg benutzen, wurde nebenstehende Tabelle erstellt.

	A	B
1	Verkehrsmittel	Anzahl Schüler
2	Bus	64
3	Auto	10
4	Fahrrad	14
5	zu Fuß	12

Die Werte sollen durch ein Kreisdiagramm dargestellt werden.

Vorgehensweise:
- Der darzustellende Bereich wird in der Tabelle markiert.
- Über Menüpunkt Einfügen/Diagramm wird das Diagrammfenster geöffnet.
- Der Diagrammtyp wird gewählt.
- Bei „Datenbeschriftungen“ ein Häkchen bei „Wert“ einfügen und dann die Grafik fertig stellen.

	A	B	C	D
1	Verkehrsmittel	Anzahl Schüler		
2	Bus	64		
3	Auto	10		
4	Fahrrad	14		
5	zu Fuß	12		

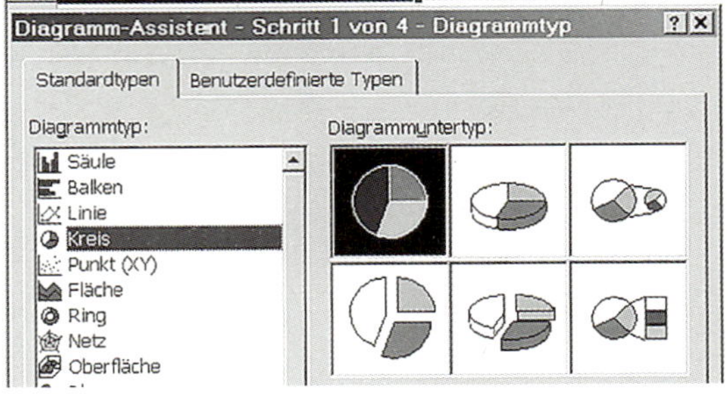

Werden Zahlenwerte in der Tabelle verändert, wird die Grafik sofort aktualisiert.

	A	B
1	Verkehrsmittel	Anzahl Schüler
2	Bus	64
3	Auto	10
4	Fahrrad	14
5	zu Fuß	12
6		
7		
8		
9		
10		
11		
12		
13		

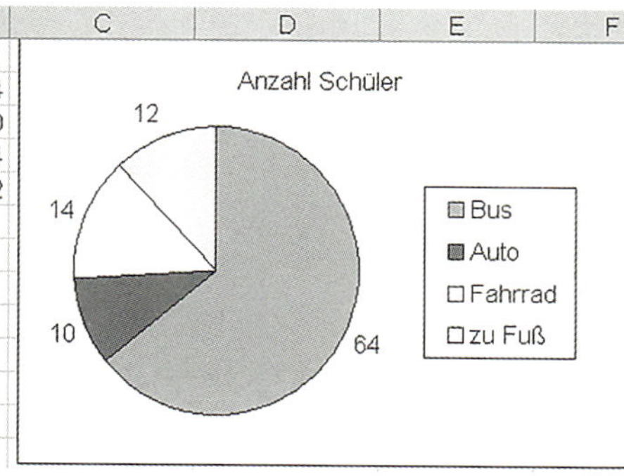

Aufgaben

Anwendungsaufgaben

220

Bei einer Umfrage in einer Klasse nach dem Lieblingstier der einzelnen Schüler wurde folgende Grafik angefertigt.

a) Wie viele Schüler wurden befragt?

b) Erstelle eine Tabelle, aus der diese Grafik hervorgegangen sein könnte.

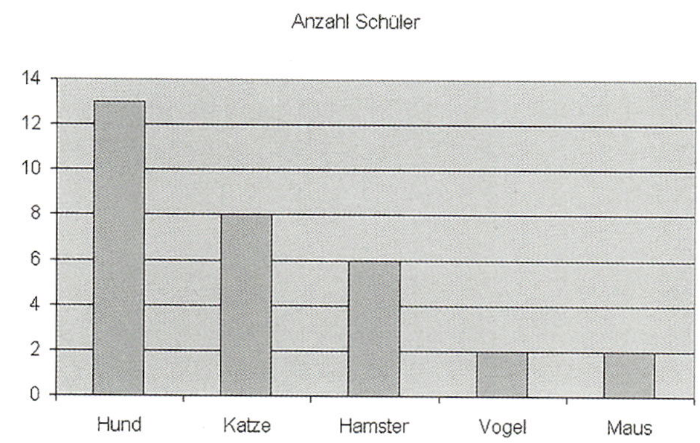

221

Im Sommer soll ein großes Schulfest gefeiert werden. Die Klasse 10A plant einen Imbissstand zu betreiben. Um die Kosten und den Gewinn möglichst gut abschätzen zu können, soll mithilfe eines Computer-Tabellenblattes eine vorläufige Kalkulation erstellt werden.

	A	B	C	D	E	F	G
1	**Schulfest**						
2							
3	Menge	Posten	Einzelpreis (Einkauf)	Gesamtpreis (Einkauf)	Einzelpreis (Verkauf)	Gesamtpreis (Verkauf)	Gewinn
4	320	Portion Pommes frites	0,30 €	96,00 €	1,20 €	384,00 €	288,00 €
5	220	Bratwurst	0,40 €	88,00 €	1,00 €	220,00 €	132,00 €
6	450	Getränk (0,33 l)	0,50 €	225,00 €		360,00 €	
7						Gesamtgewinn:	555,00 €
8							

a) Der Gewinn in Zelle G6 wird durch eine Formel berechnet. Wie lautet diese Formel?

b) Der Einzelpreis (Verkauf) in Zelle E6 ist nicht angegeben. Bestimme den Preis mithilfe des Taschenrechners.

c) Der mögliche Gesamtgewinn wird mit 555,00 € angegeben.
Wie müsste der Verkaufspreis der Produkte geändert werden, um möglichst einen Gewinn von 600,00 € zu erzielen? Es gibt mehrere Möglichkeiten.
Hinweis: Erstelle die Tabelle selbst und löse durch Probieren.

Aufgabe im Stil der Zentralen Prüfung

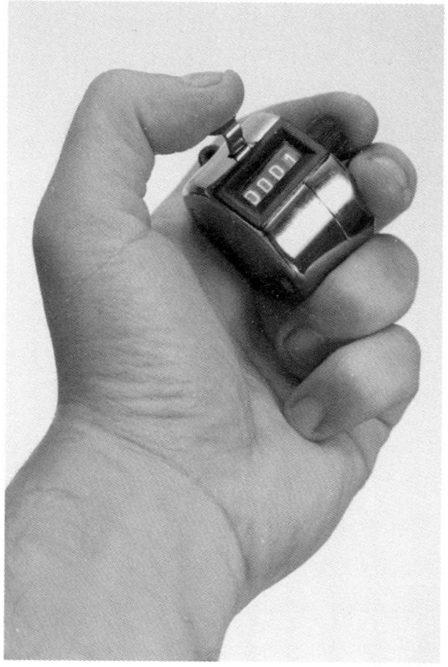

Prüfungsteil 1 – Variante A

Aufgabe 1

a) Ordne die Zahlen der Größe nach. Beginne mit der kleinsten Zahl.

$0{,}025$ -2^{-2} $\frac{1}{25}$ $-0{,}04$

b) Setze das passende Zeichen ein (<, > oder =).

$83\,000\,000\,000$ ___ $8{,}3 \cdot 10^{10}$ $0{,}0005$ ___ $5 \cdot 10^{-5}$

Aufgabe 2

Zwei Glücksräder drehen sich unabhängig voneinander. Man erhält nach dem Drehen eine zweistellige Zahl. Das Beispiel zeigt die Zahl 13.

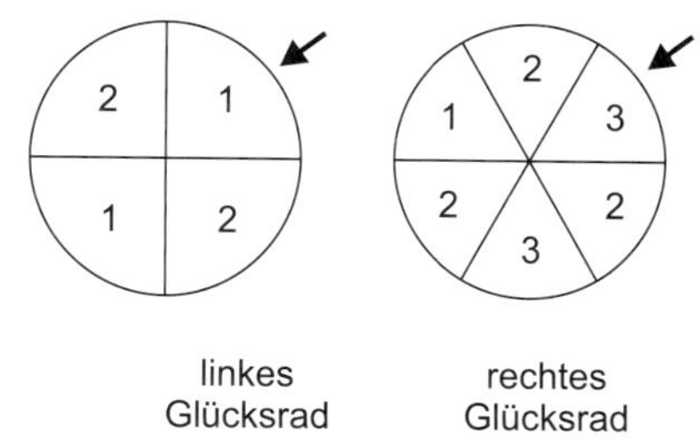

a) Gib die größtmögliche Zahl an, die gedreht werden kann.

b) Peter hat ein Baumdiagramm für das Drehen angefertigt und schon einige Wahrscheinlichkeiten an die Pfade geschrieben.
Ergänze die fehlenden Wahrscheinlichkeiten in den Kreisen.

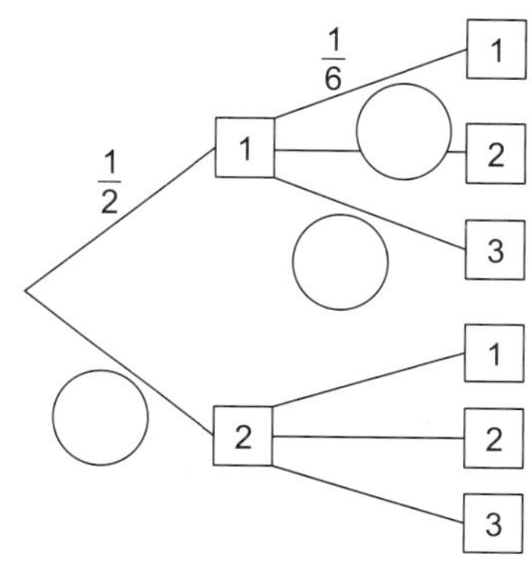

c) Bestimme die Wahrscheinlichkeit, dass die Zahl 22 gedreht wird.
Gib das Ergebnis in Prozent an.

Aufgabe 3

Ein Gartenpool (quaderförmig) wird im Sommer mit Wasser befüllt. Die Kosten für 1 m^3 Frischwasser (inklusive Abwasser) betragen 4,50 €.

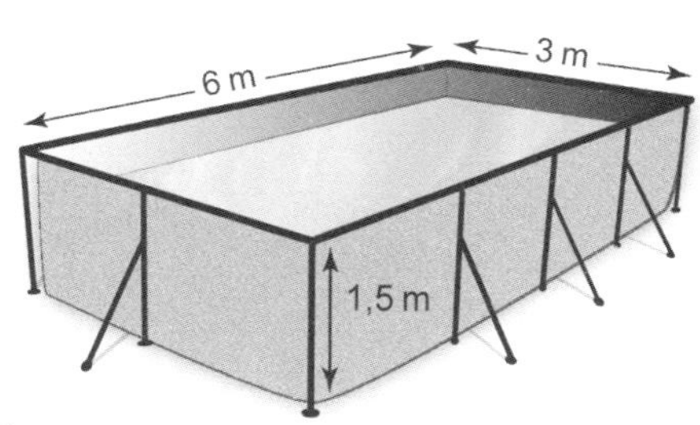

a) Welche Gesamtkosten entstehen für die Füllung des abgebildeten Pools? Kreuze an.

☐ ca. 27 € ☐ ca. 80 € ☐ ca. 120 € ☐ ca. 240 €

b) Der Pool wird immer gleichmäßig mit Wasser befüllt. Zwischendurch wird eine einstündige Füllpause gemacht.
Welcher der Füllgraphen beschreibt den Füllvorgang am besten? Kreuze an.

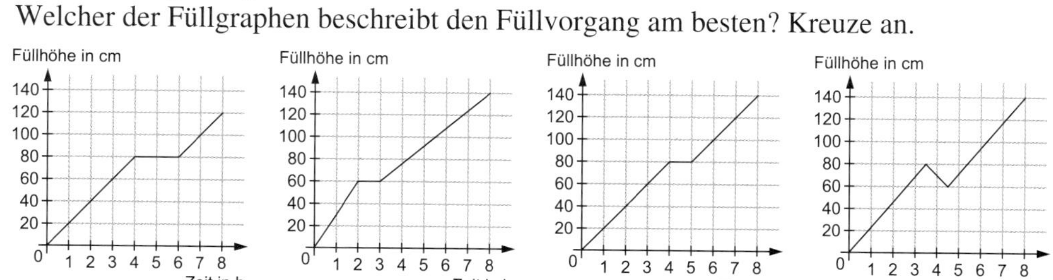

☐ ☐ ☐ ☐

Aufgabe 4

Die Arbeitsgemeinschaft „Schulgarten“ plant, das Schulgartenhaus zu reparieren und neu zu gestalten.
Für die Kostenplanung nutzen sie ein Tabellenkalkulationsprogramm.

	A	B	C	D	E
1		Schulgarten			
2	AG Schulgarten				
3	Produkt	Menge		Einzelpreis	Gesamtpreis
4	Farbe	5	Liter	21,50 €	107,50 €
5	Schrauben	2	kg	5,00 €	10,00 €
6	Kanthölzer	10	Stück	9,90 €	99,00 €
7	Dachlatten	20	Stück	4,50 €	90,00 €
8	Dachpfannen	20	Quadratmeter	20,00 €	400,00 €
9	Dachrinnen	2	Stück	12,00 €	24,00 €
10	Türschloss	1	Stück	9,50 €	9,50 €
11	Bauwinkel	20	Stück	2,50 €	50,00 €
12				**Summe**	**790,00 €**

a) In welcher Zelle wird der Preis für ein Türschloss eingetragen?

b) Mit welcher Formel kann man die Zelle E6 berechnen lassen?
Notiere eine geeignete Formel.

c) Gib an und erkläre, was mit der Formel **= SUMME(E4 : E11)** berechnet wird.

Aufgabe 5

Löse folgendes Gleichungssystem mit einem geeigneten Verfahren.

I $4x + 2y = 4$

II $2x - y = 4$

Aufgabe 6

In einem rechtwinkligen Dreieck sind die Seiten a und b jeweils 5 cm lang.
Kreuze alle richtigen Aussagen an:

☐ Spiegelt man das Dreieck an der Seite c, erhält man ein Quadrat.

☐ Die Winkelgrößen im Dreieck sind: $\alpha = 45°$; $\beta = 45°$; $\gamma = 90°$

☐ Die Seite c des Dreiecks ist 10 cm lang.

☐ Der Flächeninhalt des Dreiecks ist 25 cm^2.

☐ Verdoppelt man die Seitenlängen a und b, dann verdoppelt sich der Umfang des Dreiecks.

Prüfungsteil 1 – Variante B

Aufgabe 1

a) Trage auf dem Zahlenstrahl ein:

$0{,}25$ $\quad -2^{-2}$ $\quad \frac{1}{5}$ $\quad -0{,}2$

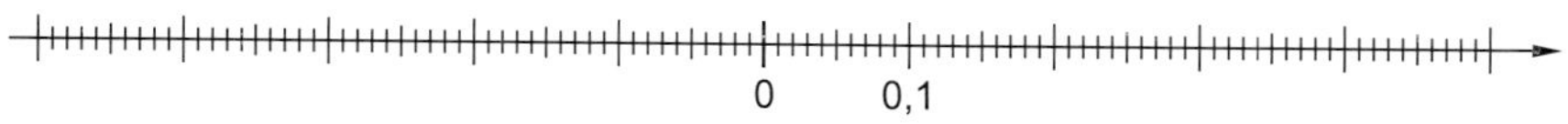

b) Entscheide: „kleiner“, „größer“ oder „gleich“. Setze das richtige Zeichen (<, > oder =):

3^{-2} ___ $\frac{1}{9}$

Aufgabe 2

a) Berechne. Nutze Rechenvorteile:

$0{,}2 \cdot 25 + 0{,}3 \cdot 25 + 0{,}5 \cdot 25 =$ ______

$2 \cdot 19{,}3 \cdot 5 =$ ______

$\sqrt{2} \cdot \sqrt{8} =$ ______

b) Kreuze das richtige Ergebnis an: $24 - 6 \cdot (5 - 2) + 2 =$

☐ 14 ☐ 56 ☐ 8 ☐ 60

Aufgabe 3

Eine Kante eines Würfels ist 5 cm lang.

a) Berechne die Summe aller Kanten.

b) Ayla überlegt: „Wenn ich die Seitenlänge des Würfels verdopple, dann verdoppelt sich das Volumen.“ Stimmt das?

☐ Ja ☐ Nein

Begründe deine Entscheidung.

Aufgabe 4

In zwei Lostöpfen liegen gelbe, grüne, weiße und rote Kugeln.
Lostopf 1: 5 gelbe, 5 grüne, 5 weiße und 5 rote Kugeln
Lostopf 2: 3 gelbe, 6 grüne, 6 weiße und 5 rote Kugeln

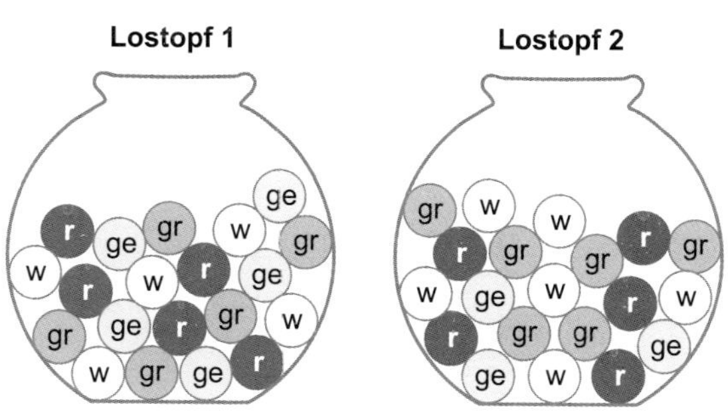

a) Wie groß ist die Wahrscheinlichkeit, bei einem Versuch in Lostopf 1 eine rote Kugel zu ziehen?

b) Lisa behauptet: „Die Wahrscheinlichkeit, eine rote Kugel bei einem Versuch zu ziehen, ist in beiden Lostöpfen gleich.“ Stimmt die Behauptung? Begründe.

Aufgabe 5

a) Der Graph einer linearen Funktion $y = m \cdot x + t$ ist hier abgebildet. Gib den Wert für t an.

$t =$ ______

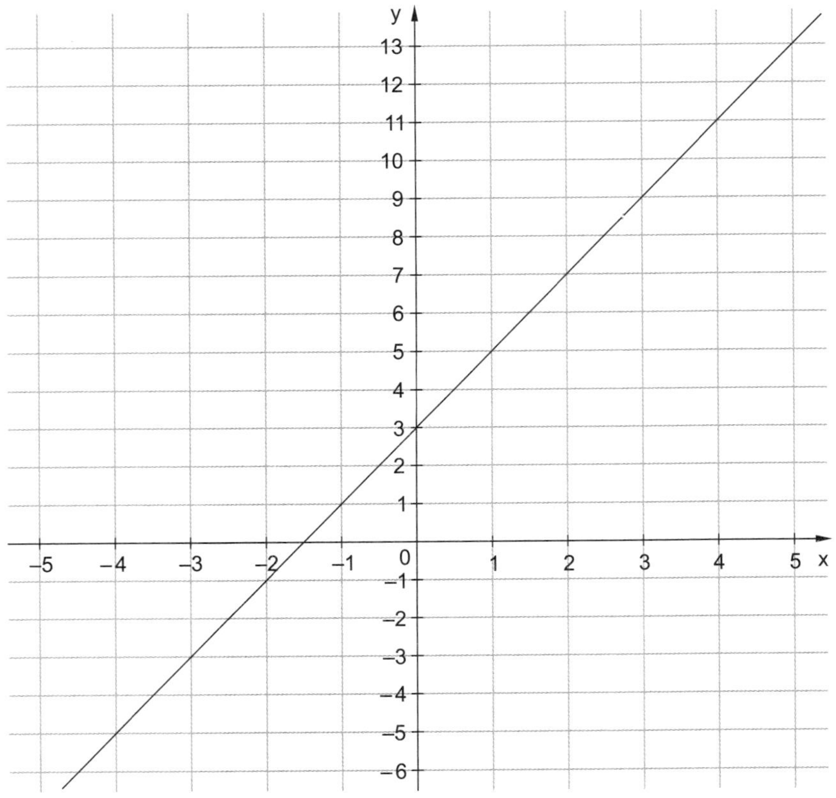

b) Zeichne in das Koordinatensystem eine zweite Gerade so ein, dass die Geraden sich im Punkt $P(2|7)$ schneiden.

c) Simon behauptet: „Die Geraden $y = 2x + 4$ und $y = 2x + 5$ schneiden sich nicht."
Hat Simon recht?

☐ Ja ☐ Nein

Begründe.

Prüfungsteil 1 – Variante C

Aufgabe 1

a) Berechne: $\frac{2}{3}+\frac{1}{6}=$ ________

b) Berechne: $0{,}5\cdot 0{,}2=$ ________

c) Setze Klammern ein, sodass das Ergebnis richtig ist.

$15 \;+\; 5 \;\cdot\; 2 \;+\; 3 \;=\; 40$

d) Welcher Rechenterm hat den größten Wert? Kreuze an.

☐ $\sqrt{49}+5$

☐ $3+2\cdot 4$

☐ 2^4

☐ $(-2)\cdot(-9)$

Aufgabe 2

Carla hat eine Dose mit 2 grünen, 3 blauen und 5 roten Ostereiern.

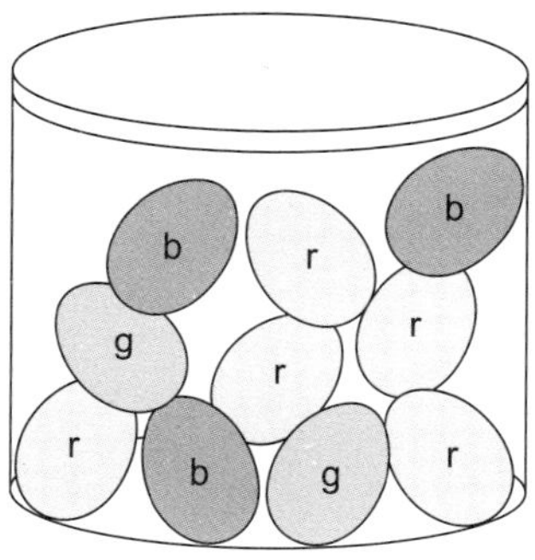

a) Sie mag besonders gern die roten Eier. Mit welcher Wahrscheinlichkeit nimmt sie zufällig ein rotes Ei aus der Dose?

b) Aus der Dose wurden bereits jeweils ein grünes, blaues und rotes Ei herausgenommen. Wie groß ist die Wahrscheinlichkeit jetzt, zufällig ein rotes Ei zu ziehen?

☐ kleiner

☐ gleich groß

☐ größer

Begründe deine Entscheidung.

Aufgabe 3

Ein riesiger Bildschirm hat die Maße a = 4 m und b = 3 m (siehe Abbildung). Wie lang ist die Bildschirmdiagonale d? Notiere deine Rechnung.

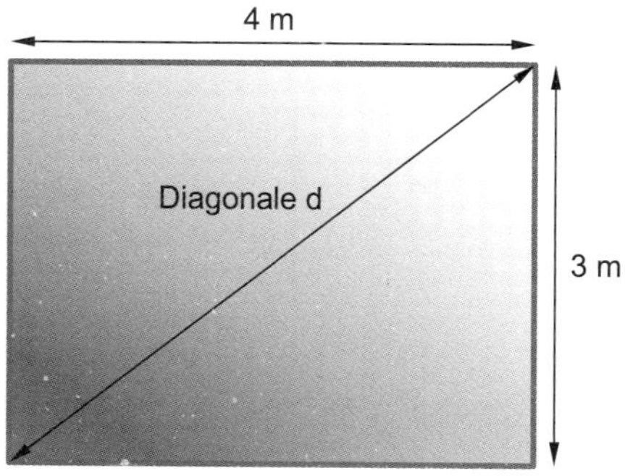

Aufgabe 4

Der abgebildete Quader hat die Kantenlängen
a = 6,4 cm, b = 4,8 cm und c = 2,9 cm.

Welche Angabe passt für das Volumen am besten?

☐ $V \approx 14\ \text{cm}^3$

☐ $V \approx 28\ \text{cm}^3$

☐ $V \approx 90\ \text{cm}^3$

☐ $V \approx 188\ \text{cm}^3$

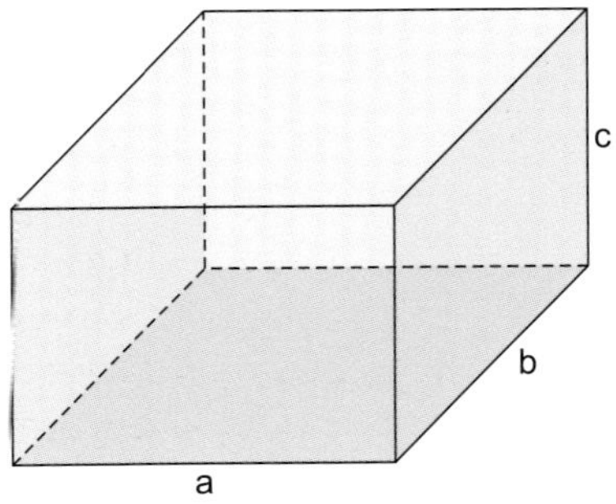

Aufgabe 5

Silas zeichnet mit einer Geometriesoftware die Graphen von zwei Funktionen.
Er erstellt zwei Schieberegler, mit denen die Werte von b und c verändert werden können.

Gerade: $f(x) = 2x + b$

Parabel: $g(x) = x^2 + c$

a) Gib einen Schnittpunkt der Graphen von f(x) und g(x) mit den abgebildeten Werten für b und c an:

S(____ | ____)

b) Wie ändert sich die Lage der Geraden f, wenn der Schieberegler auf den Wert b = 3 eingestellt wird? Zeichne den neuen Graphen ein.

c) Was müsstest du an den Schiebereglern ändern, damit sich Gerade und Parabel nicht mehr schneiden? Gib eine Möglichkeit an.

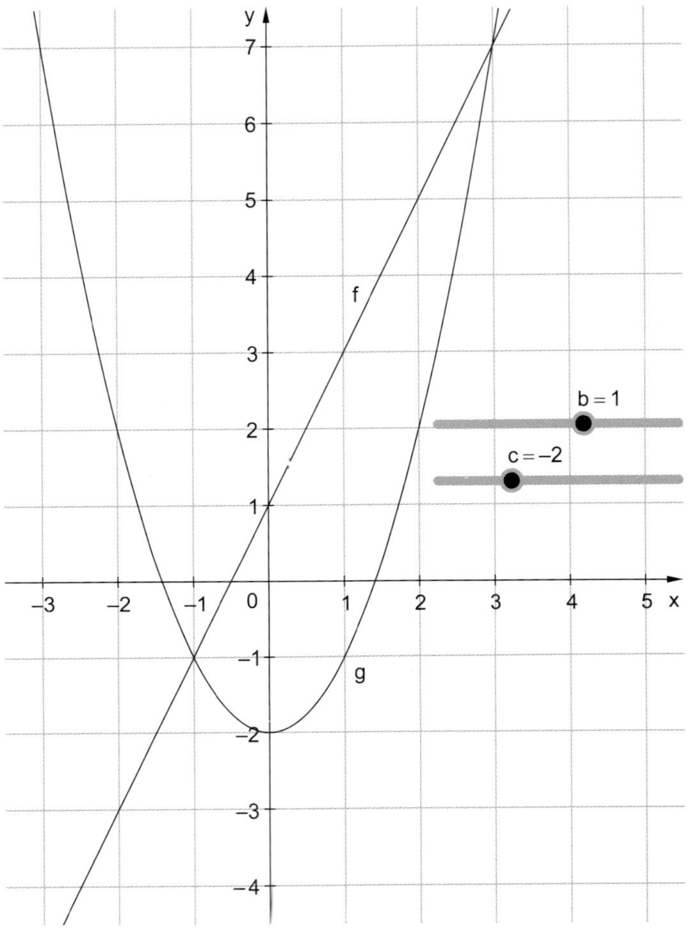

Prüfungsteil 2

Aufgabe 1: Höhe eines Brückenbogens

a) Welche der folgenden Funktionsgleichungen könnte in etwa den Brückenbogen beschreiben, wenn die x-Achse eines gedachten Koordinatensystems auf der Wasseroberfläche verläuft? Begründe deine Entscheidung.

I $y = \frac{3}{4}x^2 + 23$

II $y = -0,75x^2 - 23$

III $y = -0,75x^2 + 23$

IV $y = \frac{3}{4}x^2 - 23$

b) Eine ähnliche, aber kleinere Brücke mit parabelförmigem Bogen hat eine Spannweite von 22,00 Metern. Ein Wanderer will die Höhe des Bogens rechnerisch bestimmen. Durch Messung weiß er: Im Abstand von 1,00 Meter zum rechten Fußpunkt der Brücke ist der Brückenbogen 1,00 Meter hoch (siehe Skizze).
Bestimme mit diesen Angaben die Höhe des Brückenbogens und gib eine Funktionsgleichung an, die den Brückenbogen beschreibt.

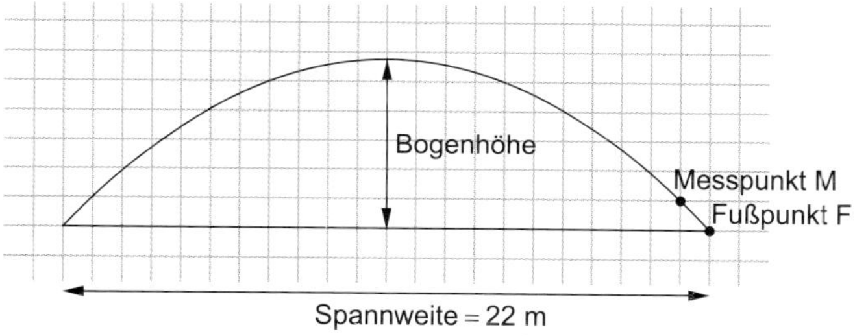

c) Eine Straße, die unter der Brücke in Teilaufgabe b verläuft, hat einen durchgezogenen Mittelstreifen (dieser darf laut Straßenverkehrsordnung nicht überfahren werden).
Ein EU-Lastzug (Lkw mit Anhänger) darf maximal 18,75 m lang sein, bis zu 4,00 m hoch und ohne die Außenspiegel höchstens 2,55 m breit.
Kann jeder EU-Lastzug diese Straße befahren, wenn aus Sicherheitsgründen die Fahrzeughöhe 20 cm geringer als die erforderliche Durchfahrtshöhe sein soll?
Begründe mit einer Rechnung.

Aufgabe 2: Werbeplakate und Bildschirmformate

Auf Litfaßsäulen werden meistens Werbeplakate geklebt, sie stehen häufig auf Gehwegen.

Die Skizze zeigt den Querschnitt einer Litfaßsäule (alle Maße in mm).

a) Gib die gesamte Höhe der Litfaßsäule in Metern an.

b) Bestätige, dass der Umfang der Werbefläche der Litfaßsäule ca. 3,77 m beträgt. Notiere deinen Lösungsweg.

c) Der Sockel wurde aus Beton gegossen. Berechne die benötigte Betonmenge und gib das Ergebnis in m^3 an.

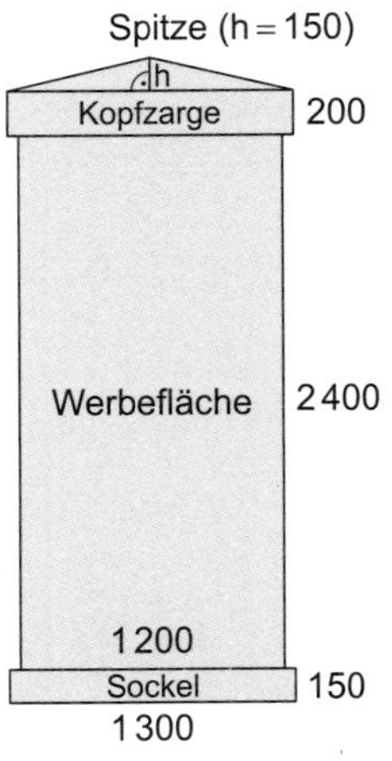

Die Litfaßsäule hat eine Werbefläche von ca. 9,05 m^2.
Ein großes rechteckiges Werbeplakat im 18/1-Format hat die folgenden Abmessungen:
Breite: 3 560 mm; Höhe: 2 520 mm

d) Ist die Werbefläche der Litfaßsäule oder des Werbeplakats größer? Begründe durch eine Rechnung.

Bei vielen rechteckigen Papierformaten ist die längere Seite etwa $\sqrt{2}$-mal so lang wie die kürzere Seite. Das gilt bei den DIN-A-Papierformaten, die du aus dem Unterricht kennst.

e) Die kürzere Seite beim DIN-A3-Format ist 297 mm lang. Berechne die andere Seitenlänge.

f) Überprüfe, ob dieser Zusammenhang auch ungefähr für das rechteckige Werbeplakat (Breite: 3 560 mm; Höhe: 2 520 mm) gilt. Notiere deine Rechnung und begründe.

Bei rechteckigen digitalen Bildschirmen stehen Breite und Höhe häufig in einem anderen Verhältnis.

Meistens werden Bildschirme als 16:9- oder 4:3-Format angeboten.

Folgende Übersicht zeigt einige Beispiele:

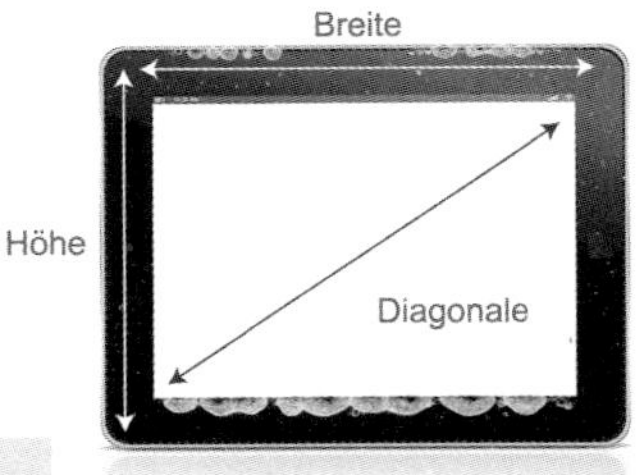

	A	B	C	D	E	F
1						
2	Produkt	Breite in mm	Höhe in mm	Verhältnis: Breite/Höhe	Länge der Diagonale in mm	Länge der Diagonale in " (inch)
3	Tablet	197	148	1,33	246	9,7
4	Laptop	343	194	1,77	394	15,5
5	Fernseher	1210	680	1,78	1388	54,6
6	Handy	105	59	1,78	120	4,7
7	Videoleinwand			1,50	4416	173,9

g) Ist der Bildschirm des genannten Fernsehers ein 16:9- oder ein 4:3-Format? Begründe.

h) Bestätige durch eine Rechnung, dass die Bildschirmdiagonale beim genannten Handy 120 mm beträgt. Notiere deinen Rechenweg.

i) Von der großen rechteckigen Videoleinwand ist das Verhältnis Breite : Höhe mit 1,5 und der Flächeninhalt mit $A = 9\ m^2$ bekannt.
Bestimme Breite und Höhe der Leinwand.

Aufgabe 3: Würfelspiel

Mick und Jenny spielen das Würfelspiel „21 Gewinnt“ mit einem normalen Spielwürfel. Es gelten folgende Regeln:

- Gewonnen hat, wer zuerst genau 21 Punkte hat.
- Es wird abwechselnd gewürfelt und bei jedem Wurf werden die Punkte addiert.
- Überschreitet ein Spieler oder eine Spielerin bei einem Wurf die Punktzahl 21, wird dieser Wurf mit null Punkten gewertet.

a) Mick hat 5-mal gewürfelt:
Wie viele Punkte hat er?

b) Jenny hat 5-mal gewürfelt:
Wie viele Punkte hat sie?

c) Piet hat auch 5-mal gewürfelt und hat 17 Punkte.
Bestimme die Wahrscheinlichkeit, dass er mit dem nächsten Wurf gewinnt.

d) Chiara hat nach 5 Würfen bereits 20 Punkte.
Ist die Wahrscheinlichkeit, dass sie mit dem nächsten Wurf gewinnt, größer als die von Piet? Begründe.

Ayla und Ben haben ein anderes Würfelspiel mit zwei Würfeln entwickelt: „51 Gewinnt“
Dabei gelten folgende Regeln:

- Gewonnen hat, wer zuerst genau 51 Punkte hat.
- Es wird abwechselnd mit zwei Würfeln gewürfelt und bei jedem Wurf werden die Punkte beider Würfel addiert.
- Überschreitet ein Spieler oder eine Spielerin bei einem Wurf die Punktzahl 51,
  - wird der Wurf mit null gewertet oder
  - man zieht die geworfene Punktzahl vom aktuellen Punktestand ab.

e) Beurteile die Aussagen als richtig oder falsch. Kreuze an.

Aussage	RICHTIG	FALSCH
Ben hat 5-mal gewürfelt: 10; 7; 12; 6; 11 Sein aktueller Punktestand ist nun: 46	☐	☐
Ayla hat 6-mal gewürfelt: 9; 6; 11; 4; 12; 10 Mit diesem Punktestand gewinnt Ayla.	☐	☐
Man kann mit nur 5 Würfen 51 Punkte erzielen und somit gewinnen.	☐	☐
Wenn man 50 Punkte hat, kann man mit dem nächsten Wurf gewinnen.	☐	☐

f) Ben hat bereits 37 Punkte.
Bestimme die Wahrscheinlichkeit, dass er nach dem nächsten Wurf 49 Punkte hat.

g) Ben hat 43 Punkte und Ayla 46 Punkte.
Wer hat die besseren Gewinnchancen, mit dem nächsten Wurf 51 Punkte zu erreichen? Begründe.

h) Behauptung:
„Wer vor dem letzten Wurf 44 Punkte hat, hat die größte Gewinnwahrscheinlichkeit.“
Stimmt die Behauptung? Begründe.

Zentrale Prüfungen

Zentrale Prüfung 2017
NRW – Mathematik

Prüfungsteil 1

Aufgabe 1

a) Berechne die Länge der fehlenden Seite im Dreieck (Abbildung).

b) Entscheide, ob ein Dreieck mit den Seitenlängen $a = 6$ cm, $b = 8$ cm und $c = 10$ cm rechtwinklig ist. Begründe deine Antwort.

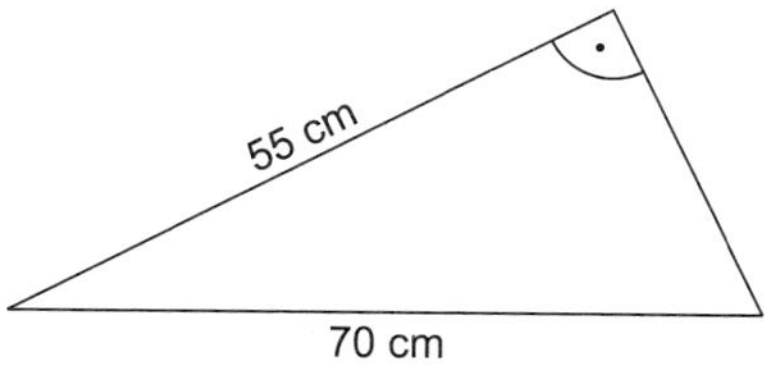

Aufgabe 2

Vergleiche die Zahlen und setze das Zeichen >, < oder = ein.

$\frac{5}{10} \square \frac{5}{7}$ $\qquad$ $0{,}05 \square 5 \cdot 10^{-3}$ $\qquad$ $-0{,}1 \square -\frac{1}{10}$

Aufgabe 3

2015 wurde in Deutschland mit Produkten aus Fairem Handel ein Umsatz von 1,14 Milliarden Euro erzielt. Das Kreisdiagramm zeigt die Anteile verschiedener Produkte am Gesamtumsatz des Fairen Handels.

a) Berechne, wie hoch der Umsatz mit Kaffee in Milliarden Euro war.

b) Beurteile die folgenden Aussagen mithilfe des Kreisdiagramms.

Anteile verschiedener Produkte am Gesamtumsatz des Fairen Handels 2015

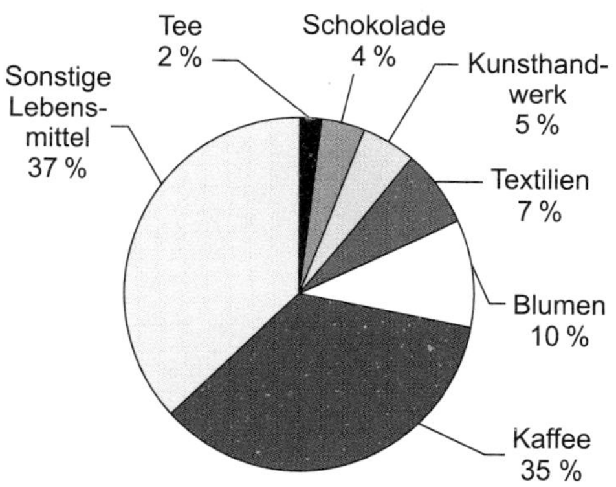

Aussage	trifft zu	trifft nicht zu
Ein Zehntel des Gesamtumsatzes wurde mit Blumen erzielt.	☐	☐
Mehr als 40 % des Gesamtumsatzes wurden mit Kaffee und Tee erzielt.	☐	☐
Der Umsatz mit Textilien und Kunsthandwerk war dreimal so hoch wie mit Schokolade.	☐	☐

Aufgabe 4

a) Löse das lineare Gleichungssystem. Notiere deinen Lösungsweg.

I $2x + y = 14$

II $3x - 2y = 7$

b) Begründe, warum das folgende lineare Gleichungssystem keine Lösung hat.

I $y = 4x + 8$

II $y = 4x + 5$

Aufgabe 5

Frau Sommer hat ein Bekleidungsgeschäft. Für die Rabattaktion „10 % Rabatt auf alle Pullover" möchte sie die neuen Preise mit einer Tabellenkalkulation berechnen.

	A	B	C	D
1	**Rabatt in %**	**10**		
2	Produkt	alter Preis in €	Rabatt in €	neuer Preis in €
3	Pullover rot	39,99	4,00	35,99
4	Pullover schwarz	44,99	4,50	40,49
5	Pullover mit Kapuze	29,99	3,00	26,99
6	Pullover blau	18,99	1,90	17,09
7	Pullover gestreift	24,99	2,50	22,49

a) Entscheide, mit welchen Formeln man den Wert in Zelle D3 berechnen kann. Kreuze an.

Formel	geeignet	nicht geeignet
= B3 * (1 + B1 / 100)	☐	☐
= B3 – C3	☐	☐
= B3 * (1 – B1 / 100)	☐	☐
= B3 + C3	☐	☐

b) Der Wert in Zelle B1 wird erhöht. Wie verändert sich der Wert in Zelle D6? Beschreibe den Zusammenhang.

Prüfungsteil 2

Aufgabe 1: Schokoladenkugeln

Kara stellt mithilfe einer Form selbst Schokoladenkugeln her. Diese bestehen vollständig aus Schokolade und haben einen Durchmesser von 1,5 cm.

a) Zeige, dass das Volumen einer Kugel ca. 1,77 cm^3 beträgt.

b) Kara will 100 Kugeln aus Vollmilchschokolade herstellen.
Ein Kubikzentimeter (cm^3) Vollmilchschokolade wiegt 1,3 Gramm (g).
Wie viel Gramm Schokolade sollte Kara einkaufen, wenn etwa 5 % in den Formen zurückbleiben?
Notiere deine Rechnung und runde sinnvoll.

c) Sie möchte alle Kugeln in rote Aluminiumfolie verpacken. Sie hat quadratische Stücke mit einer Kantenlänge von 5 cm zur Verfügung.
Begründe, dass ein solches Stück Aluminiumfolie geeignet ist, um eine Kugel zu verpacken.

Als Geschenk für ihren Opa füllt sie 24 verpackte Schokokugeln in eine Tüte. Davon sind 6 Kugeln aus weißer Schokolade (W) und 6 Kugeln aus Zartbitterschokolade (Z). Die restlichen Kugeln sind aus Vollmilchschokolade (V). Die Kugeln sind von außen nicht zu unterscheiden.

d) Karas Opa nimmt eine Kugel aus der Tüte. Sie ist aus weißer Schokolade.
Begründe, dass die Wahrscheinlichkeit für dieses Ereignis $P(W) = \frac{1}{4}$ beträgt.

e) Er isst die Kugel auf und nimmt erneut eine Kugel aus der Tüte.
Wie hoch ist die Wahrscheinlichkeit, dass diese Kugel wieder aus weißer Schokolade ist?
Ergänze den fehlenden Eintrag in dem Baumdiagramm.

f) Kara hat noch eine weitere Tüte mit 24 Kugeln gleicher Verteilung für ihre Oma mitgebracht.
Die Oma nimmt zwei Kugeln aus der Tüte.
Berechne die Wahrscheinlichkeit, dass davon eine Kugel aus weißer Schokolade und eine Kugel aus Vollmilchschokolade ist.

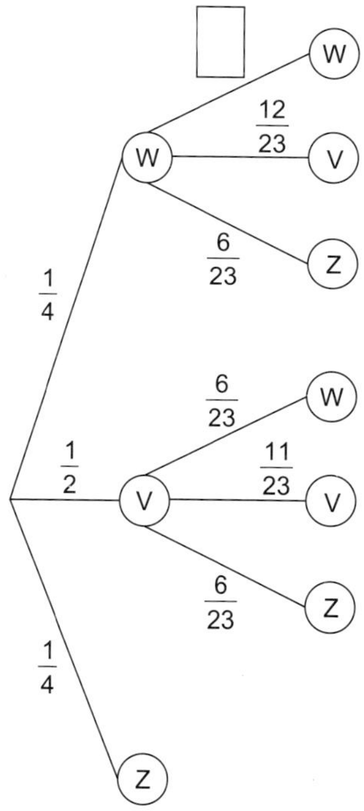

Verkürztes Baumdiagramm

Aufgabe 2: Quadrate

Anna und Hussam zeichnen nach einem bestimmten Muster Figuren aus grauen und weißen Quadraten.

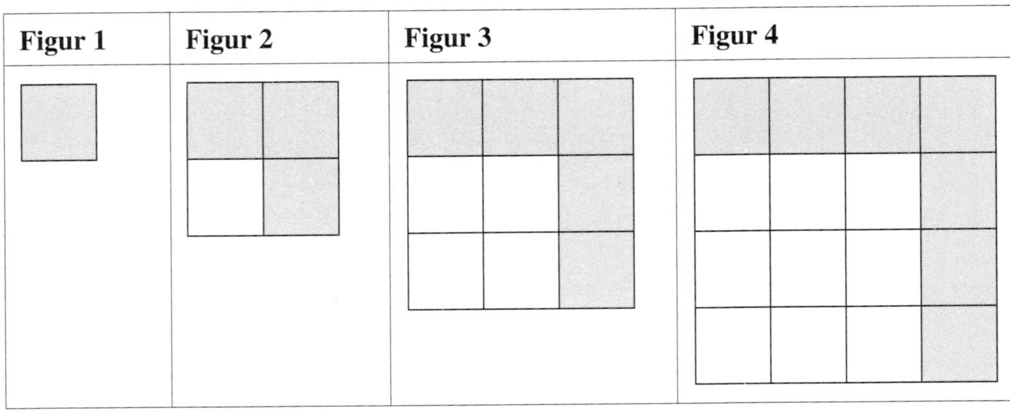

a) Die Figuren werden fortgesetzt. Skizziere Figur 5.

b) Ergänze die fehlenden Werte in der Tabelle.

Figur	**5**	**6**	**7**
Anzahl aller Quadrate		36	
Anzahl der weißen Quadrate			
Anzahl der grauen Quadrate			13

c) Begründe, dass Hussams Aussage richtig ist: „Die Anzahl der weißen Quadrate beträgt bei keiner Figur genau 200.“

Die Anzahl der grauen Quadrate wird mit jeder Figur größer.
Anna und Hussam stellen jeweils einen richtigen Term auf, mit dem sie die Anzahl der grauen Quadrate in Figur n berechnen können:

Anna: $n^2 - (n-1)^2$ Hussam: $2 \cdot n - 1$

d) Zeige durch Termumformungen, dass die Terme von Anna und Hussam gleichwertig sind.

e) Beschreibe für einen der beiden Terme, wie damit die Anzahl der grauen Quadrate berechnet wird.

f) Entscheide, ob die Anzahl der grauen Quadrate linear, quadratisch oder exponentiell zunimmt. Begründe deine Antwort.

g) Anna behauptet: „Die Anzahl der weißen Quadrate wächst schneller als die Anzahl der grauen Quadrate.“ Hat Anna recht? Begründe deine Antwort.

Aufgabe 3: Gletschereis-Brücke

Am Moreno-Gletscher in Argentinien gab es eine Brücke aus Eis. Sie entstand, weil Wasser den Gletscher unterhöhlt hat. Am 10. 03. 2016 ist die riesige Eis-Brücke eingestürzt (siehe Fotostrecke).

© WALTER DIAZ/AFP/Getty Images

Der Brückenbogen konnte annähernd mit einer Parabel beschrieben werden (Abbildung 1).

a) Entnimm der Abbildung 1 die Höhe h über dem Wasserspiegel und die Spannweite des parabelförmigen Brückenbogens.

b) Bestimme die Funktionsgleichung der Parabel, die den Brückenbogen beschreibt, in der Form: $f(x) = ax^2 + c$.

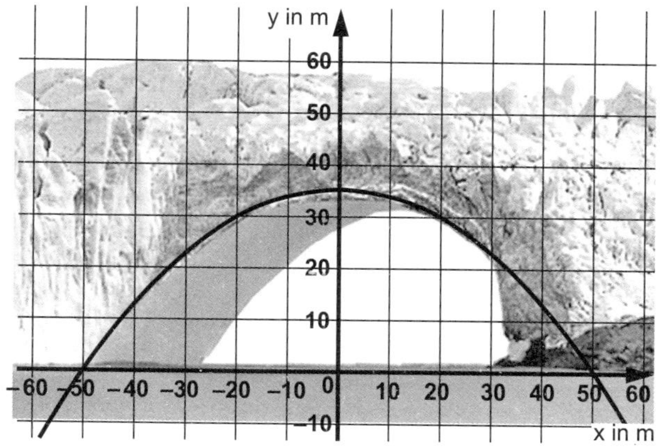

Abbildung 1: Eis-Brücke am Moreno-Gletscher, Bogen durch eine Parabel angenähert

Rico möchte schätzen, wie viele Kubikmeter Eis bei dem Einsturz der Brücke ins Wasser fielen. Er kann aber Flächen, die durch eine Parabel begrenzt werden, nicht berechnen. Deshalb zeichnet er Hilfslinien ein (Abbildung 2) und fertigt eine Skizze an (Abbildung 3).

c) Wird mit Ricos Idee die eingestürzte Eismenge zu groß oder zu klein geschätzt? Begründe deine Entscheidung.

d) Berechne die eingestürzte Eismenge nach Ricos Idee.

e) Rico möchte die eingestürzte Eismenge besser abschätzen. Dazu möchte er die Fläche, die durch die Parabel begrenzt wird, genauer bestimmen. Beschreibe eine Möglichkeit, wie du diese Fläche genauer bestimmen kannst. Du brauchst keine Rechnung durchführen.

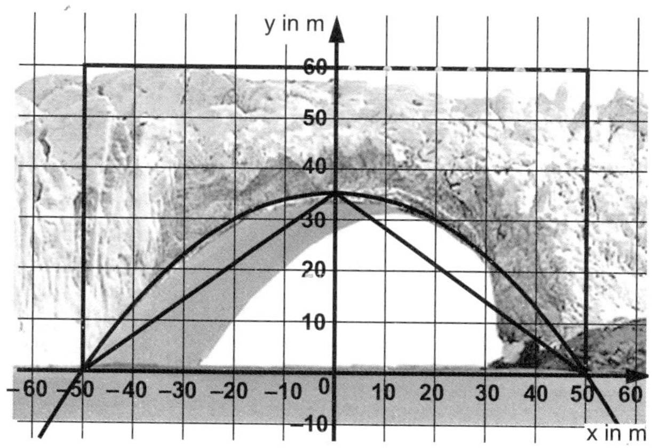

Abbildung 2: Hilfslinien zur Idee von Rico

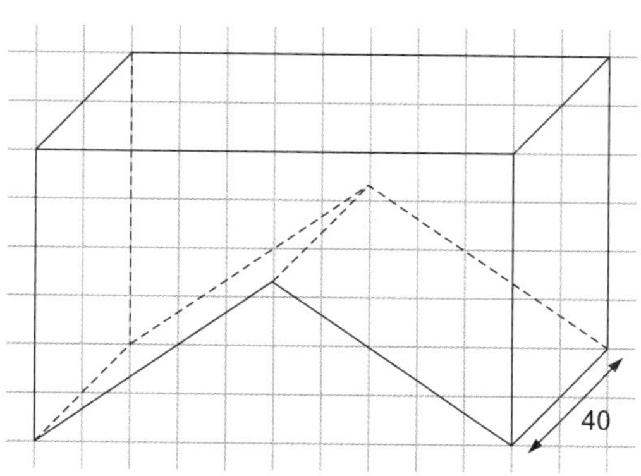

Abbildung 3: Skizze zur Berechnung

Zentrale Prüfung 2018
NRW – Mathematik

Prüfungsteil 1

Aufgabe 1

a) Ordne der Größe nach. Beginne mit der kleinsten Zahl.

$-0{,}7$ $\qquad \frac{7}{100}$ $\qquad -\frac{1}{7}$ $\qquad 0{,}17$

b) Miriam behauptet: „65 % sind mehr als $\frac{25}{30}$." Hat Miriam recht?
Überprüfe die Behauptung durch eine Rechnung.

Aufgabe 2

In einem Beutel befinden sich 8 rote, 2 blaue und 6 grüne Kugeln.

a) Gib die Wahrscheinlichkeit an, eine blaue Kugel zu ziehen.

b) Bestimme die Wahrscheinlichkeit für das Ereignis „Es wird eine rote oder eine grüne Kugel gezogen".

Aufgabe 3

Eine Kugel hat einen Radius von 6 cm.

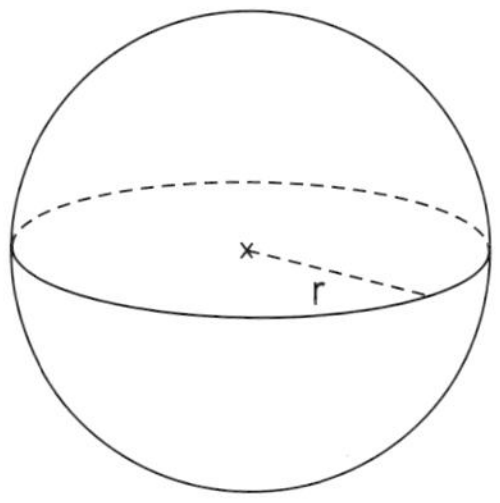

a) Berechne die Oberfläche der Kugel.

b) Sina überlegt: „Wenn ich den Radius verdopple, dann verdoppelt sich auch die Oberfläche."
Hat Sina recht? Begründe deine Entscheidung.

Aufgabe 4

Löse das lineare Gleichungssystem. Notiere deinen Lösungsweg.

I $\quad 3x + 4y = 22$

II $\quad 5x - 4y = -6$

Aufgabe 5

Marlon zeichnet mit einer Geometriesoftware den Graphen g der Funktion $g(x) = 2x + b$.
Er erstellt einen Schieberegler, mit dem er den Wert für b verändern kann.

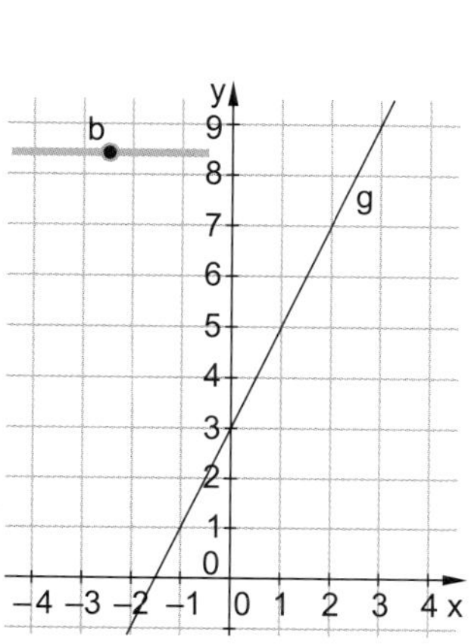

a) Der Schieberegler zeigt den Wert für b nicht an.
Gib den Wert für b an.

b) Marlon stellt für b den Wert 5 ein.
Zeichne den Graphen in das Koordinatensystem.

Prüfungsteil 2

Aufgabe 1: Fuldatalbrücke

Max und Justus machen einen Ausflug von Frankfurt zur Fuldatalbrücke in Baunatal (Abbildung 1).

Die Freunde gehen zu Fuß zum Bahnhof in Frankfurt. Der Fußweg hat eine Länge von 2,4 km. Sie gehen mit einer durchschnittlichen Geschwindigkeit von vier Kilometern pro Stunde [km/h].

Abbildung 1: Fuldatalbrücke
Foto: © Christian Klotz

a) Berechne, wie viele Minuten die beiden bis zum Bahnhof benötigen.

Die Freunde fahren mit dem Zug um 8:14 Uhr in Frankfurt los und kommen um 11:13 Uhr in Baunatal an. Der abgebildete Graph stellt vereinfacht den Verlauf ihrer Zugfahrt dar (Abbildung 2).

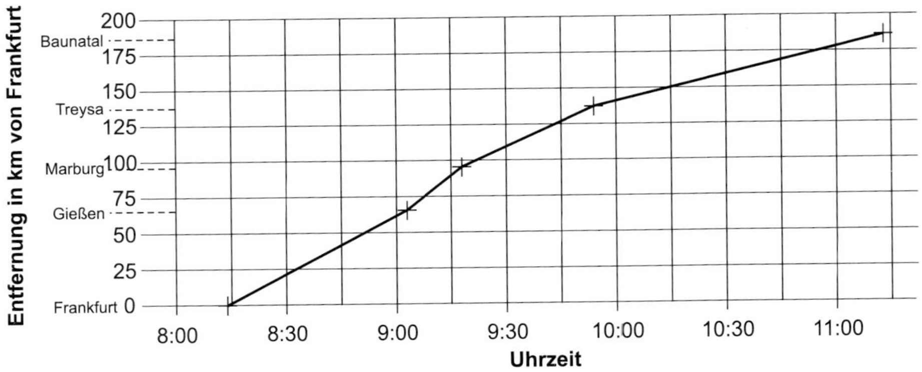

Abbildung 2: Verlauf der Zugfahrt

b) Auf welcher Teilstrecke fährt der Zug mit der höchsten Durchschnittsgeschwindigkeit? Begründe deine Entscheidung.

Um 8:30 Uhr fährt in Baunatal ein Güterzug nach Frankfurt los. Er fährt die Strecke mit einer durchschnittlichen Geschwindigkeit von 100 Kilometern pro Stunde [km/h].

c) Zeichne den Verlauf der Fahrt des Güterzugs in die Grafik ein (Abbildung 2). Entnimm der Grafik den Streckenabschnitt, auf dem sich die beiden Züge begegnen, und gib die ungefähre Uhrzeit an.

Der Zug durchfährt Kurven in Schräglage. Um diese Schräglage zu erreichen, werden die Gleise unterschiedlich hoch verlegt (Abbildung 3). Der Neigungswinkel α darf maximal $7{,}1°$ betragen.

d) Max behauptet: „Wenn der Neigungswinkel $\alpha = 7{,}1°$ beträgt, dann beträgt der Höhenunterschied der Gleise $u \approx 17{,}7$ cm.“
Hat Max recht? Begründe mit einer Rechnung.

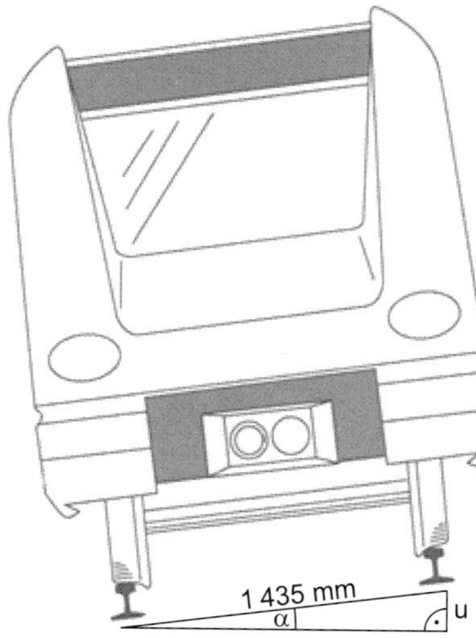

Abbildung 3: Zug in Schräglage

In Baunatal fotografieren Max und Justus die Brücke für den Mathematikunterricht. Der Brückenbogen kann durch eine Parabel g der Form $g(x) = d \cdot (x - e)^2 + f$ angenähert werden (Abbildung 4).

Abbildung 4: Fuldatalbrücke, Brückenbogen durch eine Parabel angenähert, alle Angaben sind in Metern
Foto: © Christian Klotz

e) Begründe, dass die Funktionsgleichung $g(x) = -0{,}008 \cdot (x - 50)^2 + 20$ geeignet ist, um den Brückenbogen zu beschreiben.

f) Justus legt den Ursprung des Koordinatensystems in den Scheitelpunkt der Parabel. Gib die veränderten Werte für e und f an. Wie verändert sich der Wert für d?

Aufgabe 2: Kaffee

Kaffee ist das Lieblingsgetränk in Deutschland. Im Durchschnitt trinkt jede Person etwa 165 Liter Kaffee im Jahr, davon 5 % aus Pappbechern.

a) Berechne, wie viele Liter Kaffee jede Person durchschnittlich im Jahr aus Pappbechern trinkt.

Pro Jahr benutzt jede Person durchschnittlich ca. 34 Pappbecher. In Deutschland leben derzeit ca. 82 Millionen Menschen. Karin behauptet: „Jede Stunde werden in Deutschland ungefähr 320 000 Pappbecher in den Müll geworfen.“

b) Hat Karin recht? Begründe.

Die obere Öffnung eines handelsüblichen Pappbechers hat einen Durchmesser von 7 cm.

c) Der Boden einer Sporthalle mit 27 m Breite und 45 m Länge reicht nicht aus, um 320 000 Pappbecher so wie in Abbildung 1 nebeneinander aufzustellen.
Bestätige dies durch eine Rechnung.

Abbildung 1: Pappbecher nebeneinander aufgestellt

Ein Pappbecher hat die Form eines Kegelstumpfes (Abbildung 2).
Das Volumen des Kegelstumpfes lässt sich mit der folgenden Formel berechnen:

$$V = (r_1^2 + r_1 \cdot r_2 + r_2^2) \cdot \frac{\pi \cdot h}{3}$$

d) Der Pappbecher hat folgende Maße:
$r_1 = 3$ cm, $r_2 = 3{,}5$ cm und $h = 8{,}5$ cm.
Bestätige mithilfe der angegebenen Formel, dass das Volumen eines solchen Bechers ca. 280 $m\ell$ beträgt.

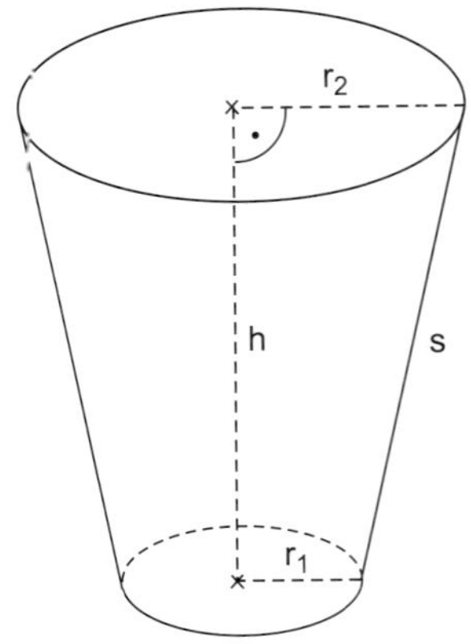

Abbildung 2: Kegelstumpf

e) Karin berechnet das Volumen näherungsweise mit der Formel für den Zylinder. Als Radius nimmt sie den Mittelwert der beiden Radien des Kegelstumpfes, die Höhe bleibt gleich.
Karin behauptet: „Das Ergebnis weicht um weniger als 1 % vom Ergebnis des Kegelstumpfvolumens ab.“ Hat sie recht? Begründe deine Antwort mit einer Rechnung.

Karin misst die Temperatur des Kaffees zu verschiedenen Zeiten. Sie stellt die Messwerte graphisch dar (Abbildung 3).
Der abgebildete Graph stellt eine gute Näherung für den Abkühlungsprozess dar.

f) Entscheide, welche Funktionsgleichung zu dem Graphen gehört. Begründe deine Entscheidung.
(i) $T_1(t) = 80 \cdot 0{,}94^t$
(ii) $T_2(t) = 0{,}94^t + 80$
(iii) $T_3(t) = 80 \cdot 1{,}8^t$

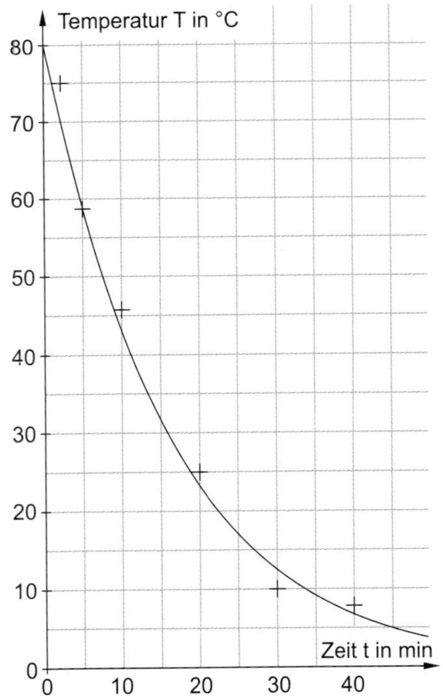

Abbildung 3: Temperatur des Kaffees zu verschiedenen Zeiten

Aufgabe 3: Sierpinski-Dreiecke

Die Sierpinski-Dreiecke entstehen folgendermaßen (Abbildung 1):

- Das Ausgangsdreieck ist ein gleichseitiges Dreieck (Figur 0).
- Die Mittelpunkte der Dreiecksseiten werden miteinander verbunden. Es entstehen vier kleine gleichseitige Dreiecke. Das mittlere Dreieck wird weiß gefärbt (Figur 1).
- Dieser Vorgang wird für alle schwarzen Dreiecke wiederholt (Figur 2, 3, 4, …).

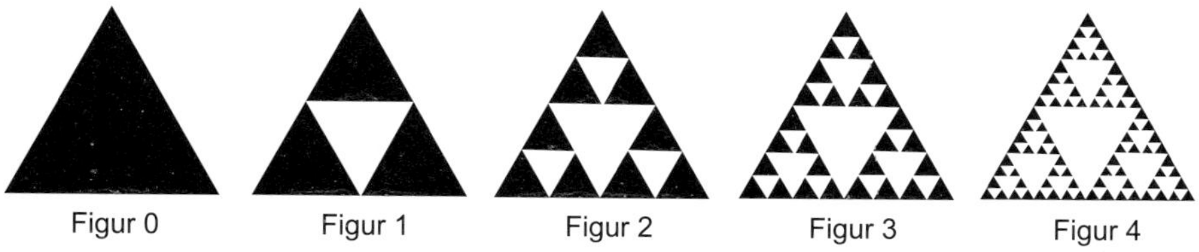

Abbildung 1: Sierpinski-Dreiecke, Figur 0 bis Figur 4

Jede Seitenlänge des Dreiecks in Figur 0 beträgt 10 cm.

a) Bestätige durch eine Rechnung, dass der Flächeninhalt des Dreiecks in Figur 0 $A_0 = 43{,}3\ cm^2$ beträgt (Abbildung 2).

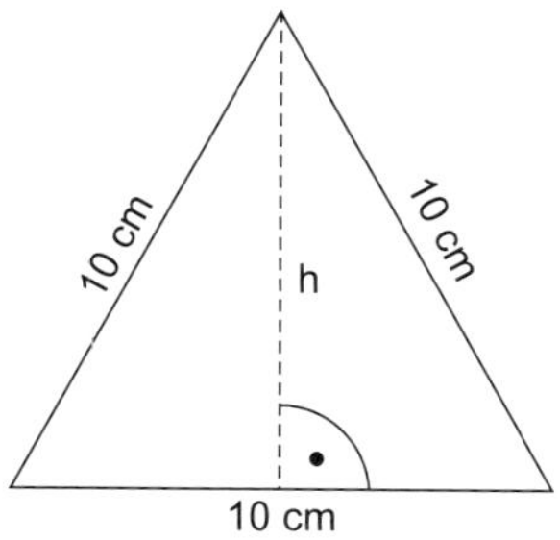

Abbildung 2: Dreieck zu Figur 0

b) Begründe den folgenden Zusammenhang anhand der Abbildung 1: Der Flächeninhalt aller schwarzen Dreiecke einer neuen Figur beträgt $\frac{3}{4}$ der Fläche der schwarzen Dreiecke der vorherigen Figur.

c) Der Flächeninhalt A_n aller schwarzen Dreiecke in Figur n kann mit folgendem Term berechnet werden:
$43{,}3 \cdot 0{,}75^n$ (in cm^2).
Bei welcher Figur n beträgt der Flächeninhalt aller schwarzen Dreiecke zum ersten Mal weniger als 4 cm^2? Notiere dein Vorgehen.

Vera berechnet mit einer Tabellenkalkulation die Flächeninhalte der schwarzen Dreiecke.

	A	B	C	D	E
1	Figur	Anzahl der schwarzen Dreiecke	Fläche eines schwarzen Dreiecks [cm²]	Fläche aller schwarzen Dreiecke [cm²]	Anteil an der Gesamtfläche
2	0	1	43,300	43,300	1,000
3	1	3	10,825	32,475	0,750
4	2	9	2,706	24,356	0,563
5	3	27	0,677	18,267	
6	4	81	0,169	13,700	0,316
7	5	243	0,042	10,275	0,237
8	6	729	0,011	7,706	0,178

d) Berechne den fehlenden Wert in Zelle E5. Runde auf drei Nachkommastellen.

e) Betrachte die Zelle D3. Gib eine Formel an, mit der sich der Wert in dieser Zelle berechnen lässt.

f) Die Summe der Flächeninhalte der schwarzen und der weißen Dreiecke ergibt in jeder Figur zusammen 43,3 cm^2.
Wie entwickeln sich die Flächeninhalte der schwarzen und der weißen Flächen, wenn man die Figuren immer weiter fortsetzt? Beschreibe.

Zentrale Prüfung 2019
NRW – Mathematik

Prüfungsteil 1

Aufgabe 1

Ordne die Zahlen der Größe nach. Beginne mit der kleinsten Zahl.

$\frac{6}{10}$ $\qquad -0{,}626 \qquad -6{,}26 \qquad$ $\frac{1}{6}$

Aufgabe 2

Ein Rechteck hat die Seitenlängen $a = 5$ cm und $b = 3$ cm.

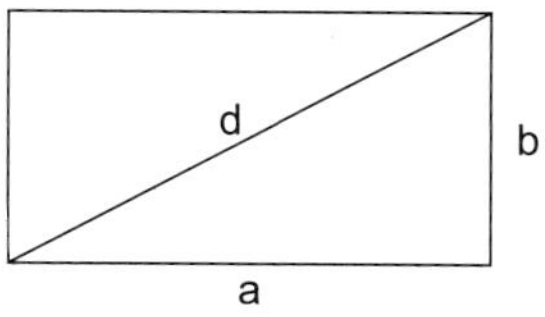

a) Berechne die Länge der Diagonale d.

b) Wie verändert sich der Flächeninhalt dieses Rechtecks, wenn man jede Seitenlänge verdoppelt? Begründe.

c) Ein anderes Rechteck hat einen Flächeninhalt von 24 cm^2.
Wie lang könnten die Seiten sein? Gib zwei unterschiedliche Möglichkeiten an.

Aufgabe 3

Isabelle zeichnet mit einer Geometriesoftware den Graphen einer quadratischen Funktion mit: $f(x) = x^2 + c$. Sie erstellt einen Schieberegler, mit dem sie den Wert für c verändern kann.

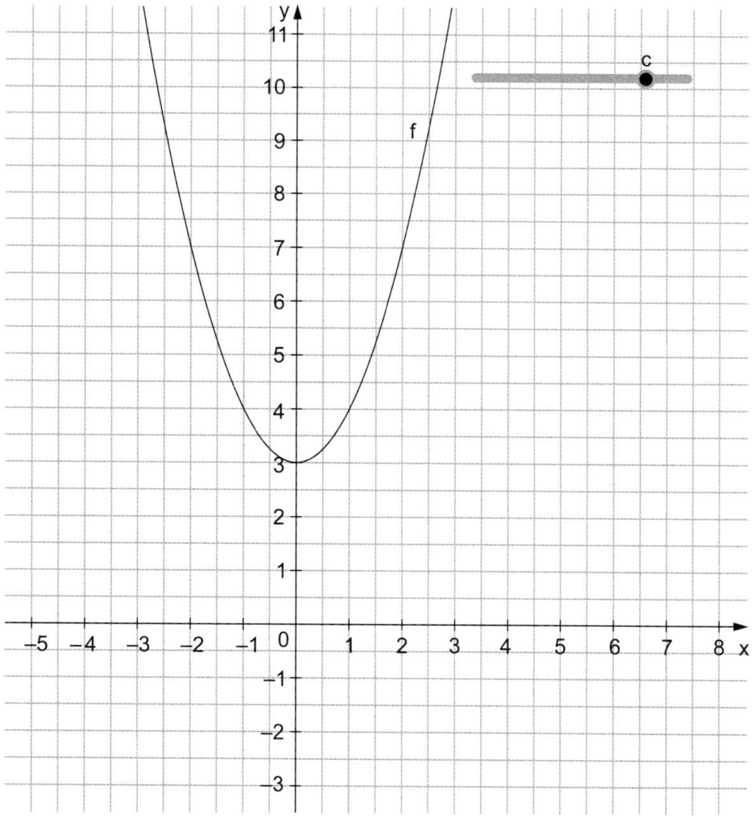

a) Der Schieberegler zeigt den Wert für c nicht an. Gib den Wert für c an.

b) Für welche Werte von c verläuft der Graph f vollständig oberhalb der x-Achse? Gib den Bereich für c an.

Aufgabe 4

Tarek plant Urlaub in einer Jugendherberge. Mit einer Tabellenkalkulation berechnet er die Kosten für die Jugendherberge.

	A	B	C
1	**Kosten für die Jugendherberge**		
2	Anzahl der Nächte	7	
3			
4		*Preis pro Nacht in €*	*Preis für 7 Nächte €*
5	Übernachtung	18,00	126,00
6	Frühstück	4,00	28,00
7	Abendessen	6,00	42,00
8	Tourismussteuer (5 % vom Übernachtungspreis)	0,90	6,30
9			
10	Gesamtkosten in €		202,30

Abbildung: Tabellenblatt zur Berechnung der Kosten für die Jugendherberge

a) Kreuze jeweils an, ob die Formel in diesem Zusammenhang geeignet ist, den Wert in Zelle C8 zu berechnen.

Formel	geeignet	nicht geeignet
= B5 / 3	☐	☐
= B8 * B2	☐	☐
= C10 – (C5 + C6 + C7)	☐	☐

b) Tarek möchte Geld sparen und deshalb kein Abendessen buchen. Berechne, wie viel Prozent von den Gesamtkosten er dann spart.

Aufgabe 5

Löse das lineare Gleichungssystem. Notiere deinen Lösungsweg.

I $\quad 4x + y = 16$

II $\; -2x - 2y = 4$

Prüfungsteil 2

Aufgabe 1: Kaugummiautomat

Steffi hat zum Geburtstag einen Kaugummiautomaten und eine Tüte mit Kaugummikugeln bekommen (Abbildung 1).

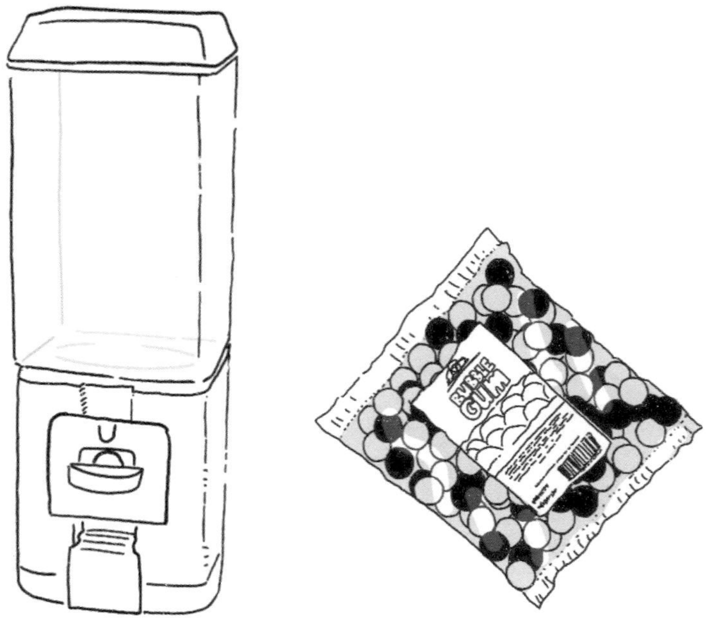

Abbildung 1: Kaugummiautomat und Tüte mit Kaugummikugeln

a) Eine Kaugummikugel hat einen Durchmesser von 14 mm.
Bestätige durch eine Rechnung, dass das Volumen einer Kaugummikugel ca. 1,44 cm^3 beträgt.

b) 1 cm^3 Kaugummimasse wiegt 0,82 g.
Berechne, wie viele Kaugummikugeln in einer 300-Gramm-Packung sind.

c) Der Behälter für die Kaugummikugeln ist 16,5 cm breit, 16,5 cm tief und 42,5 cm hoch. Steffi möchte wissen, wie viele Kaugummikugeln in den Behälter passen und rechnet $(16{,}5 \cdot 16{,}5 \cdot 42{,}5) : 1{,}44 \approx 8\,035$.
Erkläre Steffis Rechnung und beurteile, ob Steffis Rechnung geeignet ist, die Anzahl der Kaugummikugeln in der Realität zu berechnen.

Steffi füllt eine Mischung aus 8 roten und 12 weißen Kaugummikugeln in den Automaten. Durch Drehen am Automaten erhält man zufällig eine rote oder eine weiße Kaugummikugel.

d) Begründe, dass die Wahrscheinlichkeit, beim ersten Drehen eine rote Kaugummikugel zu erhalten, $\frac{2}{5}$ beträgt.

e) Das Baumdiagramm (Abbildung 2) zeigt die Wahrscheinlichkeiten, beim ersten und zweiten Drehen eine rote oder weiße Kaugummikugel zu erhalten.
Ergänze die fehlenden Einträge im Baumdiagramm.

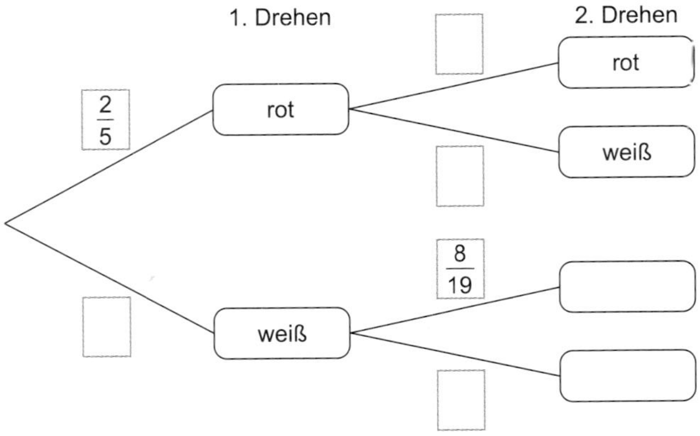

Abbildung 2: Baumdiagramm für zweimaliges Drehen

f) Steffis Bruder behauptet: „Die Wahrscheinlichkeit, zwei verschiedenfarbige Kaugummikugeln zu erhalten, ist kleiner als 50 %.“
Hat er recht? Überprüfe mit einer Rechnung.

Aufgabe 2: Schwimmbecken

Familie Sommer hat ein Schwimmbecken gekauft (Abbildung 1).

Das Schwimmbecken ist 1,50 m hoch und hat ein Volumen von 14,43 m^3.

a) Bestätige durch eine Rechnung, dass der Flächeninhalt der Grundfläche des Schwimmbeckens 9,62 m^2 beträgt.

b) Das Becken wird bis 20 cm unterhalb des Randes mit Wasser gefüllt. Berechne, wie viele Liter Wasser in das Becken gefüllt werden.

c) Das Becken steht auf einer quadratischen Terrasse, die an zwei Seiten jeweils 80 cm übersteht (Abbildung 2).
Bestimme rechnerisch die Maße der Terrasse.

Abbildung 1: Schwimmbecken

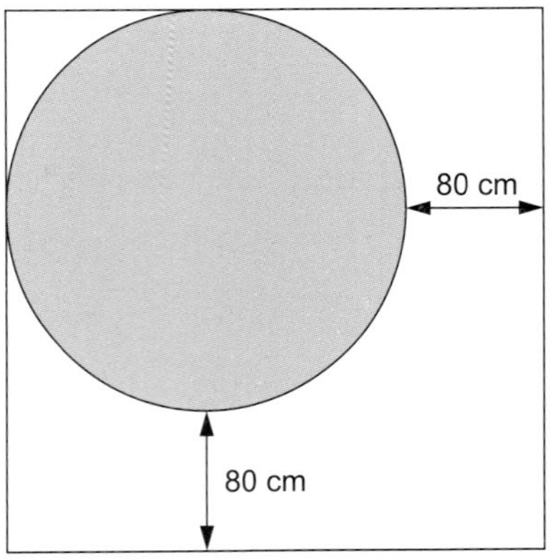

Abbildung 2: Skizze des Schwimmbeckens auf der Terrasse

Familie Sommer fährt in den Urlaub. In dieser Zeit wachsen Algen auf der Wasseroberfläche des Schwimmbeckens. Am Tag der Abreise bedecken die Algen schon ca. 0,5 m^2 der Wasseroberfläche und vermehren sich täglich um 20 %. Das Wachstum der Algen auf der Wasseroberfläche kann mit der folgenden Exponentialfunktion f beschrieben werden:

$f(x) = 0{,}5 \cdot 1{,}2^x$ x ist die Zeit in Tagen; $x = 0$ ist der Tag der Abreise

d) Erläutere die Bedeutung der Werte 0,5 und 1,2 sowie die Bedeutung von f(x) im Zusammenhang mit dem Wachstum der Algen.

e) Berechne, wie viele Quadratmeter der Wasseroberfläche nach 6 Tagen bedeckt sind.

f) Das Algenwachstum lässt sich mit der Funktionsgleichung nur für einen begrenzten Zeitraum darstellen.
Erkläre, warum dies so ist.

Aufgabe 3: Würfel

Monya und Paul haben eine Kiste mit 500 gleichen Würfeln. Mit 3 Würfeln legen sie Figur 1 und erweitern diese Figur schrittweise (Abbildung 1).

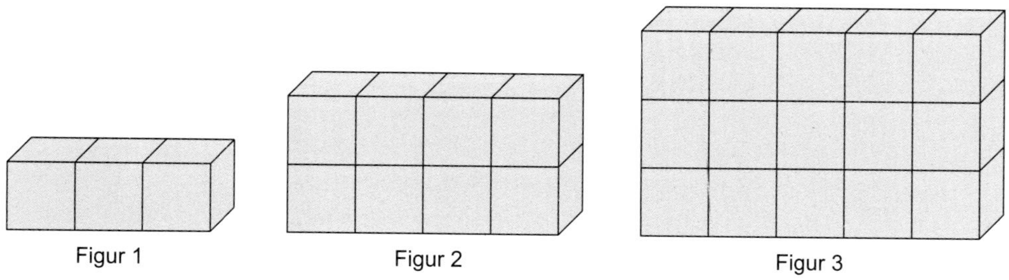

Abbildung 1: Würfelfiguren

a) Wie viele Würfel benötigt man für Figur 4? Ergänze den Wert in der Tabelle.

Figur	1	2	3	4
Anzahl der Würfel	3	8	15	

Die Anzahl der Würfel für Figur n kann mit folgendem Term berechnet werden:
(I) $n \cdot (n+2)$

b) Bestimme mithilfe des Terms die Anzahl der Würfel für Figur 8.

c) Begründe anhand der Figuren in Abbildung 1, dass mit dem Term die Anzahl der Würfel für jede beliebige Figur n berechnet wird.

d) Berechne mit dem Term, welche Figur n aus genau 224 Würfeln besteht.

e) Die Anzahl der Würfel für Figur n kann mit den beiden Termen berechnet werden:

(I) $n \cdot (n+2)$ (II) $(n+1)^2 - 1$

Zeige durch Termumformungen, dass die Terme (I) und (II) gleichwertig sind.

f) Bestimme die größtmögliche Figur n, die Monya und Paul mit 500 Würfeln legen können, und gib an, wie viele Würfel zum Legen der nächsten Figur fehlen.

Zentrale Prüfung 2021
NRW – Mathematik

Hinweis: Aufgrund der Corona-Pandemie standen in diesem Jahr zwei Varianten für den Prüfungsteil 1 zur Verfügung. Die Lehrkraft konnte vor der Prüfung eine Variante auswählen.

Prüfungsteil 1 – Wahlmöglichkeit 1

Aufgabe 1

Schätze: Wie viele Röhrchen sind im markierten Teil des Insektenhotels zu sehen? Beschreibe, wie du vorgegangen bist.

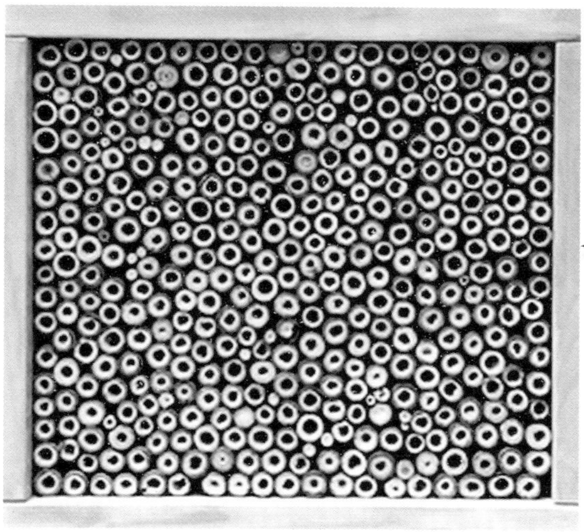

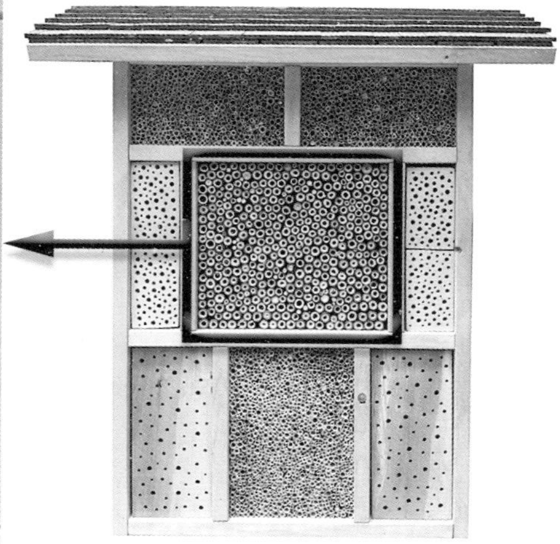

© www.naturdomizile.de

Aufgabe 2

Rechne die Größen in die angegebene Einheit um.

2,5 h = ___________ Sekunden

1 296 cm = ___________ Meter

50 g = ___________ Kilogramm

Aufgabe 3

Eine Pyramide aus Holz hat eine quadratische Grundfläche mit der Seitenlänge 15 cm und eine Höhe von 24 cm.

Berechne das Volumen und das Gewicht der Pyramide, wenn 1 cm^3 Holz 0,8 g wiegt.

Aufgabe 4

a) Ordne die rechts abgebildeten Funktionsgraphen von f, g und h den angegebenen Gleichungen zu.

f	$y = -0{,}5x + 2$
g	$y = 0{,}5x + 3$
h	$y = 2x + 3$

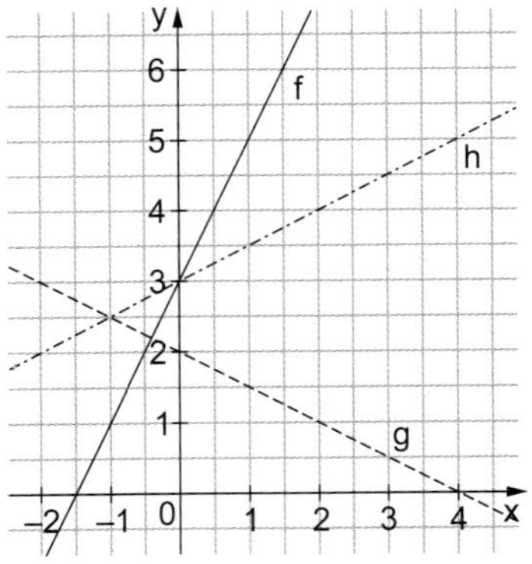

b) Gib eine lineare Gleichung an, die zu folgender Wertetabelle passt:

x	0	1	2
y	2	3,5	5

y = ____________________

Aufgabe 5

Am 1. Juli 2020 wurde in Deutschland befristet die Mehrwertsteuer (= MwSt.) von 19 % auf 16 % gesenkt. Herr Meyer hat ein Geschäft für Bekleidung und hat die Senkung der Mehrwertsteuer an seine Kunden weitergegeben. Dafür hat er eine Excel-Tabelle angelegt:

	A	B	C	D	E
1	**Produkt**	**Preis ohne MwSt.**	**Preis mit 19 % MwSt.**	**Preis mit 16 % MwSt.**	**Ersparnis in €**
2	T-Shirt	7,52	8,95	8,72	0,23
3	Pullover	11,72	13,95	13,60	0,35
4	Kapuzenpullover	33,57			1,01

a) Ergänze die fehlenden Werte in Zeile 4 für den Kapuzenpullover.

b) Der Wert welcher Zelle lässt sich mit der Formel „**= B3 * 1,19 – B3 * 1,16**" berechnen? Gib die Zelle an.

c) Herr Meyer stellt fest: „Obwohl die Mehrwertsteuer um 3 % abgesenkt wurde, betrug die Ersparnis für den Kunden nicht 3 %."
Begründe durch eine Rechnung, dass diese Aussage zutrifft.

Prüfungsteil 1 – Wahlmöglichkeit 2

Aufgabe 1

Schätze: Wie viele Röhrchen sind im markierten Teil des Insektenhotels zu sehen? Beschreibe, wie du vorgegangen bist.

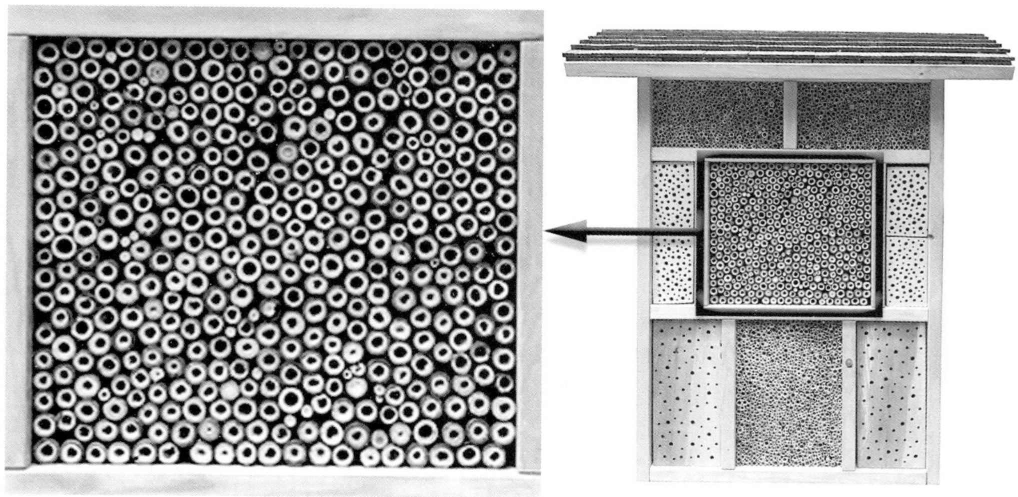

© www.naturdomizile.de

Aufgabe 2

Ordne der Größe nach. Beginne mit der kleinsten Zahl:

$\frac{2}{10}$ 0,15 10^{-1} 0,05

Aufgabe 3

Herr Celik hat einen alten Lkw gekauft.

a) Berechne das Volumen des quaderförmigen Laderaums.

b) Der Boden und die inneren Seitenwände des Laderaums müssen neu lackiert werden. Die Kosten für das Lackieren betragen 39 € pro angefangenen Quadratmeter (m^2). Berechne den Preis der neuen Lackierung.

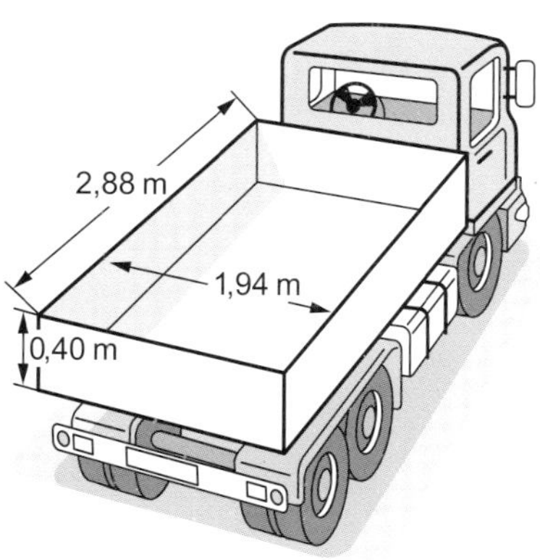

Aufgabe 4

a) Löse das lineare Gleichungssystem. Notiere deinen Lösungsweg.

I $6x - 4y = -26$
II $2x + 4y = 2$

b) Ergänze den fehlenden Wert in Gleichung I so, dass das angegebene Gleichungssystem keine Lösung hat. Begründe deine Entscheidung.

I $y = \_\_\_\_\_ x - 7$
II $y = 3x + 5$

Aufgabe 5

Am 1. Juli 2020 wurde in Deutschland befristet die Mehrwertsteuer (= MwSt.) von 19 % auf 16 % gesenkt. Herr Meyer hat ein Geschäft für Bekleidung und hat die Senkung der Mehrwertsteuer an seine Kunden weitergegeben. Dafür hat er eine Excel-Tabelle angelegt:

	A	B	C	D	E
1	**Produkt**	**Preis ohne MwSt.**	**Preis mit 19 % MwSt.**	**Preis mit 16 % MwSt.**	**Ersparnis in €**
2	T-Shirt	7,52	8,95	8,72	0,23
3	Pullover	11,72	13,95	13,60	0,35
4	Kapuzenpullover	33,57			1,01

a) Ergänze die fehlenden Werte in Zeile 4 für den Kapuzenpullover.

b) Der Wert welcher Zelle lässt sich mit der Formel „**= B3 * 1,19 – B3 * 1,16**" berechnen? Gib die Zelle an.

c) Herr Meyer stellt fest: „Obwohl die Mehrwertsteuer um 3 % abgesenkt wurde, betrug die Ersparnis für den Kunden nicht 3 %."
Begründe durch eine Rechnung, dass diese Aussage zutrifft.

Prüfungsteil 2

Aufgabe 1: Glaskugel

Ein Unternehmen stellt lackierte Glaskugeln her (Abbildung 1).
Die Glaskugeln haben einen Durchmesser von 8 cm.

© Dmitri Stalnuhhin 123rf.com
Abbildung 1: Glaskugel

a) Berechne das Volumen einer Glaskugel.

Nach der Herstellung der Form wird die Kugeloberfläche lackiert. Mit einem Liter Farbe kann eine Fläche von 12 m^2 lackiert werden.

b) Berechne, wie viele Glaskugeln mit einem Liter Farbe lackiert werden können.

c) Ein Praktikant behauptet: „Für eine Glaskugel mit doppeltem Durchmesser benötigt man auch doppelt so viel Farbe."
Hat der Praktikant recht? Begründe.

Bevor die lackierten Glaskugeln verpackt werden, durchlaufen sie eine Qualitätskontrolle. Zuerst wird die Form, danach die Lackierung auf Fehler kontrolliert. Alle Glaskugeln mit einem Fehler werden direkt aussortiert. Das Baumdiagramm zeigt die Anteile. Die Anteile werden im Folgenden als Wahrscheinlichkeiten gedeutet.

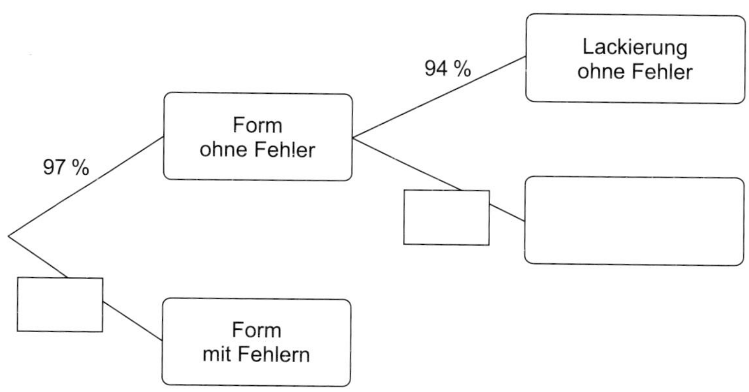

d) Ergänze die drei fehlenden Angaben im Baumdiagramm.

e) Begründe, warum der untere Ast des Baumdiagramms nicht fortgeführt ist.

f) Insgesamt werden 2 000 Glaskugeln kontrolliert.
Berechne, wie viele fehlerfreie Glaskugeln zu erwarten sind.

Aufgabe 2: Blobbing

Blobbing ist eine Wassersportart im Freien (Abbildung 1). Eine vereinfachte Darstellung des Ablaufs ist in Abbildung 2 dargestellt. Beim Blobbing liegt ein mit Luft gefülltes Kissen im Wasser.

(1) Der *Jumper* springt vom Turm auf das Luftkissen.

(2) Auf der anderen Seite des Kissens ist der *Blobber*. Durch den Sprung befördert der *Jumper* den *Blobber* in die Luft.

(3) Der *Blobber* wird in die Luft geschleudert und landet dann im Wasser.

© AREA 47

Abbildung 1: Ablauf eines Blobbing-Sprunges als überlagerte Aufnahme

Abbildung 2: Vereinfachte Darstellung des Blobbing-Ablaufs (nicht maßstabsgetreu)

Der *Jumper* kann zwischen verschiedenen Absprunghöhen wählen. Ein Sprung aus fünf Meter Höhe dauert ca. 1 Sekunde. Ein Sprung aus zehn Meter Höhe dauert ca. 1,42 Sekunden.

Absprung-höhe	Sprung-dauer
0 m	0 s
3 m	0,77 s
5 m	1 s
10 m	1,42 s
15 m	1,75 s

Tabelle 1: Sprungdauer in Abhängigkeit von der Absprunghöhe

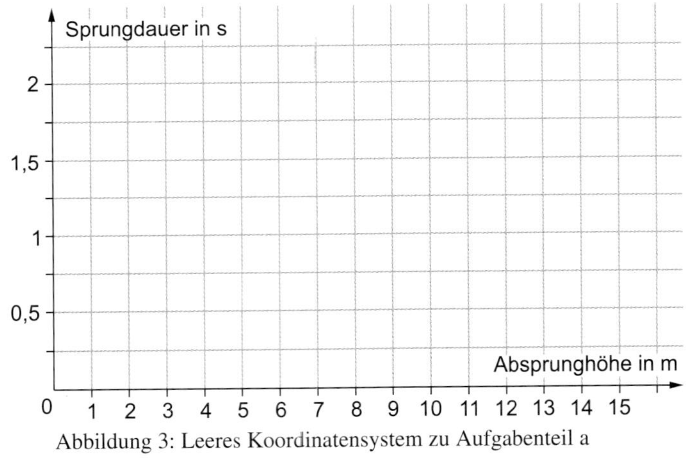

Abbildung 3: Leeres Koordinatensystem zu Aufgabenteil a

a) Skizziere zu den Werten aus Tabelle 1 den passenden Graphen in dem abgebildeten Koordinatensystem (Abbildung 3).

b) Überprüfe, ob es zwischen der Absprunghöhe und der Sprungdauer einen linearen Zusammenhang gibt. Notiere deinen Lösungsweg.

Abbildung 4 zeigt die Flugbahn eines *Blobbers* A.

c) Begründe mithilfe der Abbildung 4, dass sich die Funktion f mit $f(x) = a \cdot (x-5)^2 + 6$ und $a < 0$ zur Modellierung der Flugbahn von *Blobber* A eignet.

d) Zeige durch eine Rechnung, dass der Streckfaktor a hier $a = -0{,}2$ beträgt.

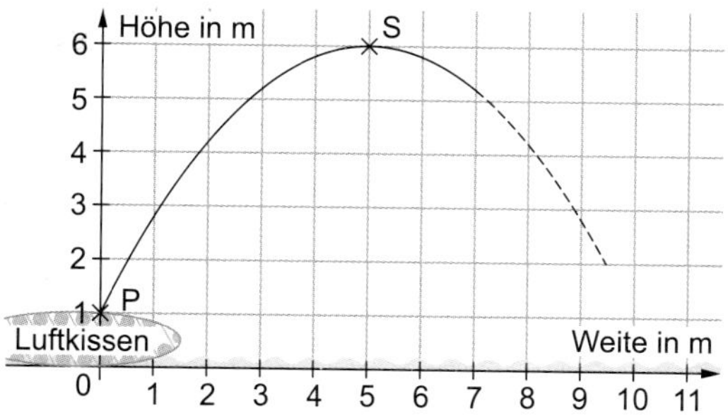

Abbildung 4: Flugbahn des *Blobbers* A

Die Flugbahn von *Blobber* A kann somit durch die Funktion f mit $f(x) = -0{,}2 \cdot (x-5)^2 + 6$ beschrieben werden.

e) Die Funktionsgleichung g mit $g(x) = -0{,}2 \cdot x^2 + 2x + 1$ beschreibt dieselbe Flugbahn. Zeige durch Termumformungen, dass die Funktionsgleichungen von f und g dieselbe Parabel beschreiben.

f) Berechne, wie weit *Blobber* A geflogen ist.

g) Die Flugbahn eines zweiten *Blobbers* B wird mit der Funktion h mit $h(x) = -0{,}28 \cdot (x-5)^2 + 8$ beschrieben.
Nenne *eine* Gemeinsamkeit und *einen* Unterschied der Flugbahn des zweiten *Blobbers* B im Vergleich zur Flugbahn von *Blobber* A.

Aufgabe 3: Muster

Jan möchte ein Muster aus rechtwinkligen gleichschenkligen Dreiecken konstruieren. Er beginnt mit dem Dreieck D_1 (Abbildung 1).

a) Zeige mit einer Rechnung, dass die Länge der Hypotenuse von Dreieck D_1 ca. 4,243 cm beträgt.

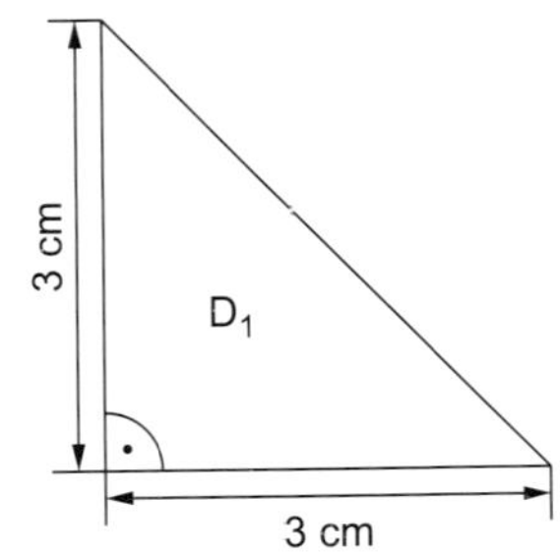

Abbildung 1: Dreieck D_1

Jan setzt das Muster mit den beiden weiteren Dreiecken D_2 und D_3 fort (Abbildung 2).

b) Ergänze das Dreieck D_4 zeichnerisch in Abbildung 2. Beschreibe, wie du vorgegangen bist.

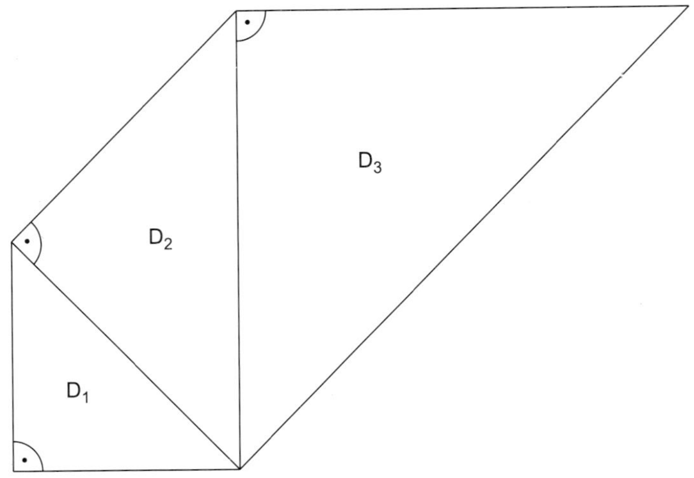

Abbildung 2: Muster bis Dreieck D_3 zu Teilaufgabe b–d

c) Jan kann nur acht Dreiecke zeichnen, ohne dass die Dreiecke sich überschneiden. Begründe dies mithilfe der Winkel.

d) Zeige rechnerisch, dass der Flächeninhalt von Dreieck D_2 doppelt so groß ist wie der Flächeninhalt von Dreieck D_1.

Jan berechnet weitere Flächeninhalte der Dreiecke in seinem Muster (Abbildung 3) und hält die Ergebnisse in einer Tabelle fest.

Dreieck	D_1	D_2	D_3	D_4	D_5	...
Flächeninhalt (in cm^2)	4,5	9	18	36	72	...

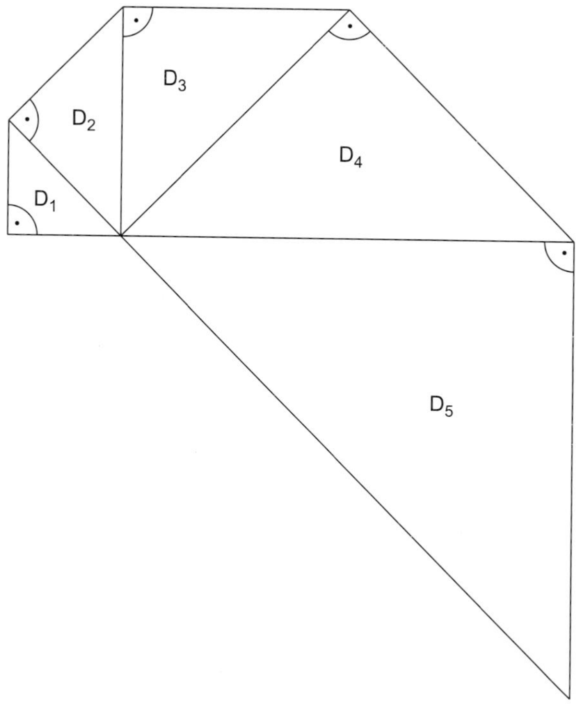

Abbildung 3: Muster bis Dreieck D_5 verkleinert dargestellt

e) Begründe, dass kein Dreieck in dem Muster einen Flächeninhalt von genau 250 cm^2 hat.

f) Jan möchte das Muster aus Papier herstellen. Dazu schneidet er die einzelnen Dreiecke aus DIN-A4-Blättern (21 cm × 29,7 cm) aus. Jan behauptet: „Auch das Dreieck D_8 kann ich aus einem einzigen DIN-A4-Blatt ausschneiden."
Entscheide begründet, ob Jans Behauptung zutrifft.

Zentrale Prüfung 2022
NRW – Mathematik

Um dir die Prüfung 2022 schnellstmöglich zur Verfügung stellen zu können, bringen wir sie in digitaler Form heraus.

Sobald die Original-Prüfungsaufgaben 2022 freigegeben sind, können sie als PDF auf der Plattform **MyStark** heruntergeladen werden (Zugangscode vgl. Farbseiten vorne im Buch).

Prüfung 2022

www.stark-verlag.de/mystark